Niedersachsen

SPEKTRUM
PHYSIK 7/8

Gymnasium

Schroedel
westermann

SPEKTRUM
PHYSIK 7/8 Niedersachsen

Bearbeitet von

Thomas Appel, Northeim
Daniel Heß, Hannover
Manfred Klostermann, Vechta
Sigrun Otte-Spille, Hemmingen
Wolfgang Rieger, Bad Düben

Unter Mitarbeit von

Jürgen Bissel, Frank Eiselt, Ulrich Fries, Gerhard Glas,
Jens Gössing, Norbert Goldenstein, Dagmar Günther,
Katja von Jagow, Frank Küchenberg, Michael Langer,
Prof.em Dr. Hansjoachim Lechner†, Dietmar Lohmann,
Dr. Michael Müller, Georg Peters, Dr. Karl Sarnow,
Jürgen M. Schröder, Rainer Serret, Reinhard Stumpf,
Kerstin Sube, Petra Ullrich, Michael Voß, Thea Wolf,
Gottfried Wolfermann, Martin Zieris

westermann GRUPPE

© 2015 Bildungshaus Schulbuchverlage
Westermann Schroedel Diesterweg Schöningh Winklers GmbH,
Georg-Westermann-Allee 66, 38104 Braunschweig
www.westermann.de

Druck B [5] / Jahr 2022
Alle Drucke der Serie B sind im Unterricht parallel verwendbar.

Redaktion: Bernd Trambauer
Fotos: Michael Fabian, Markus Mettin, Hans Tegen
Grafik: deckermedia, Liselotte Lüddecke, Karin Mall,
newVision!, Walther-Maria Scheid, Birgit Schlierf
Umschlaggestaltung: Janssen Kahlert Design & Kommunikation
GmbH, Hannover
Repro/Druck/Bindung: Westermann Druck GmbH,
Georg-Westermann-Allee 66, 38104 Braunschweig

ISBN 978-3-507-**86784**-0

Strukturelemente

Sachtexte

Sie vermitteln das Fachwissen und die Kompetenzen insbesondere aus den Bereichen der Erkenntnisgewinnung,
Kommunikation und Bewertung.

Werkzeug

Diese Arbeitstechniken und Fertigkeiten ermöglichen eine
erfolgreiche Auseinandersetzung mit den physikalischen
Inhalten und helfen beim Erwerb prozessbezogener Kompetenzen naturwissenschaftlichen Arbeitens.

Durchblick

Einzelaspekte werden vertieft oder in größeren Zusammenhängen reflektiert, wodurch Überblickswissen entsteht. Die dabei erworbenen Kompetenzen befähigen zur
bewussten Auseinandersetzung mit naturwissenschaftlichen Verfahren und ihren Ergebnissen.

Grundwissen und Vertiefung

Das **Grundwissen** fasst die wesentlichen Inhalte grafisch
zusammen. Lebensweltliche, zur Aufschlüsselung anre-
gende Situationen bilden die Basis von Aufgaben, die das
physikalische Wissen aktivieren.
Die **Vertiefung** bietet in Form von projektartigen Aufträgen
oder Versuchen und anspruchsvollen Aufgaben die Möglichkeit, die Inhalte der Sachtexte zu erweitern.

Projekt

Sie fordern selbsttätige Erarbeitung fach- und prozessbezogener Kompetenzen und ermöglichen ergänzend zu
den Sachtexten ein kontextgebundenes Lernen.

Versuche und Aufträge

Damit können wichtige physikalische Inhalte selbstständig
erarbeitet werden.

Pinnwand

Sie bieten Anregungen, die im Unterricht erarbeiteten ver-
bindlichen Inhalte mit außerschulischen Sachverhalten in
Verbindung zu bringen, und stellen so Kontexte her.

Streifzug

Streifzüge enthalten u. a. anwendungsorientierte, oft fächer-
übergreifende Bezüge, die über die verpflichtenden Inhalte
hinausgehen. Sie vertiefen die Inhalte der Sachtexte oder
ergänzen sie durch Ausblicke in andere Fächer.

Basiskonzepte

Jede Sachtextseite ist einem Basiskonzept (*System,
Wechselwirkung, Materie* oder *Energie)* zugeordnet.

Inhalt

Energie

Unser gesamtes Leben wird durch Energie bestimmt. (Das Wort „Energie" kommt von dem griechischen Wort „energeia", das „Wirksamkeit" bedeutet.) Ohne Energie funktioniert die Wohnungsheizung nicht; eine Fahrt mit dem Auto oder der Bahn ist ohne Energie nicht möglich; CD-Player oder Computer benötigen ebenfalls Energie.

In diesem Kapitel erfährst du, was Physiker unter Energie verstehen, woran ihr Vorhandensein zu erkennen ist und wozu sie nötig ist. Du erkennst, dass sie aufbewahrt werden kann und wie sie von A nach B gelangt – aber auch, warum sie so ein kostbares Gut ist, mit dem wir alle sparsam und sorgfältig umgehen müssen.

■ **Erderwärmung:** Der Energiehunger der Menschheit ist riesengroß. Zu seiner Deckung werden keine Kosten und Mühen gescheut: Riesentanker fahren Erdöl um den halben Globus; Pipelines bringen Erdöl und Erdgas über Tausende von Kilometern von den Förderstätten zu den Raffinerien. Die Nutzung der Energie bringt aber zwangsläufig auch hohe Belastungen und sogar Schäden für unsere Umwelt mit sich. Um die globale Erderwärmung so gering wie möglich zu halten, müssen wir effektiv und die vorhandenen Vorräte schonend mit Energie umgehen. Das bedeutet auch, dass wir unsere Gewohnheiten ändern müssen.

■ **Energiepass für Häuser und Wohnungen:** Energiesparen wird immer wichtiger. Die Isolation eines Hauses kann den Energiebedarf erheblich vermindern. Sie ist also im Zeichen des Energiesparens eine wichtige konstruktive Maßnahme eines Hauses, die im Energiepass bescheinigt wird.

■ **Energie zum Leben:** Menschen, Tiere und Pflanzen brauchen Energie zum Leben. Diese wird mit der Nahrung aufgenommen. Einen Teil dieser Energie setzt ein Mensch auch dann um, wenn er nichts tut, ja sogar im Schlaf. Dies liegt daran, dass die Körpertemperatur fast immer deutlich über der Zimmertemperatur liegt. Pflanzen sind nicht nur Nahrungsquellen, sondern auch Energielieferanten z. B. für Fahrzeuge und elektrischen Strom. Sie benötigen ebenfalls Energie zum Wachsen.

■ **Eine geniale Erfindung?** Diese Anlage löst zumindest einen Teil unserer Energieprobleme – oder doch nicht?

Vorbereitung

1 Lies die Texte dieser beiden Seiten durch und betrachte die zugehörigen Bilder. Schreibe zu den einzelnen Themen Fragen auf, die du dazu hast.

2 Blättere das folgende Kapitel durch, lies die Überschriften und betrachte die Bilder. Notiere neben den Fragen aus **1** die Seitenzahlen, die deiner Meinung nach Antworten zu deinen Fragen liefern könnten.

3 Überlege und schreibe auf, was du in Experimenten untersuchen möchtest. Vielleicht hast du ja schon Ideen, wie die Versuche aussehen könnten.

Projekt — Die Welt der Dinge

Das Universum, in dem der Mensch auf der Erde lebt, ist weitgehend leer, sehr leer sogar. Nur ganz vereinzelt findet sich mal ein anfassbares Ding, ein Gegenstand darin: ein Staubkörnchen, ein Planet oder gar eine Sonne mit allem, was diese Himmelskörper beherbergen.

P1 Eine/r von euch markiert möglichst unauffällig einen festen Punkt mitten auf dem Schulhof. Dann leitet er die andern durch Hinweise zu diesem Punkt.
a) Beschreibt, was ihr alles mit angeben müsst, damit der Punkt auch erreicht wird.
b) Verallgemeinert euer Ergebnis für alle Gegenstände.

P2 Jeder Gegenstand schneidet ein Teilstück des Universums aus. Beschreibt die Eigenschaften dieses Teilstückes.

P3 Zwei Gegenstände sind nie gleichzeitig an einem Ort. Malt euch eine Welt aus, in der das doch so ist.

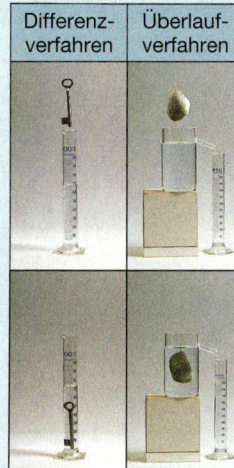

Differenzverfahren	Überlaufverfahren

P4 In dem fotografierten Versuch wird für zwei Körper gemessen, wie groß das Teilstück ist, das sie aus dem Universum ausschneiden.
Führt beide Versuche durch und gebt an, wie die in P1–P3 erarbeiteten Eigenschaften von anfassbaren Dingen hier für die Bestimmung ihrer Volumina verwendet wurden.

P5 Die alle Menschen umgebende Wirklichkeit ist von viel mehr bestimmt als nur von den anfassbaren Dingen eures Lebens. Zählt auf, was eure Wirklichkeit über das Anfassbare hinaus sonst noch bestimmt.

Projekt — Energiebedarf einer Familie

Den gesamten Tag über ist Energie erforderlich, um unser Leben wie gewohnt zu gestalten. Die Wohnräume sollen warm sein, die Wäsche gewaschen, die Lebensmittel gekühlt, das Auto soll fahren und die elektrischen Geräte sollen arbeiten. Ohne die Wandlung von Energie, die in Trägern wie Öl, Gas, Kohle oder Sonnenstrahlung steckt, in elektrische Energie oder Wärmeenergie wäre unser heutiger Lebensstandard nicht aufrecht zu erhalten.

P1 Wählt als Beispiel eine eurer Wohnungen aus. Erstellt zu jedem Zimmer eine Übersicht der energiewandelnden Vorrichtungen nach der Energieart, die sie benötigen. Ordnet nach der Größe des Energiebedarfs, wobei auch die Betriebszeit pro Tag berücksichtigt werden sollte.

P2 Ermittelt die Kosten für den jährlichen Energiebedarf eines Haushalts.
a) Lasst euch dazu die Rechnungen für die elektrische Energie und für die Heiz- und Warmwasserkosten erläutern. Schätzt zudem die jährlichen Kosten für das Fahrzeug der Familie ab. Berechnet so die Gesamtkosten für den Energiebedarf für ein Jahr und stellt die Aufteilung der Kosten in einem Diagramm dar.
b) Vergleicht anschließend den von euch ermittelten Energiebedarf mit dem **durchschnittlichen Energiebedarf einer deutschen Familie**

P3 Notiert eine Woche lang in Abständen von 24 Stunden die benötigte Energiemenge am Stromzähler im Haus. Erstellt einen Plan, wie in diesem Haushalt Energiebedarf gesenkt werden kann. Findet heraus, um wie viel Prozent er dadurch gesenkt werden kann, und stellt die Ergebnisse grafisch dar.

P4 Viele elektrische Geräte im Haushalt verfügen über einen **Elektromotor,** der elektrische Energie in Bewegungsenergie wandelt.
a) Erstellt eine Übersicht entsprechender Geräte. Beschreibt, inwiefern sich mithilfe dieser Geräte alltägliche Abläufe vereinfacht haben.
b) Findet heraus, welche Geräte dadurch verbessert werden könnten, dass nicht Energie eingesetzt wird, die gar nicht benötigt wird.

Energie im Haushalt | Projekt

In privaten Haushalten kommen die unterschiedlichsten Geräte zum Einsatz, um den häuslichen Alltag einfacher und komfortabler zu gestalten. Dabei unterstützen und beeinflussen insbesondere elektrische Geräte viele Abläufe und Tätigkeiten.

P1 Stellt in einem Poster die vielfältigen **Elektrogeräte** eines modernen Haushalts zusammen. Berücksichtigt dabei stets, welche Wirkungen durch die Verwendung des jeweiligen Geräts erzielt werden sollen. Vergleicht die **Watt**-Angaben (W) auf den Typenschildern von elektrischen Kleingeräten wie Föhn, Mixer, Toaster, Wasserkocher, usw.

P2 Viele elektrisch betriebene Heizgeräte geben in gleichen Zeiten gleich viel Energie ab. Die Betriebszeit kann daher als Vergleichsmaß für die umgesetzte Energie genommen werden.
a) Messt mit einer Stoppuhr die notwendige Zeit, um einen halben Liter Wasser auf einem Kochfeld zum Sieden zu bringen. Benutzt zunächst einen kleineren Topf ohne Deckel, anschließend – bei gleicher Wassermenge – einen größeren Topf, der genau auf das Kochfeld passt. Vergleicht und interpretiert die unterschiedlichen Messergebnisse.
b) Wählt die kleinste Heizstufe eines Kochfeldes, erwärmt eine kleinere Wassermenge und notiert alle 30 Sekunden die Wassertemperatur. Beschreibt und interpretiert die Messergebnisse.
c) Wasser soll um 20 °C erwärmt werden. Untersucht die Heizdauer in Abhängigkeit von der Wassermenge.

P3 Anstelle von **elektrischer Energie** wird vielfach auch **Erdgas** im Haus verwendet.
a) Recherchiert, welche Geräte im Haushalt mit Erdgas betrieben werden können.
b) Beschreibt die Energiewandlungen, die in den Geräten jeweils stattfinden.
c) Findet heraus, wie die Menge der umgesetzten Energie gemessen wird. Besucht dazu auch Haushalte von Freunden, die Erdgas einsetzen.

P4 Findet heraus, für welche Geräte laut **EU-Norm** eine **Energie-Effizienzklasse** angegeben werden muss. Sucht zwei Geräte gleicher Bauart, aber unterschiedlicher Effizienzklasse und berechnet den Unterschied in Bezug auf die Energiekosten für 5 Jahre.

Energieformen und Energiemessung | Projekt

Energie spielt in den verschiedensten Lebensbereichen, z. B. im Haushalt, in der Freizeit, im Verkehr und in der Industrie eine wichtige Rolle. Sie ist nicht zu sehen, aber nötig, damit Prozesse überhaupt ablaufen können.

P1 Beschreibt, inwiefern mithilfe einer **Gangschaltung** am Fahrrad viele Anstiege ohne abzusteigen bewältigbar sind. Erklärt, welcher Zusammenhang zwischen dem kräftiger oder leichter „In-die-Pedale-Treten" – d. h. dem Energieaufwand – und der **Bewegungsenergie** von Fahrrad und Mensch besteht. Erläutert, warum umgekehrt eine Fahrt mit Rückenwind oder bergab nahezu mühelos ist.

P2 Dem Körper muss täglich durch die Nahrung Energie zugeführt werden. Erkundigt euch nach dem „**Nährwert**" von Lebensmitteln. Stellt Informationen zusammen, was zu einer gesunden Ernährung gehört. Untersucht und vergleicht, welche Angaben dazu auf den Verpackungen zu finden sind.

P2 Mit „Energiemessgeräten" kann die **Leistung** oder der **Energiebedarf** von einzelnen elektrischen Geräten direkt gemessen werden.
a) Schließt elektronische Geräte wie z. B. CD/DVD-Player, Stereo-Anlage, Radiowecker usw. für eine feste Zeitdauer (10 min oder 30 min) über das Energiemessgerät an die Steckdose an. Bei Geräten mit Akku, etwa beim Handy, kann der Energiebedarf für die Dauer des Ladevorgangs ermittelt werden.
b) „Nicht ständig unter Strom stehen, das spart Energie!" Messt und vergleicht den Energiebedarf von Geräten wie z. B. Stereo-Anlage, Fernseher oder Videorecorder im **Standby-Betrieb** und im Normalbetrieb.

Körper – das Anfassbare der Physik

Das Bild zeigt viele Körper: menschliche Körper, Luftballons aus Gummi und Metall – und das Gas darin, eine Wasserflasche – und das Wasser darin, Pflastersteine und vieles andere.
Körper, das ist das Handgreifliche, das Anfassbare in der Physik. Physiker interessieren sich für die Eigenschaften von Körpern. Welchen Zustand haben sie, wie schwer sind sie? Sind sie bewegt oder in Ruhe? Und schließlich – was ist das eigentlich, ein Körper, den Physiker betrachten?

„Körper" physikalisch betrachtet

Körper sind nicht nur der Pflasterstein, das ballonartig geformte Messing der „Ballons" am Standbild sondern auch das Gas in dem Gummiballon und das Getränk in der Flasche.

In der Physik wird alles, was einen bestimmbaren Raum einnimmt, als **Körper** bezeichnet. Die Größe des eingenommenen Raumes ist sein **Volumen.** Körper können aus einem einzigen **Stoff** bestehen oder aus vielen verschiedenen. Aber nicht der Stoff ist der Körper, sondern Stoff und eingeschlossener Raum zusammen bilden einen Körper.

So werden in der Physik auch Flüssigkeiten und Gase als Körper bezeichnet, wenn sie einen begrenzten Raum einnehmen. Beispiel: das Getränk in der Flasche, die Gasmenge im Ballon. Sie sind begrenzt durch den Kunststoff der Flasche oder das Gummi des Ballons. Demgegenüber sind „die Luft um uns herum" oder „der Regen, der vom Himmel fällt" keine Körper. Ihnen fehlt die eindeutig bestimmbare Grenze. – Und wenn in einem Raum gar nichts drin ist? Dann ist dies ein leerer Raum, ein **Vakuum,** aber eben kein Körper!

Körper können sehr verschieden sein. Sie lassen sich unterteilen
- nach dem *Stoff:* Zwei gleich aussehende Körper können aus verschiedenen Stoffen bestehen und dadurch sehr unterschiedliche Eigenschaften haben;

- nach der *Form:* Sie können regelmäßig geformt sein wie Würfel, Quader, Kugel …, oder ganz unregelmäßig wie eine Statue, Lebewesen …
- nach dem *Zustand:* Es macht einen Unterschied, ob ein Körper fest, flüssig oder gasförmig ist.
- nach dem *Volumen:* Körper sind groß oder klein.
- nach der *Temperatur:* Körper sind heiß oder kalt.
- nach der *Masse:* Körper sind schwer oder leicht.

Eine Eigenschaft haben alle Körper gemeinsam: Da jeder Körper für sich einen bestimmten Raum einnimmt, können sich nie zwei Körper an dem gleichen Ort befinden.

In dem Raum, den ein Körper einnimmt, kann sich kein zweiter Körper befinden. Deshalb steigt z. B. der Wasserspiegel in der Badewanne, wenn der dicke Mann ins Wasser steigt. Sein Körper verdrängt das Wasser aus der Wanne. In dem Raum, den er einnimmt, kann nur er sein oder das Wasser.

> Ein Körper ist eine begrenzte Menge eines Stoffes.
> - Der Zustand eines Körpers kann fest, flüssig oder gasförmig sein.
> - Körper haben eine Temperatur.
> - Das Volumen des Körpers ist der Raum, den er einnimmt.
> - Körper sind schwer, sie haben eine Masse.
> - Zwei Körper können nicht gleichzeitig an einem Ort sein. Ein Körper verdrängt den anderen.

Aufgaben

1. Gib Beispiele für feste, flüssige, gasförmige Körper.
2. „Körper" und „Stoff" meint zweierlei. Erkläre den Unterschied.
3. Erläutere die Ursache dafür, dass das Wasser in der Abbildung links überläuft.

Huch!

Körper und ihre Zustandsformen

Zentraler Versuch

Der Kneteklumpen besitzt eine quaderförmige Form. Seine Begrenzungsflächen und damit seine Form und sein Volumen sind genau bestimmbar. Erst wenn er unter Kraftaufwand verformt wird, wird es ein anderer Körper, denn dann hat sich bei gleich bleibendem Volumen seine Form verändert.

Das Wasser im Becherglas bildet einen flüssigen Körper. Es passt sich der Form des Becherglases an. Das Becherglas gibt ihm also seine Form, mit der auch sein Volumen bestimmbar ist. Erst wenn es umgeschüttet wird in einen Zylinder, ist es ein anderer Körper geworden, denn nun hat sich seine Form geändert. Der Körper „Wasser" hat sich der Form des Zylinders angepasst. Sein Volumen ist aber gleich geblieben. Auch viel Kraft auf den Stempel ändert das Volumen nicht.

Das Gas im Luftballon füllt den Raum vollständig aus, den ihm der Luftballon bietet. Damit sind Form und Volumen bestimmbar. Wird der Ballon geöffnet, strömt das Gas heraus; es hat dann keine festen Begrenzungen mehr. Ein Gas bildet nur dann einen Körper, wenn seine Begrenzungen angegeben werden können.
Ist Gas im Zylinder, lassen sich durch Verschieben des Stempels die Form und das Volumen des Körpers „eingeschlossenes Gas" verändern.

	fest	flüssig	gasförmig
Form	• bestimmte Form	• keine bestimmte Form • Anpassung an Form des Behälters	• keine bestimmte Form • füllt den zur Verfügung stehenden Raum völlig aus.
Volumen	• bestimmtes Volumen • durch Kraft nicht veränderbar	• bestimmtes Volumen • durch Kraft nicht veränderbar	• kein festes Volumen • durch Kraft veränderbar

Aufgaben

1 Entscheide, ob Eiswasser in einem Becherglas, in dem noch feste Eisstücke schwimmen, ein Körper ist. Wenn ja, beschreibe, ob dieser Körper fest oder flüssig ist.

2 Aus einem einzigen Stück Knete lassen sich sehr viele verschiedene Körper formen.
Beschreibe, worin sich diese Körper unterscheiden und worin nicht.

3 Zähle die Bedingungen auf, unter denen Rauch (ein Gemisch aus verschiedenen Gasen und kleinsten Staubpartikeln) einen Körper bildet.

4 a) Nenne mindestens 10 regelmäßig geformte Körper und 10 unregelmäßig geformte.
b) Nenne mindestens 3 Paare von regelmäßig geformten Körpern gleicher Form, bei denen der eine groß, der andere klein ist.

Körper   Versuche und Aufträge

V1 Besorge dir beim Arzt oder in der Apotheke eine Plastikspritze (ohne Nadel).
a) Schiebe den „Kolben" ein Stückchen hinein. Halte die untere Öffnung mit dem Finger zu, drücke den Kolben weiter hinein und lasse ihn dann wieder los. Erkläre deine Beobachtungen.
b) Ziehe den Kolben aus der Spritze heraus und fülle die Spritze mit Wasser. Schiebe den Kolben wieder hinein. Wie schaffst du es, dass nur noch Wasser in der Spritze ist? Versuche, indem du die Öffnung wieder zuhältst, die Wassermenge mit dem Kolben zusammenzudrücken. Was stellst du fest?

V2 Bohre zwei Löcher in den Deckel eines Marmeladenglases. Stecke durch das eine Loch einen Trinkhalm und durch das andere einen Trichter und befestige sie mit Knet- oder Kaugummi so, dass an diesen Stellen keine Luft mehr eindringen kann.
a) Halte die Trinkhalmöffnung gut zu und gieße Wasser in den Trichter. Was beobachtest du?
b) Gib die Trinkhalmöffnung frei. Beobachte genau. Erkläre deine Beobachtungen.
c) Ersetze nun den Trichter durch einen zweiten Trinkhalm und baue dir damit ein „Spritzspiel". Wenn du rechts hinein bläst, spritzt links das Wasser heraus. Erkläre.

Knetgummi

Luft

Wasser

Körper haben ein Volumen

Zentraler Versuch

Um zu wissen, wie groß der Gepäckraum eines Autos ist, messen die Autohersteller seinen Raum mit Normkoffern oder Normquadern genau aus.

Das funktioniert so nicht, wenn das Fassungsvermögen eines Aquariums bestimmt werden soll. in einem solchen Fall wird das Volumen folgendermaßen ermittelt: Es wird gezählt, wie oft das Wasser eines gefüllten Messbechers in das Aquarium gegossen werden muss, bis es voll ist. Der Becher wird dafür jedes Mal genau bis zum Eichstrich gefüllt.

Besonders einfach ist die Volumenbestimmung, wenn der Messbecher genau einen Liter (1 ℓ) fasst. Der Liter ist das Maß für das Volumen; er ist das **Normvolumen,** so wie das Meter die Normlänge für Längen ist.

Das Volumen des Aquariums wird dann angegeben als ein Vielfaches von 1 Liter: Nachdem 25 bis zum Eichstrich volle Messbecher eingefüllt wurden, passt vom 26. nur noch ein Viertel hinein. Damit steht fest, dass das Aquarium $25\frac{1}{4}\,ℓ$ fasst.

Es werden also nicht nur ganzzahlige Vielfache des Normvolumens verwendet, sondern auch Bruchteile davon.

Für regelmäßige Körper wie Quader und Würfel gibt es ein einfaches Verfahren, das Volumen zu bestimmen: Zunächst werden Länge, Breite und Höhe gemessen. Das Volumen lässt sich dann berechnen, indem Länge, Breite und Höhe miteinander multipliziert werden:

$$V = a \cdot b \cdot c$$

Als Volumeneinheiten ergeben sich dann
$1\,cm^3 = 1\,mℓ,$
$1\,dm^3 = 1\,ℓ,$
$1\,m^3 = 1000\,ℓ.$

Volumen

Das Formelzeichen ist *V*.
Die Einheit ist 1 ℓ (Liter).

Weitere Einheiten:
Milliliter: $1\,mℓ = \frac{1}{1000}\,ℓ$
Zentiliter: $1\,cℓ = \frac{1}{100}\,ℓ = 10\,mℓ$

Das Volumen eines Körpers wird als Vielfache oder Teile des Normvolumens $1\,ℓ = 1\,dm^3$ angegeben.

Körper haben eine Temperatur

„Eiskalt", „lauwarm", „glühend heiß", … . Es gibt eine Menge Wörter in unserer Sprache, mit denen wir zum Ausdruck bringen, wie warm oder kalt ein Körper oder unsere Umgebung ist. Wenn wir genauere Angaben machen wollen, reden wir von „Temperatur", von „Grad" oder „Grad Celsius".

Wenn angegeben werden soll, wie warm oder kalt ein Gegenstand ist, so muss seine **Temperatur** bestimmt werden. Dazu wird ein Messgerät benötigt, ein **Thermometer** (thermos, griech.: warm). Es gibt verschiedene Arten von Thermometern, deren Aufbau und Funktionsweise darauf abgestimmt sind, wozu sie genutzt werden sollen. So lassen sich z. B. die Temperatur im Innern eines Brennofens und die Temperatur der Raumluft nicht mit demselben Thermometer messen.

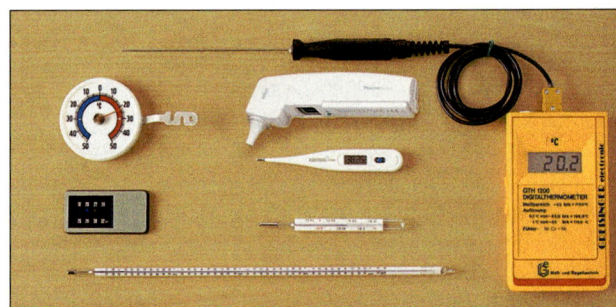

In der Abbildung oben sind verschiedene Thermometer zu sehen, jedes für einen anderen Zweck. Allen gemeinsam sind ein *Messfühler*, mit dem die Temperatur gemessen wird, und eine *Anzeige,* auf der die gemessene Temperatur abgelesen werden kann. Der Messfühler ist leicht erkennbar beim elektronischen Thermometer, beim Fieberthermometer und beim Flüssigkeitsthermometer. Er kann aber auch versteckt im Inneren des Gerätes sein wie beim Fensteraußenthermometer und beim Innenohrfieberthermometer.

Jedes Thermometer hat einen begrenzten Messbereich, in dem es Temperaturen messen kann. Wird das Thermometer bei zu hohen oder zu tiefen Temperaturen verwendet, zeigt es nicht mehr richtig an, es kann sogar zerstört werden.

Temperatur

Das Formelzeichen ist ϑ (theta).
Die Einheit ist 1 °C (Grad Celsius)

Die Temperatur sagt etwas darüber aus, wie warm oder kalt ein Körper ist.
Für zuverlässige, genaue Temperaturangaben wird ein Messgerät, das Thermometer, verwendet.

Aufgaben

1 a) Betrachte das Foto zur Ausmessung eines PKW-Kofferraumes genau. Erläutere dann den Unterschied beim Ausmessen des Kofferraum-Volumens mithilfe von Normkoffern bzw. Normquadern. Gib auch an, welches der beiden Verfahren du bevorzugen würdest, und begründe deine Entscheidung.
b) Berechne die Größe des Kofferraums, wenn 180 solcher Normkörper hineinpassen und jeder Normkörper 20 cm lang, 10 cm breit und 10 cm hoch ist. Gib das Ergebnis in Liter und Kubikmeter an.
c) Begründe, warum das Ergebnis nur ein Näherungswert sein kann und entscheide, ob das wirkliche Volumen größer oder kleiner als der Näherungswert ist.

2 Errechne, wie viele Limonadengläser zu 150 mℓ du aus einer 1 ℓ-Flasche füllen kannst und wie viele Liter Limonade in der Flasche zurückbleiben.

3 Nenne Gefäße, für deren Volumen du die Untereinheiten des Liters, also Milliliter, Zentiliter oder Hektoliter verwenden würdest.

4 Alle Gläser in Gastwirtschaften sind mit einem Eichstrich versehen. Erläutere, weshalb es sinnvoll ist, Gläser in Gastwirtschaften mit Eichstrichen zu versehen.

5 Auch andere Stoffe als Wasser schmelzen oder verdampfen.
a) Finde drei Beispiele von Stoffen, von denen du weißt, dass sie schmelzen.
b) Gib ihre Schmelztemperaturen an.

6 Beschreibe, wie du das Volumen folgender Körper bestimmen könntest: ① Kieselstein, ② ein Stück Würfelzucker, ③ Postpaket, ④ Kühlschrank, ⑤ Zahnputzbecher, ⑥ Buchseite, ⑦ Kaffeetasse. Schreibe eine Reihenfolge der einzelnen Schritte auf.

7 a) Informiere dich über folgende Temperaturen (es reichen ungefähre Werte): Körpertemperatur eines Menschen; Temperatur im Kühlschrank, in einem Gefrierschrank, im Ofen beim Pizzabacken; Wassertemperatur in einem Aquarium bzw. im Hallenbad; angenehme Raumtemperatur; Temperatur in einem Brutkasten für Frühgeborene.
b) Ordne die Werte der Größe nach auf einer Temperaturskala.
c) Nenne Beispiele, bei denen eine genaue Temperaturangabe besonders wichtig ist. Begründe deine Entscheidung.

8 Die meisten Leute kaufen heute elektronische Digitalthermometer. Früher gab es nur Analogthermometer. Finde die Unterschiede zwischen den beiden Thermometerarten heraus und begründe das Kaufverhalten der Leute.

Was heißt „Messen"?   Durchblick

Im täglichen Leben geht es nicht ohne Messen. Bevor ein Haus gebaut wird, muss das Grundstück vermessen werden; beim Sportfest werden z. B. die Zeiten beim 60 m-Lauf gestoppt; im Supermarkt werden Lebensmittel abgewogen.

Obwohl die Beispiele sehr unterschiedlich sind, gibt es eine Gemeinsamkeit: In allen Fällen führt ein Vergleich mit einer bekannten *Norm* zu einer Vorstellung über die jeweilige Größe von Länge, Zeit oder Volumen.

Ist z. B. in einem Vermessungsprotokoll vermerkt, dass das Grundstück 22 m lang und 12 m breit ist, kann sich auch jemand, der es nicht kennt, die Größe des Grundstücks vorstellen; er weiß nämlich, wie lang ein Meter ist. Erfährst du, dass ein Schüler für einen 50 m-Sprint 8,2 s benötigt, kannst du sie mit deiner eigenen 50 m-Zeit vergleichen und feststellen, wer der schnellere Läufer ist.

Messen heißt also immer Vergleichen. Eine unbekannte Größe (Länge, Zeit, Masse usw.) wird mit einer bekannten Norm verglichen. Das Vergleichsmaß, die Norm, wird als Einheit bezeichnet. Die unbekannte Größe wird dann als Vielfaches oder Teil dieser Einheit angegeben.

Am Beispiel der physikalischen Größe Länge soll das verdeutlicht werden.
Die Stretchlimousine hat eine Länge von 8,5 · 1 m. Kurzschreibweise: 8,5 m.

Jede gemessene oder berechnete physikalische Größe wird als Produkt aus Zahlenwert und Einheit angegeben.

Sind die Abmessungen sehr klein oder sehr groß, werden Teile oder Vielfache der Einheit verwendet, um einfachere Zahlenwerte zu bekommen. Dafür gibt es Vorsilben, die jeder Grundeinheit vorangestellt werden können:

Dezi	Zehntel		
Centi	Hundertstel	Hekto	Hundert
Milli	Tausendstel	Kilo	Tausend
Mikro	Millionstel	Mega	Million

Körper haben Masse

Zentraler Versuch

Zentraler Versuch

Die Bowlingkugel in der linken Hand ist viel schwerer als der Fußball in der rechten. Noch schwerer ist die große Steinkugel im oberen Bild. Leichter sind dagegen alle Bälle. Und der Tischtennisball, der ist nun am wenigsten schwer.

Alle betrachteten Kugeln sind Körper. Sie unterscheiden sich nicht nur im Hinblick auf ihr Volumen, sondern sie sind auch unterschiedlich schwer. Auch alle anderen Körper sind mehr oder weniger schwer, die riesige Erde ebenso wie das kleinste Sandkorn.

Schwer zu sein ist eine Eigenschaft aller Körper.

Die Bowlingkugel zum Rollen zu bringen, ist viel schwieriger als den Fußball wegzurollen. Es kostet schon viel Kraft, sie aus der Ruhe in Bewegung zu versetzen. Beim Fußball geht das viel leichter. Aber auch er muss mit einem kräftigen Schubs fortbewegt werden. Beim Anhalten ist es genauso – die schwere Bowlingkugel aus ihrem Lauf heraus anzuhalten, ist sehr schwierig. Sie rollt von alleine immer weiter. Körper ändern ihre Geschwindigkeit nicht von selbst.

Wenn ein Körper nicht aufgehalten oder angestoßen wird, behält er seine Geschwindigkeit und seine Bewegungsrichtung bei. Er ist **träge.**

> Alle Körper sind schwer.

> Alle Körper sind träge. Ohne Beeinflussung von außen behalten sie ihren Bewegungszustand bei.

Schwere und Trägheit sind Grundeigenschaften aller Körper. Jeder Körper ist schwer und auch träge. Beides zusammen sind Eigenschaften, die mit dem Begriff der **Masse** beschrieben werden.

> Die Masse eines Körpers gibt an, wie schwer bzw. wie träge er ist.

Massenbestimmung

„400 g Mehl, 100 g Zucker ...“ sind typische Angaben aus Kochbüchern. Der Buchstabe „g“ steht für eine mögliche Einheit der Masse, das Gramm. Die festgelegte Basiseinheit ist das Kilogramm (kg).

Zur Bestimmung von Massen, also beim „Wiegen“, werden beispielsweise Balkenwaagen verwendet. Auf die eine Waagschale wird der Körper gelegt, dessen Masse bestimmt werden soll. Auf die andere Waagschale werden so lange bekannte Wägestücke gelegt, bis sich die Waage im Gleichgewicht befindet. Dabei werden in der Regel mehrere Wägestücke benötigt, die in einem Wägesatz zusammengestellt sind.

Im Gleichgewichtsfall befindet sich auf beiden Seiten die gleiche Masse. Die Addition der bekannten Massen auf der einen Waagschale ergibt dann die zu ermittelnde Masse des Körpers auf der anderen Waagschale.

Masse

Das Formelzeichen ist m.
Die Einheit ist 1 kg (Kilogramm).

Weitere Einheiten:

Tonne: $\quad$ 1 t $\quad$ = 1000 kg

Gramm: $\quad$ 1 g $\quad$ = $\frac{1}{1000}$ kg

Milligramm: 1 mg = $\frac{1}{1000}$ g

$\qquad\qquad\qquad$ = $\frac{1}{1000000}$ kg

Aufgaben

1 Zwei Kinder sitzen auf einer Wippe im gleichen Abstand zur Mitte. Erläutere die drei Möglichkeiten, in denen sich die Wippe einstellen kann. Ziehe Schlussfolgerungen jeweils bezüglich der Massen der Kinder und begründe deine Folgerungen.

2 Nenne Beispiele, wo bei verschiedenen Körpern unterschiedliche Trägheit aufgrund unterschiedlicher Massen zu beobachten ist.

3 Bestimme, welche Wägestücke des Wägesatzes unten zum Einstellen des Gleichgewichts benötigt werden, wenn Körper folgender Massen auf der Balkenwaage liegen: 138 g; 25 g; 69 g; 11 g; 8 g; 113 g.

4 Kommentiere, warum alle Wägestücke des Wägesatzes unten, die als erste Ziffer eine „2“ aufgedruckt haben, doppelt vorhanden sind.

1 kg	500 g	200 g	100 g 50 g	20 g	10 g 5 g	2 g 1 g

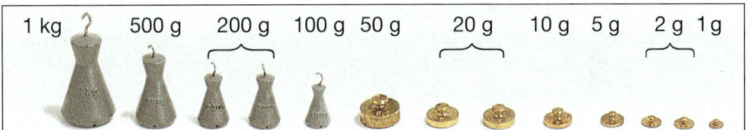

Masse $\qquad\qquad\qquad\qquad\qquad\qquad$ Versuche und Aufträge

V1 Benutze alle Waagen bei euch zu Hause und vergleiche ihre Genauigkeit. Als Körper zum Wiegen kannst du z. B. eine Getränkepackung, ein Glas Wasser, einen Bleistift o. Ä. nehmen. Beachte die Angaben auf der Waage und stelle keinen Körper mit einer für die Waage zu großen Masse darauf!

V2 Wiege verschiedene Gegenstände mit den Waagen bei euch zu Hause ab (z. B. Schultasche, Koffer, aber auch dich selbst oder deinen Hund).

V3 Überprüfe die Masseeinteilung für Mehl und für Zucker auf einem Messbecher durch Wiegen.

V4 Baue dir eine einfache Balkenwaage zum Aufhängen. Du benötigst einen Holzstab, der in der Mitte und im gleichen Abstand von der Mitte an den Enden eingekerbt wird, festen Zwirn und zwei gleiche Deckel aus Kunststoff als Waagschalen. Die Deckel werden am Rand an drei Punkten durchstochen und mit je drei Fäden an den äußeren Kerben befestigt.
Als Wägestücke nimmst du die Riegel einer Schokoladentafel. Miss zunächst in der Einheit „1 Schoko“.
a) Teste nun die Genauigkeit deiner Waage, indem du berechnest, welcher Masse „1 Schoko“ entspricht.
b) Wiege dann Gegenstände dir bekannter Masse ab.

V5 Verkürze bei deiner selbst gebauten Waage den Abstand zwischen der Mitte des Holzstabes und der Aufhängung der Waagschale für die Schokostücke auf die Hälfte. Teste auch diese Waage und beschreibe den Unterschied.

Energie und Energieformen

Das Wort „Energie" begegnet uns häufig im täglichen Leben. Wir hören die Worte Kernenergie, Energiekrise oder Energiesparen. Energie wird auch zum Arbeiten gebraucht, ob im Berufsleben oder in der Schule. Auch im Sport ist Energie erforderlich, wenn man gewinnen will. Wir wollen herausfinden, was in der Physik unter diesem Begriff verstanden wird und warum er so große Bedeutung hat.

Energie begegnet uns in vielen Formen

In allen Bildern oben geht es darum, dass etwas bewirkt wird:

Der elektrische Strom bewirkt, dass in der Bestrahlungslampe Licht entsteht. Damit werden die schmerzenden Körperstellen erwärmt.	Bei Stromausfall kann die Infrarotlampe nicht leuchten und es müssen andere Möglichkeiten der Schmerzlinderung gesucht werden.
Mit elektrischem Strom wird der Motor des Akkuschraubers betrieben. Hierdurch werden die Schrauben ins Holz gedreht.	Ist der Akku leer, nutzt der Akkuschrauber nichts mehr. Die Schrauben müssen per Hand eingedreht werden oder es muss eine Pause gemacht werden.
Bei der Verbrennung der Kerze wird Luft erwärmt. Diese strömt nach oben und bewirkt die Drehung der Pyramide.	Wenn die Kerze heruntergebrannt ist, also kein Wachs mehr vorhanden ist, kann auch die Pyramide nicht mehr angetrieben werden.
Die Luftbewegung treibt das Segelboot an und bewirkt damit seine Bewegung.	Bei Windstille kann das Segelboot nicht fahren.
Die Energie der Sonne bewirkt eine Erwärmung des Wassers im Schwimmbecken.	Bei dauerhaft bedecktem Himmel bleibt das Wasser unangenehm kühl.
Die Lage des Balles oben an einer Schräge bewirkt, dass der Ball hinunterrollt.	Auf einer horizontalen Straße setzt sich der Ball nicht von allein in Bewegung.

Die beschriebenen Vorgänge sind grundverschieden und haben doch etwas Wichtiges gemeinsam: Sie laufen nicht aus sich selbst heraus und beliebig lange ab, sondern brauchen etwas, was sie antreibt. Dieses „Etwas" ist **Energie.**

Die Energie wird über die Steckdose geliefert, steckt im Akku, in der Kerze, in der erhöhten Lage des Balles oder im Wind. Trotz ihrer ganz verschiedenen Formen ist es doch immer die gleiche Energie. Sie bewirkt die Veränderung von Stoffen und die Änderung von Vorgängen.

> Energie ist nötig, damit Vorgänge ablaufen.
> Energie wird an ihren Wirkungen erkannt.

Aufgaben

1 Auch Kochen ist ohne Energie nicht möglich. Beschreibe anhand des Bildes die Vorgänge, die dabei durch Energie bewirkt werden.

2 Wer in der Dunkelheit mit dem Fahrrad fährt, muss die Beleuchtung einschalten. Laut Straßenverkehrsordnung muss ein normales Fahrrad einen Dynamo besitzen. Beschreibe, wie eine solche Lichtanlage funktioniert und wie Energie hier wirkt. Welche Rolle spielt dabei der Radfahrer selbst?

3 Ein Fußball hat nicht das Tor getroffen, sondern eine Scheibe – mit durchschlagender Wirkung. Erläutere, wie Energie hier gewirkt hat.

4 Beschreibe weitere Vorgänge und erläutere dabei, wie Energie wirkt.

5 In den beschriebenen Vorgängen treten verschiedene Energieformen auf. Umgangssprachlich gibt es für diese viele verschiedene Begriffe. Auf dem Zettel stehen einige in den Naturwissenschaften übliche Namen für verschiedene Energieformen – leider nicht mehr vollständig lesbar.

a) Notiere ihre Namen und ordne den schon beschriebenen Vorgängen – sofern möglich – die auftretenden Energieformen zu.

b) Eine dieser Energieformen spielte bisher keine Rolle. Welche?

c) Für welche Energieformen hast du noch keine Namen?

Höhen- .nergie
P. vegungsenergie
Li. `tenergie
`'n`ische Energie
Spannenergie

Energie

V1 Biege Blumendraht zu einer Schlaufe, wie es in der Abbildung gezeigt ist, und befestige sie mit Klebefilm auf einem Styroporbrettchen. Fülle etwas Wasser in ein ausgeblasenes Ei (ein Loch wieder zukleben!) und lege es in die Schlaufe über das brennende Teelicht. (Teelicht weniger als zur Hälfte mit Wachs gefüllt und am besten mit einem zweiten Docht versehen!)

a) Kommt dein Dampfboot in Fahrt? Wer treibt es an?

b) Welche Energieformen sind beteiligt?

V2 Blase einen Luftballon etwa zur Hälfte auf und knote ihn zu. Befestige ihn mit Klebefilm auf einem Tisch. Lass auf den Luftballon verschiedene kleine Gegenstände fallen (Radiergummi, kleine Kugel, Münzen). Beobachte den Ballon und die Gegenstände dabei genau und notiere deine Beobachtungen.

V3 Für die folgenden Versuche brauchst du einen Tacho am Fahrrad. **Mache die Versuche nur auf abgesperrten Plätzen oder Wegen ohne Autoverkehr!**

a) Lasse dein Fahrrad aus verschiedenen Geschwindigkeiten zum Stillstand ausrollen und miss die Anhaltestrecke. Notiere die Messwerte in einer Tabelle. Deute die Versuchsergebnisse.

b) Lasse dein Rad mit unterschiedlichen Anfangsgeschwindigkeiten einen Hang hinaufrollen und miss die Strecken bis zum Stillstand. Notiere auch hier Geschwindigkeiten und Strecken und deute die Ergebnisse.

c) Wiederhole die Versuche mit eingeschaltetem Dynamo. Beschreibe die Unterschiede. Gib eine begründete Vermutung für diese Unterschiede.

Energieformen

Im Versuch wird das Vorderrad eines Fahrrades durch kräftiges Anstoßen in schnelle Umdrehungen versetzt. Zum Abbremsen drücken wir mit der flachen Hand oder einem Dynamo von oben auf den Reifen. Dabei stellen wir fest, dass unsere Hand warm oder sogar unangenehm heiß wird. Das Vorderrad hat beim Abbremsen die Hand erwärmt oder Licht erzeugt, es hatte also Energie. Weil diese Energie in der Bewegung des Rades steckte, heißt sie **Bewegungsenergie** oder kinetische Energie. Diese Energie haben wir dem Vorderrad beim Anstoßen zugeführt.

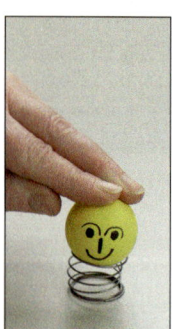

Gegenstände, die herunterfallen, können zerbrechen oder an anderen Gegenständen Schaden anrichten. Fallen sie uns auf den Fuß, so ist das meistens sehr schmerzhaft. Woher kommen diese Wirkungen und welchen Einfluss hat das Fallen aus größerer Höhe auf diese Wirkungen? Lassen wir einen Hammer aus unterschiedlichen Höhen auf Nägel fallen, die in einem Styroporklotz stecken, so werden die Nägel umso tiefer in den Klotz getrieben, je größer die Ausgangsposition war. Der Hammer hat Energie, die mit seiner Höhe oder Lage verknüpft ist. Diese Energie heißt **Höhenenergie.**

Löst sich ein Spanngurt von einem Gepäckträger, so schnellt der Gurt kräftig zurück. In ähnlicher Weise verhält sich ein Haushaltsgummi, wenn er beim Überspannen eines Gefäßes reißt. Woher kommt diese Wirkung und welchen Einfluss hat die Dehnung auf diese Wirkung? Drücken wir eine Springfigur weit zusammen und lassen sie los, dann springt die Figur umso höher, je größer die anfängliche Stauchung war. Eine größere Stauchung kann also eine größere Wirkung erzielen. Da die Energie in der Stauchung oder Dehnung der Feder steckt, heißt sie **Spannenergie.**

Die genannten Energieformen kommen auch beim Sport vor: Ein geschossener Fußball hat Bewegungsenergie, ein Skifahrer beim Abfahrtslauf Höhenenergie und der gebogene Stab eines Stabhochspringers Spannenergie.

> Es gibt drei mechanische Energieformen: Jeder sich bewegende Körper besitzt Bewegungsenergie, jeder hochgehobene Körper besitzt Höhenenergie und jeder elastisch verformte Körper besitzt Spannenergie.

Aufgaben

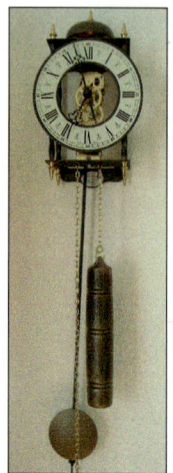

1 Nenne vier Sportarten, bei denen Spannenergie eine Rolle spielt. Erläutere jeweils, welcher Körper dabei Spannenergie besitzt und welche Energieformen insgesamt auftreten.

2 Nenne die Energieformen, die beim Skispringen auftreten.

3 Erläutere, welche Rolle Bewegungsenergie beim Bowling oder Kegeln spielt.

4 Alte Uhren lassen sich entweder mit einem Schlüssel „aufziehen" oder man muss schwere Gewichte hochheben. Erläutere, wodurch diese Uhren jeweils angetrieben werden.

5 Schon vor Jahrhunderten gab es Wassermühlen. Diese Mühlen nutzen Energie in derselben Form wie die modernen Windräder (Windgeneratoren). Nenne diese Energieform und erläutere die Unterschiede, die zwischen einem Windrad und einer Wassermühle bestehen.

Häufig treten mehrere Energieformen nacheinander oder auch gleichzeitig auf. Selten sind dabei ausschließlich die mechanischen Energieformen beteiligt. Das wird bereits beim Fahrrad deutlich. Wird der Dynamo an das sich drehende Rad gedrückt, so leuchtet die Lampe. Die Bewegungsenergie des Rades wandelt sich im Dynamo in **elektrische Energie.**
Die Solarzelle zeigt, dass Licht eine Energieform ist. Nur wenn die Solarzelle beleuchtet wird, stellt sie elektrische Energie bereit, die in einem angeschlossenen Stromkreis einen Motor antreibt.

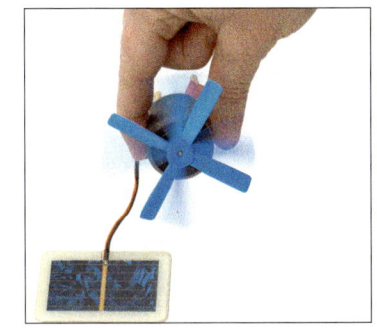

Wird das sich drehende Vorderrad mit der flachen Hand abgebremst, wird diese warm. Die Hand hat Energie aufgenommen. Scheint die Sonne intensiv auf den Sonnenkollektor, erhöht sich die Wassertemperatur. In beiden Fällen nimmt die **innere Energie** der Körper zu.

Jede Lichtquelle benötigt ihrerseits Energie, um **Lichtenergie** abgeben zu können: Bei der Taschenlampe kommt sie aus Batterien oder Akkus, beim Feuerzeug oder einer Campinggaslampe aus der Gasfüllung. In beiden Fällen ist – genauso wie bei einer Kerze – **chemische Energie** die Ausgangsform. Beim Feuerzeug wandelt sich die chemische Energie gleich in Lichtenergie, bei der Taschenlampe zuerst in elektrische Energie und anschließend in Lichtenergie.

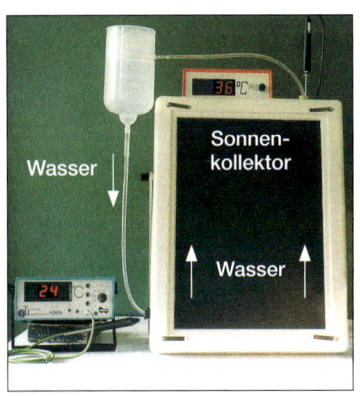

Pflanzen brauchen zum Gedeihen Lichtenergie, sonst verkümmern sie und sterben schließlich ab. Die Lichtenergie wird von den Blättern aufgenommen und in **chemische Energie** gewandelt, die entweder als Stärke oder als Zucker gespeichert wird. Wie viel Energie in den pflanzlichen – und auch in den tierischen – Nahrungsmitteln steckt, wird durch den **Brennwert** angegeben, der bei Lebensmitteln auch *Nährwert* genannt wird. Beide bezeichnen die in einem Körper enthaltene Energie pro Masse des Körpers.

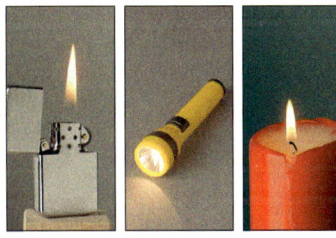

In Kernkraftwerken wird die in Uran gespeicherte **Kernenergie** in elektrische Energie gewandelt.

Vorrichtungen, in denen die Energie von einer Form in eine andere gewandelt wird, heißen **Energiewandler.** Der Dynamo, die Glühlampe und die Solarzelle sind Beispiele für technische Energiewandler, Pflanzen sind natürliche Energiewandler.

> Energie tritt in verschiedenen Formen auf, die sich ineinander wandeln können. Neben den mechanischen Energieformen gibt es unter anderem die Lichtenergie, die Kernenergie, die elektrische, chemische und innere Energie.

Bei der mittleren Pflanze hat Lichtenergie gefehlt.

Aufgaben

1 Manche Leute lieben es, einen Kamin im Wohnzimmer zu haben. Notiere alle Energieformen, die beim Betrieb eines Kamins eine Rolle spielen.

2 Notiere alle Energieformen, die bei dem gezeigten Spielzeug auftreten. Nenne weitere (Spiel-)Geräte mit Solarantrieb.

3 Beim Deichbau muss der Erdwall durch große Eisenträger, die in die Erde gerammt werden, gesichert werden. Erkläre, woher die dazu benutzte Ramme ihre Energie bekommt.

Energie – ein umfassendes Konzept

Die Energie ist eine Verwandlungskünstlerin

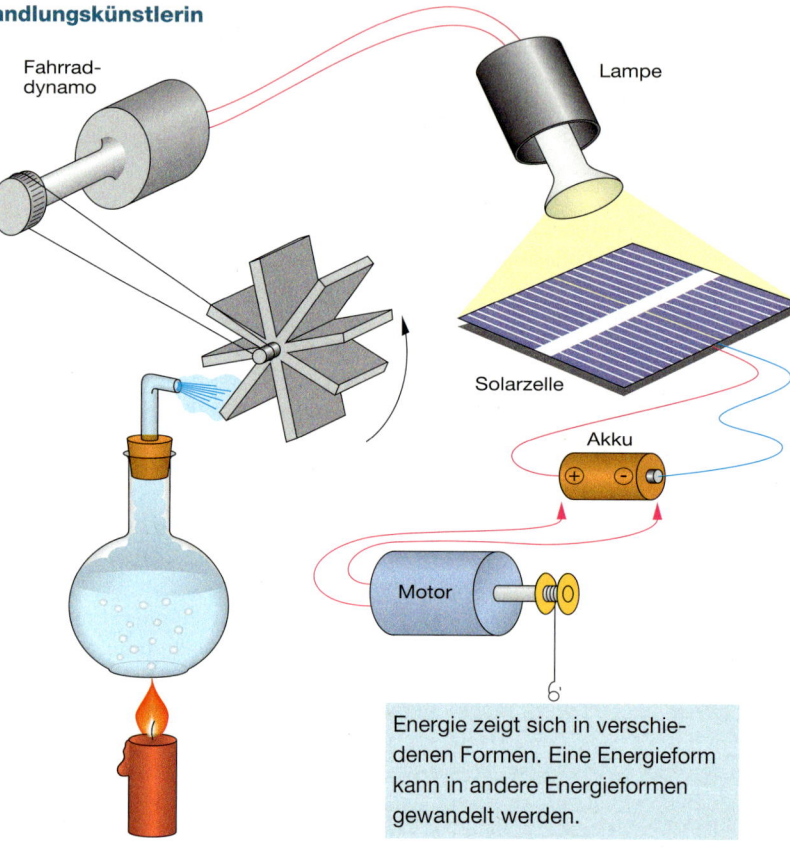

Es gibt viele Energie-formen, die wie im Bild rechts zu einer langen Kette aneinandergereiht werden können:

- Im Rundkolben „Heiz-kessel" wird durch die heiße Flamme aus Wasser Wasserdampf, der mit hoher Ge-schwindigkeit auf das Turbinenrad trifft: Aus *innerer Energie wird Bewegungsenergie.*

- Die Turbine treibt den Generator an. Dieser wandelt *Bewegungs-energie in elektrische Energie.*

- Der elektrische Strom lässt die Lampe leuch-ten: *Aus elektrischer Energie wird Licht-energie.*

- Die Solarzelle wird von der Lampe beleuchtet: Sie wandelt *Licht-energie in elektrische Energie.*

- Die elektrische Energie wird dann im Akku gespeichert: *Elektrische Energie wird zu che-mischer Energie.*

- Beim Verlassen des Ak-kus wird die chemische Energie zu elektrischer Energie, die den Motor antreibt: *Chemische Energie wird in elektri-sche Energie und diese in Bewegungsenergie gewandelt.*

- Durch die Bewegungs-energie wird der Bind-faden aufgerollt und damit das Merksatz-schild hochgehoben: *Bewegungsenergie wird zu Höhenenergie.*

Energiefluss-Schema (linker Rand):
innere Energie → Heiz-kessel → Bewegungs-energie → Turbine / Gene-rator → elektrische Energie → Lampe → Licht-energie → Solar-zelle → elektrische Energie → Akku → elektrische Energie → Motor → Bewegungs-energie → Höhen-energie

Energie zeigt sich in verschie-denen Formen. Eine Energieform kann in andere Energieformen gewandelt werden.

Fazit: Die Energie, die ursprünglich als chemische Energie im Kerzenwachs gesteckt hatte, befindet sich schlussendlich als Höhenenergie im hoch-gezogenen Merksatz-Schild. Energie kann also auch gespeichert sein.

Wie die Glieder einer Kette sind die Energieformen hintereinander auf-gereiht. Es macht daher Sinn, den Weg der Energie von der brennenden Kerze bis zum hochgehobenen Schild als **Energiekette** zu bezeichnen. Zur Deutung physikalischer Vorgänge genügt es meist, nur einen Teil einer Energiekette zu betrachten.

Grafisch lässt sich eine solche Energiekette als **Energiefluss-Diagramm** oder **Energiefluss-Schema** wie in der Abbildung links darstellen. Darin werden die Wandler als graue Kreise gezeichnet, die Energie, die von einem Wand-ler zu einem anderen unterwegs ist, als Pfeil. Weil die chemische Energie der Kerze bzw. die Höhenenergie des hochgehobenen Schildes Anfang und Ende dieser Kette sind und nicht strömen, sind sie nicht als Pfeil dargestellt, sondern als Rechtecke.
Zur Vereinfachung ist der Akku nur als „Wandler" dargestellt. Genau ge-nommen ist er aber sowohl Wandler (elektrische Energie → chemische Energie, später chemische Energie → elektrische Energie) als auch Speicher von elektrischer Energie, die aber genau genommen als chemische Energie gespeichert ist und nicht elektrisch.

Energie hat viele Namen

- Die Höhenenergie des Wassers im Stausee,
- die Bewegungsenergie eines Läufers,
- die innere Energie einer heißen Herdplatte,
- die elektrische Energie in Überlandleitungen,
- die Lichtenergie einer Lampe,
- die chemische Energie in Nahrungsmitteln, Brennstoffen oder einer Batterie

sind Beispiele dafür, wie sich Energie zeigt. Ist Höhenenergie etwas völlig anderes als die anderen Energien oder gibt es Gemeinsamkeiten?

Der Gedanke an einen Urlaubsreisenden auf dem Weg zu einem entfernten Urlaubsziel hilft, diese Frage zu beantworten:

Der Reisende geht zu Fuß als „Fußreisender" zum Taxi und fährt zum Bahnhof – jetzt ist er „Autoreisender". Dann nimmt er den Zug zum Flughafen – „Zugreisender". Während des Fluges ist er „Flugreisender" und nach der Ankunft fährt er als „Busreisender" zum Hotel. Obwohl der Urlauber dauernd ein anderer Reisender ist, handelt es sich doch während der ganzen Reise immer um denselben Menschen.

Entsprechend verhält es sich mit der Energie:
Es gibt nur „die" Energie. Die unterschiedlichen Bezeichnungen sind nur eine Hilfe, die das Verstehen von Energiewandlungen erleichtert. Es hat sich bewährt, in *Energieformen* zu denken, denn die Form ist oft ein Hinweis auf den Träger bzw. den Speicher der Energie. Dementsprechend wandeln Geräte nicht eine Energie in eine andere Energie, sondern nur eine Form der Energie in eine andere Form. Eigenlich müssten (Energie-) Wandler deshalb Energie*form*wandler heißen, aber das ist ein unschönes Wortungetüm.

> Energie kann von einer Form in eine andere gewandelt werden. Sie hat unterschiedliche Namen, ist aber immer nur Energie.

Aufgaben

1 Zeichne das Energiefluss-Diagramm für
  a) einen Windgenerator, b) eine Wassermühle,
  c) einen Kaminofen, d) ein Bügeleisen,
  e) einen Ventilator, f) eine Waschmaschine,
  g) ein Handy, dessen Akku gerade geladen wird.

2 Manche Leute verwechseln Sonnenkollektoren und Solarzellen. Erkläre den Unterschied unter dem Gesichtspunkt der Energiewandlung.

3 Beschreibe in Worten die Wandlung der Energie bei folgenden Vorgängen:
  a) Abschießen eines Pfeils mit dem Sportbogen;
  b) Springen vom 5 m-Turm im Schwimmbad;
  c) Dribbeln beim Handball;
  d) Aufschlag beim Tennis.

4 a) Beschreibe einen Vorgang, zu dem das folgende Energiefluss-Diagramm passt (nenne auch die Energiewandler).
  b) Gib einen Vorgang an, zu dem dieses Energiefluss-Diagramm in umgekehrter Richtung gehört.

chemische Energie → elektrische Energie → Lichtenergie

5 a) Die nebenstehende Abbildung zeigt das Innenleben eines Haarföhns. Zeichne das zugehörige Energiefluss-Diagramm.
  b) In manchen Restaurants befindet sich am Büffet über dem Braten eine Lampe, die nicht der Beleuchtung dient. Erläutere den Zweck und fertige das zugehörige Energiefluss-Diagramm an.

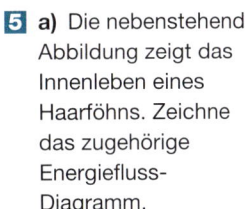
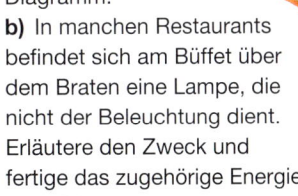

Heizdrähte

Ventilator

Schalter

6 Beim Empire-State-Building-Run-Up laufen Athleten so schnell sie können die 320 m hohe Treppe hinauf.
  a) Beschreibe die Energiewandlungen während des Laufs.
  b) Begründe, weshalb ein Athlet, der oben angekommen ist und sofort wieder herunterläuft, unten noch erschöpfter ist als er es oben war.

Eine Einheit für die Energie

Im zentralen Versuch wird einem Tauchsieder elektrische Energie zugeführt, wodurch die Wassertemperatur steigt. Der Tauchsieder befindet sich in einem Topf mit 1 ℓ (1 kg) Wasser mit der anfänglichen Temperatur 20 °C. Die zugeführte Energiemenge kann an einem Energiemessgerät abgelesen werden, die Wassertemperatur wird gemessen.

Die Grafik zeigt, dass die Wassertemperatur umso höher wird, je mehr Energie zugeführt worden ist.

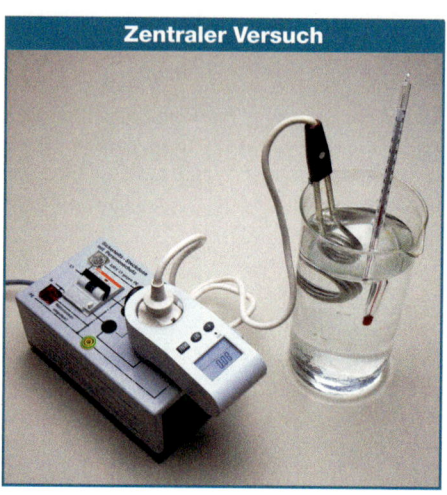

Zentraler Versuch

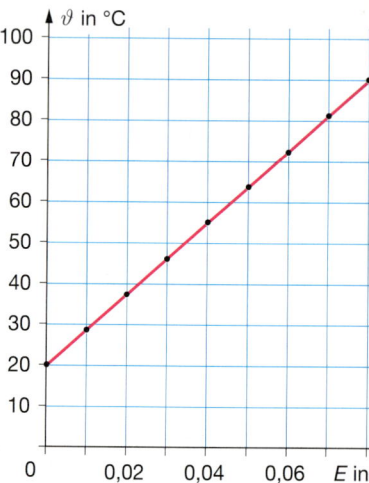

Das Energiemessgerät zeigt die zugeführte Energie in der Einheit kWh an, der Abkürzung für **Kilowattstunde,** eine Einheit speziell für elektrische Energie. Diese Einheit ist sehr groß, denn nur etwa 0,08 kWh bringen den Liter Wasser von 20 °C auf 90 °C. Für viele Anwendungen wurde deshalb eine kleinere Einheit geschaffen, das **Joule J** (gesprochen Dschu:l). Sie ist nach dem englischen Physiker JAMES PRESCOTT JOULE (1818–1889) benannt. Wie klein diese Einheit ist, ist an der Umrechnungsgleichung zu erkennen:
$1 \text{ kWh} = 3,6 \text{ Mio J.}$

Energie

Das Formelzeichen ist E.
Die Einheit ist 1 J (Joule) oder elektrisch 1 kWh (Kilowattstunde).

Weitere Einheiten:
Kilojoule: 1 kJ = 1 000 J
Megajoule: 1 MJ = 1 000 kJ
                      = 1 000 000 J
Kilowattstunde: 1 kWh = 3,6 MJ

Aus den Messwerten lässt sich ableiten, dass 1 J die Energiemenge ist, die zum Erhitzen von 0,24 g Wasser um 1 °C benötigt wird. Umgekehrt werden etwa 4,2 J benötigt, um 1 g Wasser um 1 °C zu erwärmen.

Eine ältere Energieeinheit ist die **Kalorie (cal):** 1 cal ist genau die Energie, die gebraucht wird, um 1 g Wasser um 1 °C zu erwärmen, also 1 cal = 4,2 J. Eine größere Einheit ist die Kilokalorie (kcal): 1 kcal = 1000 cal.
Bei der Angabe der Energiegehalte von Lebensmitteln ist die Kilokalorie immer noch zu finden, obwohl auch bei Lebensmitteln offiziell 1 J die Energieeinheit ist.

> Durch die Zufuhr von 4,2 kJ Energie steigt die Temperatur von 1 kg Wasser um 1 °C.

Rechenbeispiel

Für ein Vollbad werden 200 ℓ Wasser benötigt. Sie kommen mit einer Temperatur von 15 °C ins Haus und müssen auf etwa 40 °C gebracht werden. Berechne die zum Erwärmen des Wassers nötige Energie.

Lösung: Um 1 ℓ Wasser um 1 °C zu erwärmen, sind etwa 4 kJ nötig.
Um 200 ℓ Wasser um 1 °C zu erwärmen, sind etwa 200 · 4 kJ = 800 kJ nötig.
Um 200 ℓ Wasser um 25 °C zu erwärmen, sind etwa 25 · 800 kJ = 20000 kJ = 20 MJ nötig.

Aufgaben

1 **a)** Berechne, wie viel Energie nötig ist, um 2 Liter Wasser (für Spaghetti) von 10 °C bis zum Sieden (100 °C) zu erhitzen.
b) Eine Portion Spaghetti Bolognese hat einen Nährwert von etwa 2000 kJ. Erläutere, was diese Angabe bedeutet. Berechne, wie viele Liter Wasser von 10 °C du theoretisch mit dieser Energiemenge zum Kochen bringen könntest.
c) Informiere dich mithilfe einer Nährwerttabelle o. Ä. über den Energiegehalt von 1 g Fett, 1 g Kohlenhydrate bzw. 1 g Eiweiß.
2 Beim Duschen verbrauchst du nur etwa 30 ℓ heißes Wasser. Rechne aus, wievielmal teurer ein Wannenbad im Vergleich zu einem Duschbad ist. Gehe wie beim Rechenbeispiel vor.

Energiemessungen | Versuche und Aufträge

A1 Miss mithilfe eines haushaltsüblichen Energiemessgeräts die Energie, die
- beim Auftoasten zweier Brötchen,
- beim Erhitzen von 1 Liter Wasser zum Kochen mithilfe eines Wasserkochers,
- beim Kochen von zwei Eiern mithilfe eines Eierkochers,
- beim Kochen einer Kanne Kaffee mithilfe einer Kaffeemaschine,
- beim Bügeln eines Hemdes,
- beim Waschen von 30°- bzw. 60°-Wäsche mit der Waschmaschine

gewandelt wird.

A2 a) Miss den Energiebedarf eures Kühlschranks/Gefrierschranks mithilfe eines Energiemessgeräts.
b) Lies eine Woche lang jeden Morgen den Zählerstand des Stromzählers wie auch des Gaszählers so genau wie möglich ab. Ermittle hieraus den durchschnittlichen täglichen Energiebedarf deiner Familie in einer Woche.
Hinweis: Der Energiegehalt von Erdgas schwankt etwas; er ist abhängig von der genauen Zusammensetzung des Erdgases. Du kannst für deine Berechnung von 9,50 kWh pro m³ ausgehen.
c) Schätze begründet – u. a. durch weitere Messungen ab – wie sich der Bedarf an elektrischer Energie auf die vier Bereiche Licht, Kochen, TV/Computer sowie Kühlen/Gefrieren/Waschen aufteilt und zeichne ein Energiefluss-Diagramm für euren Haushalt.
d) Beurteile das Diagramm unter Beachtung der Jahreszeit. Schätze euren Jahresenergiebedarf.

V3 Mithilfe eines vollständig mit Wasser gefüllten Marmeladenglases, dessen Boden schwarz gefärbt ist, soll untersucht werden, wie viel Energie mit dem Sonnenlicht transportiert wird.
a) Schiebe den Fühler eines Digitalthermometers durch ein Loch im Deckel, das mit Knete oder Heißkleber gut abgedichtet worden ist. Umwickle das Glas mit Luftpolsterfolie oder einem Handtuch und lege es bei intensivem Sonnenschein schräg in einen Karton, sodass das Sonnenlicht senkrecht auf den schwarzen Boden des Glases trifft. Miss die Wassertemperatur zu Beginn und nach etwa einer halben Stunde.
b) Bestimme mithilfe deiner Messwerte die dem Wasser vom Sonnenlicht zugeführte Energie. Schätze hieraus ab, wie viel Energie das Sonnenlicht in derselben Zeit pro m² geliefert hat.

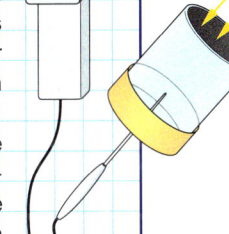

ENERGIEMENGEN

Energiegehalt/Brennwert

Brennstoff	Brennwert je kg
Brennholz	14,5 MJ
Braunkohle	19,5 MJ
Steinkohle	29,7 MJ
Benzin	42,5 MJ
Flüssiggas	46,6 MJ
Stadtgas	16,0 MJ

	Brennwert je 100 g	
Vollkornbrot	870 kJ	207 kcal
Gouda (45 % Fett i. Tr.)	1435 kJ	342 kcal
Salami	1667 kJ	397 kcal
Marmelade	1119 kJ	266 kcal
Nussaufstrich	2184 kJ	520 kcal
Margarine	3024 kJ	720 kcal
Apfel	209 kJ	50 kcal
Vollmilch	275 kJ	65 kcal
Cola	184 kJ	44 kcal
Kartoffelchips	2281 kJ	543 kcal
Vollmilchschokolade	2200 kJ	524 kcal
Fruchtgummi	1423 kJ	399kcal
täglicher Energiebedarf von Jugendlichen		
Mädchen 13–15 Jahre	9200 kJ	2190 kcal
Jungen 13–15 Jahre	11300 kJ	2690 kcal

Im „Stromzähler" des Hausanschlusskastens dreht sich eine horizontal liegende Scheibe mit einer roten Markierung. Der Aufschrift des Zählers ist zu entnehmen, wie oft sich diese Scheibe gedreht haben muss, damit eine Energie von 1 kWh umgesetzt wird.

Energieströme

Die Energie, die immer an ihren Wirkungen zu erkennen ist, strömt von einem Wandler zu einem anderen. Betrachten wir einige Beispiele:

- Elektrische Energie strömt von einer Quelle (z. B. einer Batterie) zu einem Elektrogerät (z. B. einer Glühlampe). Der Glühdraht der Lampe wandelt die elektrische Energie in Licht und Wärme, die beide in die Umgebung abgestrahlt werden.
- Eine Tasse heiße Schokolade kühlt sich am Anfang viel schneller ab als wenn sie schon fast Zimmertemperatur hat. Die Abgabe der gleichen Menge Energie an die Luft läuft also bei großen Temperaturunterschieden zwischen Schokolade und Zimmerluft viel schneller ab als bei kleinen.
- Die Turbinen in einem Wasserkraftwerk können von viel Wasser mit langsamer Geschwindigkeit durchflossen werden – dann liegen die Kraftwerke als Staustufen in einem träge dahinfließenden Fluss. Sie können aber auch von relativ wenig Wasser mit großer Geschwindigkeit durchflossen werden wie bei den Kraftwerken am Fuße von hoch gelegenen Stauseen. In beiden Fällen wird Höhenenergie in elektrische Energie gewandelt.
- Weht der Wind stärker, so drehen sich die Rotoren eines Windgenerators schneller. Sie nehmen dann mehr Bewegungsenergie auf und können mehr elektrische Energie abgeben.

Wenn Energie strömt, kann also viel oder wenig Energie transportiert werden und der Transport kann schnell oder langsam ablaufen. Es ist daher sinnvoll, eine Größe zu definieren, die angibt, wie groß der Energiestrom von einem Gerät zu einem anderen ist. Diese neue Größe heißt **Energiestromstärke P.** Sie wird berechnet als Quotient aus der insgesamt geflossenen Energie E und der Zeit t, die der Vorgang gedauert hat. Da die Größe P äußerst wichtig ist, hat sie eine eigene Einheit, nämlich das **Watt,** benannt nach dem Engländer JAMES WATT (1736–1819). 1 Watt bedeutet, dass in 1 Sekunde 1 J Energie zu einem Wandler hin oder von ihm wegströmt.

Energiestromstärke

Das Formelzeichen ist P.
Die Einheit ist 1 W (Watt) = $1 \frac{J}{s}$.

Weitere Einheiten:
Kilowatt: 1 kW = 1000 W
Megawatt: 1 MW = 1000 kW = 1 Mio W
Milliwatt: 1 mW = $\frac{1}{1000}$ W = 0,001 W

Der Energiestrom P zwischen zwei Wandlern ist umso größer, je mehr Energie E übertragen wird und je kürzer die dafür benötigte Zeit t ist:

$$\text{Energiestromstärke} = \frac{\text{Energie}}{\text{Zeit}} \qquad P = \frac{E}{t}$$

Versuche und Aufträge   Energieströme/Wandler

V1 Fülle ein Wasserglas mit 100 mℓ Wasser. Weil das genaue Volumen wichtig ist, musst du einen Messtrichter verwenden. Stelle das Wasserglas auf einen Rechaud und erwärme es mit einem Teelicht. Miss im Minutenabstand 10 Minuten lang die Wassertemperatur.
a) Fertige ein Zeit-Temperaturdiagramm an.
b) Berechne die Energiemenge, die aufgrund des Temperaturanstieges in das Wasser geströmt sein muss.
c) Berechne daraus die Energiestromstärke.
d) Erläutere den Zusammenhang zwischen der Energiestromstärke der Kerzenflamme und der Energiestromstärke im Wasser.

A2 Berechne die Energiestromstärke, die du im Schnitt an einem Tag, also in 24 Stunden, als Nahrung aufnimmst. Vergleiche mit der Dauerleistung des Menschen ($P = 100$ W).

A3 Im Winter muss geheizt werden.
a) Finde heraus, wie die Heizung zuhause funktioniert und liste alle Energieströme und Wandler auf. Fertige ein Energiefluss-Diagramm an.
b) Lies aus der Heizkostenabrechnung ab, wie viel Energie in Wohnung oder Haus geströmt ist. Berechne daraus den Energiestrom, der der Wohnung im Jahresmittel zugeführt wurde.
c) Strömt auch im Sommer Energie in Wohnung oder Haus? Begründe deine Überlegung.
d) Fasse deine Recherche schriftlich zusammen.

A4 Energiesparlampen haben auf der Verpackung zwei Zahlen für die Energiestromstärke aufgedruckt.
a) Recherchiere die Bedeutung dieser beiden Werte und präsentiere das Ergebnis deiner Recherche.
b) Formuliere eine Überlegung, ob die „Energiesparlampen" nicht besser „Energiestromsparlampen" heißen sollten.

In dem Energiefluss-Diagramm rechts für die Bereitstellung, Übertragung und Nutzung von elektrischer Energie sind noch zwei wichtige Aspekte dargestellt:

● Der Energiepfeil wird umso dicker gezeichnet, je größer der Energiestrom ist.

● Von keinem Gerät wird alle eingesetzte Energie in die Form gewandelt, die dem eigentlichen Zeck dient – es gibt immer Verluste. Diese Verlust-Energie wird als blauer Pfeil gezeichnet.

Die Einheit Watt steht auf allen Elektrogeräten. Allerdings heißt die zugehörige Größe dort nicht Energiestromstärke, sondern **Leistung**. Sie gibt an, wie viel Energie das Gerät in jeder Sekunde von einer Form in eine andere wandelt.

Rechenbeispiel

Wie viel Energie wird insgesamt gewandelt, wenn ein Mensch bei einer vierstündigen Radtour im Schnitt eine Leistung von 100 W aufbringt?

Geg: $t = 4$ h; $P = 100$ W

Ges: E

Lösung: Aus $P = \frac{E}{t}$ folgt $E = P \cdot t = 100$ W $\cdot 4$ h $= 400 \frac{J}{s} \cdot$ h

$= 400 \frac{J}{s} \cdot 3600$ s $= 1\,440\,000$ J $= 1{,}44$ MJ

Der Mensch hat insgesamt 1,44 MJ Energie aufgewendet.

erät	Leistung
lühlampe	20–100 W
nergiesparlampe	7–15 W
omputer	300–500 W
taubsauger	bis 2000 W
urchlauferhitzer	18 kW
KW	20–300 kW
ensch (Dauerleistung)	100 W
roßkraftwerk	1700 MW

Aufgaben

1 Erläutere den Unterschied zwischen Bewegungsenergie und elektrischer Energie.

2 Berechne die gewandelte Energie, wenn ein Staubsauger bei maximaler Leistung (1500 W) 8 Minuten lang in Betrieb ist.

3 Ein Computer hat eine elektrische Energie von 1 MJ gewandelt. Auf dem Typenschild steht $P = 300$ Watt. Berechne die Einschaltdauer.

4 Schätze aus dem Energiefluss-Schema oben ab, wie viel der ursprünglich vorhandenenen Höhenenergie in die Energieform „Licht" gewandelt wird.

Was ist eine Pferdestärke?   Streifzug

Wenn sich Autofahrer über ihre Wagen unterhalten, so hast du sicher schon einmal die Aussage gehört: „Mein Auto hat aber über 150 PS." Was meint der Besitzer damit?

„PS" ist eine alte Einheit, die auf den Engländer JAMES WATT (1736–1819) zurückgeht. WATT hatte um 1785 die erste wirklich brauchbare Dampfmaschine erfunden. Damit seine Maschine auch gekauft wurde, musste er nachweisen, dass sie mehr leistete als Zugpferde. Dazu legte er die Einheit 1 PS fest als die Dauerleistung

eines Pferdes beim Ziehen von Wagen, Kutschen oder Pflügen. (Ein Pferd kann auf Dauer in 1 s einen Körper von etwa 75 kg um 1 m hoch heben, wozu je Sekunde 750 J nötig sind.) So konnte WATT seinen Kunden nachweisen, dass seine Dampfmaschine 40 Pferde ersetzen konnte.

Ein Pferd kann kurzfristig bis zu 24 PS leisten, etwa beim Pferderennen oder Springreiten. Trainierte Gewichtheber schaffen kurzfristig 3 PS ($\approx 2{,}2$ kW), Hochspringer etwa die Hälfte.

Speicherung von Energie

An einem heißen Sommertag liefert die Sonne Energie im Überfluss. Ein halbes Jahr später herrscht bitterkalter Winter und die Wohnung muss geheizt werden. Jetzt könnte die im Sommer überschüssige Energie gut verwendet werden.

Kann Energie gespeichert und erst später verwendet werden? In welchen Formen kann sie gespeichert werden? Wie lässt sie sich anschließend weiterverwenden?

Energiespeicherung

Mit Solarzellen kann die Energie des Sonnenlichts in elektrische Energie gewandelt werden. Dieses Verfahren heißt **Fotovoltaik.**
An einem klaren Sommertag kann genug elektrische Energie gewonnen werden, um damit Kühlschrank, Ventilator oder Fernseher zu betreiben; es bleibt sogar noch elektrische Energie übrig. Sie wird ins Stromnetz abgegeben oder in einem Akkumulator (Akku) gespeichert. Bei der Aufladung des Akkus laufen chemische Vorgänge ab (Stoffumwandlungen); die elektrische Energie wird dabei in chemische Energie gewandelt. In dieser Form kann sie über längere Zeit gespeichert werden.
Dieses Verfahren ist sehr praktisch, aber es funktioniert wirtschaftlich nur, wenn keine allzu großen Energiemengen gespeichert werden müssen wie z. B. für die Akkus von Spielzeug oder Kleingeräten. Für die Raumheizung oder für Großgeräte wie Kühlschränke o. Ä. wären sehr große und sehr viele Akkus notwendig.

Sonnenenergie kann auch direkt zur Erwärmung von Wasser genutzt werden. Diese Energiewandlung geschieht in **Sonnenkollektoren.** Gespeichert wird das warme Wasser und damit die in innere Energie gewandelte Sonnenenergie in einem Wassertank, der im Keller steht und gut isoliert ist. Das warme Wasser wird dann zum Baden oder Duschen genutzt. Der Nachteil ist, dass die Energie nur einige Tage gespeichert werden kann.

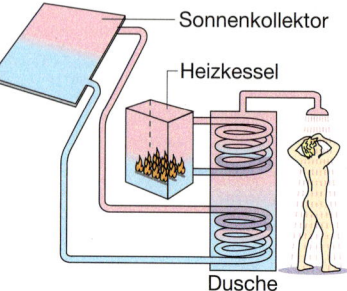

Sonnenkollektor
Heizkessel
Dusche

Über einen längeren Zeitraum kann Energie in beliebiger Menge gespeichert werden, wenn Wasser in große Höhe gebracht wird. Ein wassergefüllter Stausee ist ein solcher Energiespeicher. Bei Bedarf stürzt das Wasser zu Tal, wo es Turbinen und Generatoren antreibt und elektrische Energie liefert. Falls überschüssige Energie da ist, kann mit ihr Wasser wieder in den Stausee hochgepumpt werden.

Am einfachsten ist Energie in fester oder flüssiger Form als Holz, Kohle und Kerzenwachs oder Benzin und Heizöl gespeichert. Auf diese Weise ist die Energie über eine sehr lange Zeit speicherbar.
Gasometerkugeln zeigen, dass Energie auch gasförmig gespeichert werden kann. Es gibt auch die Möglichkeit, viel Gas in Stahlflaschen zu pressen. Dann ist das Gas unter einem so hohem Druck, dass es flüssig wird, deshalb *Flüssiggas.*

> Energie kann in ganz unterschiedlichen Formen gespeichert werden.

Aufgaben

1 „Eine Wärmflasche ist ein Energiespeicher." Begründe diese Aussage.

2 Opa erzählt: „Im Winter habe ich immer einen großen Stein in den heißen Backofen und dann in mein Bett gelegt." Erläutere Opas Verfahren der Energiespeicherung.

3 In einem fahrenden Auto ist Energie gespeichert. Beschreibe, um welche Energie es sich handelt. Erläutere mögliche Wirkungen.

ENERGIESPEICHER

Land- und Seeklima

An sonnigen Tagen ist die Luft über dem Land viel wärmer als über dem Wasser, denn der Boden erwärmt sich schneller und stärker. Die Warmluft steigt auf, kalte Luft strömt vom Meer nach. Der Wind weht „auflandig" vom Meer auf das Festland.

In klaren Nächten ist es umgekehrt. Nun kühlt sich die Luft über dem Festland stärker ab als die über dem Meer, denn das Meerwasser gibt laufend tagsüber gespeicherte Energie an die Luft ab. Jetzt steigt die Luft über dem Meer nach oben; durch die vom Festland nachströmende Luft wird der Wind „ablandig".

Sonnenkollektor

Die Sonne bestrahlt die wassergefüllten Rohre. Dabei wandelt sich Lichteneregie in innere Energie des Wassers. Das heiße Wasser wird zum Speicher gepumpt und der Kollektor bezieht von dort kühles Wasser. Damit wird die innere Energie in den Speicher transportiert.

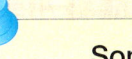

Strahlung

Glas-
platte

Kalt-
wasser-
zulauf

Warm-
wasser-
ablauf

Ein Speicher für Bewegungsenergie

Ein Fahrradreifen, der sich schnell dreht, kann seine Bewegungsenergie über einen Dynamo an eine Lampe abgeben. In der Bewegung des Rades steckt also Eneregie.

Diese Energie benutzt ein modernes Hybridauto, wenn es abgebremst wird. Statt die Energie einfach an die Bremsen abzugeben, die dabei heiß werden, wird ein Generator zugeschaltet, der die Bewegungsenergie in elektrische Energie wandelt und im Akku speichert.

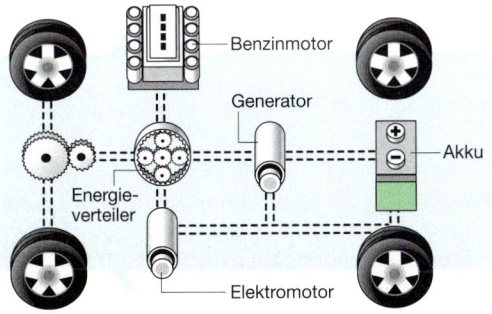

Benzinmotor

Generator

Akku

Energie-
verteiler

Elektromotor

Natürlich braucht auch das Hybridauto einen Motor. Um die gespeicherte Energie nutzen zu können, besitzt es einen Elektromotor. Damit es auch fahren kann, wenn die Batterie leer ist, ist zusätzlich ein normaler Benzinmotor vorhanden. Daher hat das Hybridauto seinen Namen: Hybrid als Vorsilbe bedeutet soviel wie: „aus Teilen zusammengesetztes Ganzes". Die Umschaltvorgänge (Generator als Bremse, Antrieb durch Elektromotor, Antrieb durch Benzinmotor) regelt blitzschnell ein Computer. Der Fahrer merkt davon überhaupt nichts. Außer, dass das Auto viel weniger Benzin verbraucht.

Wasserspeicher im Keller

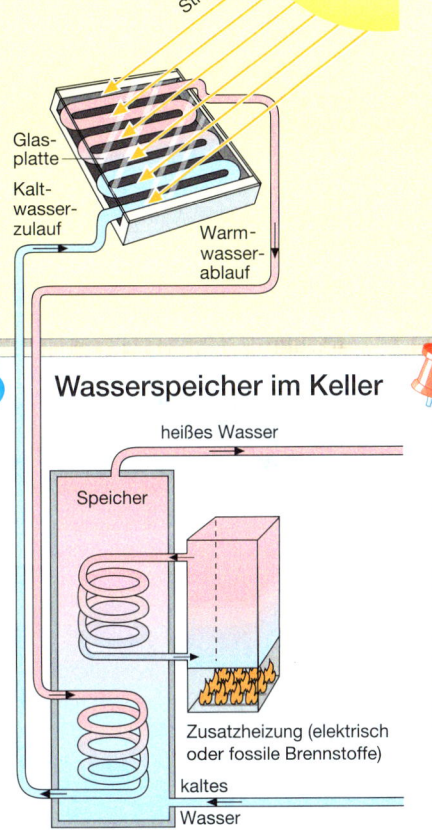

heißes Wasser

Speicher

Zusatzheizung (elektrisch oder fossile Brennstoffe)

kaltes
Wasser

Das heiße Wasser aus dem Sonnenkollektor erwärmt das Wasser im Wasserspeicher im Keller. Somit dient der Wasserspeicher auch als Energiespeicher für die innere Energie des Wassers. Das heiße Wasser kann dann im Haushalt zum Duschen oder für Hausarbeiten genutzt werden. Falls die Sonne nicht scheint, kann eine Zusatzheizung dazu benutzt werden, mittels Wandlung elektrische Energie oder die innere Energie einer Flamme dem Wasser zuzuführen.

Energietransport

Die Weihnachtspyramide dreht sich nur, wenn die Kerzen darunter brennen. Elektrogeräte werden an die Steckdose angeschlossen, damit sie eine ganz bestimmte Wirkung erzielen. Herabstürzendes Wasser kann ein Wasserrad oder eine Turbine antreiben und Wirkungen hervorrufen.
Wie gelingt es der Energie, von einem Wandler zu einem anderen zu kommen? Wie wird sie transportiert?

Energie auf Reisen

Im Bild rechts fließt Wasser aus dem hochgestellten Vorratsgefäß auf das Wasserrad. Dieses wird in Drehung versetzt und kann dadurch das Säckchen heben. Die Ursache für die Drehung des Wasserrades ist die Bewegungsenergie des fließenden Wassers; diese war als Höhenenergie im hochgehobenen Wasser des Vorratsgefäßes gespeichert. Die Höhenenergie des Wassers nützt also erst etwas, wenn sie zum Wasserrad gelangt.

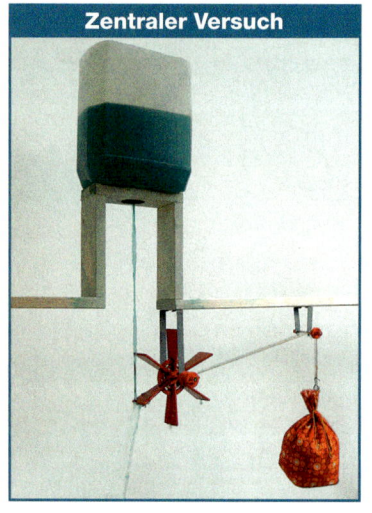

Zentraler Versuch

- Die Energie zur Drehung des Wasserrades wird mit dem fließenden Wasser in Form von Bewegungsenergie transportiert.
- Bei der Weihnachtspyramide wird die chemische Energie der Kerze über die Zwischenstufe Kerzenflamme in Bewegungsenergie der aufsteigenden Warmluft gewandelt, die das Flügelrad andreht.
- Bei elektrischen Anlagen fließt der elektrische Strom im Kreis und transportiert elektrische Energie von der Quelle (Kraftwerk oder Batterie) zum Gerät, dem Wandler (Mixer, Lampe, CD-Player).

Transportiert wurde die Energie also von bewegter Luft, bewegtem Wasser und elektrischem Strom. Sie werden daher als **Energieträger** bezeichnet.

Ein Supertanker transportiert Erdöl, ein Güterzug Kohle und durch Pipelines fließen Öl oder Gas. In allen diesen Stoffen ist Energie gespeichert, die durch die Bewegung des Energiespeichers von einem Ort zu einem anderen transportiert wird. Deshalb werden auch Kohle, Öl und Gas als Energieträger bezeichnet.

Es gibt also zwei verschiedene Formen des Energietransports:
- Elektrischer Strom, strömende Luft oder Wasser sind immer unterwegs und transportieren Energie. Für alle gilt: Ohne Strömung keine Energie.
- Kohle, Öl, Gas, Holz u.Ä. sind eigentlich Energiespeicher, d.h. die Energie ist auch dann noch da, wenn sie sich nicht bewegen.

Die Träger verhalten sich bei Energiewandlungen unterschiedlich:
- Elektrischer Strom, Luftzug und Wasser durchlaufen die Wandler äußerlich unverändert und können immer wieder neu mit Energie „beladen" werden.
- Kohle, Öl, Gas und Holz werden bei der Wandlung (Verbrennung) zu Gas und festen Rückständen, verändern sich also vollständig.

> Energie braucht immer einen Träger – Ausnahme Licht.

Aufgaben

1 Beschreibe den Energietransport in einer Zentralheizung und in einer Gasleitung.

Energie kommt auf vielen Wegen zu uns — **Streifzug**

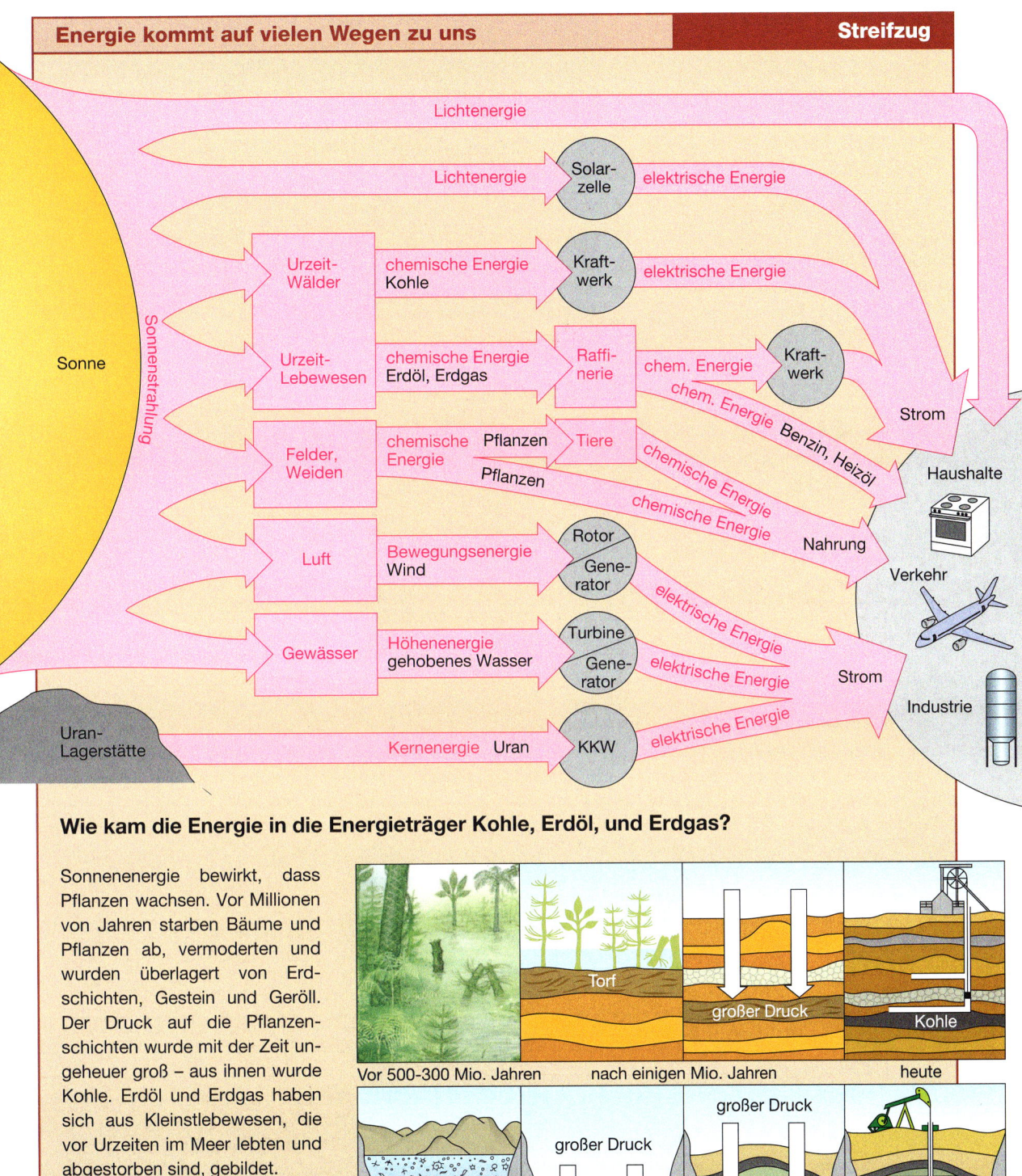

Lichtenergie

Sonne

Sonnenstrahlung

Lichtenergie → Solar-zelle → elektrische Energie

Urzeit-Wälder — chemische Energie Kohle → Kraft-werk → elektrische Energie

Urzeit-Lebewesen — chemische Energie Erdöl, Erdgas → Raffi-nerie → chem. Energie → Kraft-werk → Strom

chem. Energie Benzin, Heizöl

Felder, Weiden — chemische Energie Pflanzen → Tiere
Pflanzen — chemische Energie

chemische Energie → Nahrung

Luft — Bewegungsenergie Wind → Rotor / Gene-rator → elektrische Energie

Gewässer — Höhenenergie gehobenes Wasser → Turbine / Gene-rator → elektrische Energie → Strom

Uran-Lagerstätte — Kernenergie Uran → KKW → elektrische Energie

Haushalte

Verkehr

Industrie

Wie kam die Energie in die Energieträger Kohle, Erdöl, und Erdgas?

Sonnenenergie bewirkt, dass Pflanzen wachsen. Vor Millionen von Jahren starben Bäume und Pflanzen ab, vermoderten und wurden überlagert von Erdschichten, Gestein und Geröll. Der Druck auf die Pflanzenschichten wurde mit der Zeit ungeheuer groß – aus ihnen wurde Kohle. Erdöl und Erdgas haben sich aus Kleinstlebewesen, die vor Urzeiten im Meer lebten und abgestorben sind, gebildet.
Im Laufe vieler Millionen Jahre entstand so der Energieschatz unserer Erde. All dies aber wäre nicht möglich gewesen ohne die Sonnenenergie.

Torf

großer Druck

Kohle

Vor 500-300 Mio. Jahren   nach einigen Mio. Jahren   heute

großer Druck

großer Druck

großer Druck

Faulschlamm

Erdöl   Erdgas

Energieerhaltung

Damit die Achterbahn ohne zusätzlichen Antrieb durch den Looping kommt, wird sie vorher mittels Aufzug auf eine bestimmte Höhe gebracht und fährt dann von allein.
Warum muss dieser Startpunkt ein Stück über dem höchsten Punkt des Loopings liegen, damit die Wagen ohne Risiko für die Passagiere den Looping passieren können?

Energie entsteht nicht – verschwindet nicht

Ein Versuch für mutige Experimentatoren ist im Foto rechts dargestellt. Wird das Wägestück die Uhr berühren oder sogar zerstören?

Nein – das Wägestück schwingt auf der rechten Seite genau so hoch, wie es auf der linken Seite gestartet war – also keine Gefahr für die Uhr, solange das Wägestück nicht höher gehoben wird als die Uhr. Warum?

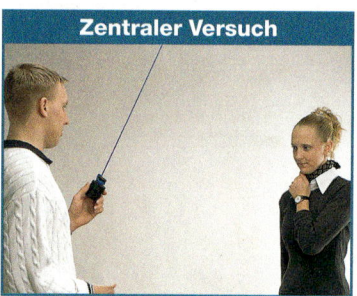

Zentraler Versuch

Zuerst, in gehobenem Zustand, besitzt der Pendelkörper Höhenenergie, die sich nach dem Loslassen in Bewegungsenergie wandelt. Dabei wird die Höhenenergie immer kleiner (da die Höhe abnimmt) und die Bewegungsenergie größer. Am tiefsten Punkt besitzt der Pendelkörper nur noch Bewegungsenergie. In der Summe ist die Menge der beiden Energien zu jedem Zeitpunkt gleich.
Dies gilt auch für das Hochschwingen. Jetzt wandelt sich Bewegungsenergie wieder in Höhenenergie. Der Pendelkörper hat auf der rechten Seite nicht mehr Energie als auf der linken, deshalb kann er nur wieder dieselbe Höhe erreichen.

Die mechanischen Energieformen wandeln sich hier also ständig ineinander, ohne dass Energie verschwindet oder dazukommt. Diese Gesetzmäßigkeit, die bei allen Energiewandlungen gilt, ist das **„Prinzip von der Erhaltung der Energie“.**

Dieser *Energieerhaltungssatz* lässt sich gut an einem einfachen Beispiel verdeutlichen: Bringen wir unser Bargeld auf die Bank und zahlen es auf ein Sparkonto ein oder kaufen wir einen Gutschein davon, ändert sich zwar die Form, aber nicht die Menge des verfügbaren Geldes.

> Bei allen Wandlungen bleibt die Energie erhalten.

Versuche und Aufträge Energieerhaltung

V1 Realisiere die unten dargestellten Pendelbewegungen. Beobachte, berichte und begründe.

V2 a) Untersuche, wie sich ein Pendel verhält, wenn du es einmal auslenkst und dann frei schwingen lässt.
b) Was geschieht, wenn du es immer wieder anstößt (wie bei einer Schaukel)?
c) Erkläre den Unterschied.

V3 Halte bei einem Fadenpendel ein Hindernis in den Weg des Fadens, sodass dieser dagegen schlägt, der Pendelkörper auf der anderen Seite aber weiterschwingt. Welche Höhe erreicht er rechts? Erkläre.

Start   Start   Start

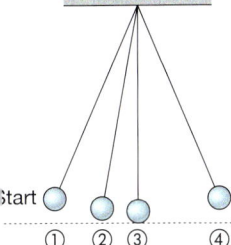

Energiebilanz

Der Pendelkörper besitzt im Moment der Ruhe im Startpunkt ① nur Höhenenergie. Bei der Abwärtsbewegung wird er immer schneller: Die anfängliche Höhenenergie nimmt ab, die Bewegungsenergie nimmt zu ②. Am tiesten Punkt ist gar keine Höhenenergie mehr da, sondern nur noch Bewegungsenergie ③. Danach beim Aufstieg geschieht das Umgekehrte. Es findet also ein ständiger Austausch zwischen den beiden Energieformen statt, neue kommt nicht hinzu.

Aber langfristig ist zu beobachten, dass das Pendel immer weniger weit ausschlägt und schließlich zur Ruhe kommt. Denn durch Reibung wird einerseits Energie des Pendelkörpers in innere Energie der Aufhängung gewandelt; andererseits wird Energie an die Umgebungsluft abgegeben. Beide Energien sind für die Pendelschwingung verloren; sie sind *entwertete Energie*, von der es am Ende so viel gibt wie vorher an Höhen- und Bewegungsenergie zusammen.

Solch ein Vorgang des Energiewandels lässt sich in Form von Konten darstellen, vergleichbar mit drei Bankkonten, zwischen denen Geld hin und her überwiesen wird. Dabei gelten zwei Grundsätze:

- **Prinzip der Erhaltung:** Nichts geht zwischen den drei Konten verloren – keine Energie zwischen den Energiekonten, kein Geld zwischen den Bankkonten. Dass aus dem Höhen- und Bewegungsenergiekonto Energie auf das Entwertungskonto fließt, ist vergleichbar der Überweisungsgebühr beim Bankkonto.
- **Nur die Änderungen zwischen den Konten** sind bekannt. Wie hoch die Gesamtenergie des Systems ist, weiß niemand – so wie niemand aus den Überweisungen zwischen zwei Bankkonten darauf schließen kann, wie hoch die Gesamteinlagen dort sind.

> Bei Vorgängen ohne Reibung ist die Summe aus Höhenenergie und Bewegungsenergie stets gleich. Durch Reibung verlieren die beteiligten Körper Energie; es entsteht ein Energiestrom in die Umgebung.

Position	Kontostand für		
	Höhen-energie	Bewegungs-energie	entwertete Energie
① **Start** (maximale Auslenkung) größte Höhenenergie Bewegungsenergie = 0 entwertete Energie = 0			
② **zwischen Position** ① und ③ Höhenenergie nimmt ab Bewegungsenergie nimmt zu entwertete Energie nimmt zu			
③ **Tiefpunkt** Höhenenergie = 0 größte Bewegungsenergie entwertete Energie nimmt weiter zu			
④ **Umkehrpunkt** Höhenenergie niedriger als bei Position ① Bewegungsenergie = 0 entwertete Energie nimmt weiter zu			

Aufgaben

1 „Wenn ich mein Fahrrad bremse, dann ist seine Energie weg." Stimmt das? Begründe.

2 Beschreibe die Folgen für Natur und Umwelt, die die Nutzung der verschiedenen Energieformen hat.

3 Energien, die von der Natur immer wieder nachgeliefert werden, heißen *regenerativ*. Nenne solche Energieformen und wäge ab, wie zuverlässig sie uns zur Verfügung stehen.

4 Ein Fahrrad bleibt nach kurzer Zeit stehen, wenn nicht mehr in die Pedale getreten wird. Begründe, ob der Energieerhaltungssatz noch erfüllt ist.

5 Zeichne für das obige Energiekonto einen Zwischenstand zwischen Position ③ und ④.

6 a) Stelle das Energiekonto für einen Skater in einer Halfpipe für den Fall auf, dass er oben in der Halfpipe startet und sich auspendeln lässt.
b) Erweitere das Energiekonto auf den Fall, dass der Skater immer wieder Schwung gibt.

Energie im Haushalt und im Verkehr

Von den ca. 170 GJ Energie, die eine vierköpfige Familie jährlich benötigt, werden durchschnittlich 64% auf vielfältige Weise im Haushalt genutzt; die restlichen 36% entfallen auf den Freizeit- und Berufsverkehr. Pro Einwohner ist der Energiebedarf in den letzten Jahrzehnten auch aufgrund geänderter Lebensumstände ständig gestiegen. Unter den Haushalten in Deutschland gibt es immer mehr Single-Haushalte und in den Familien leben heute meist weniger Kinder als noch vor einigen Jahrzehnten.

Ein sparsamer Einsatz der nur begrenzt verfügbaren Welt-Energie-Ressourcen ist von großer Bedeutung, um eine langfristige Energieversorgung zu gewährleisten. Wie kann jeder Einzelne zur Reduzierung des Energiebedarfs beitragen?

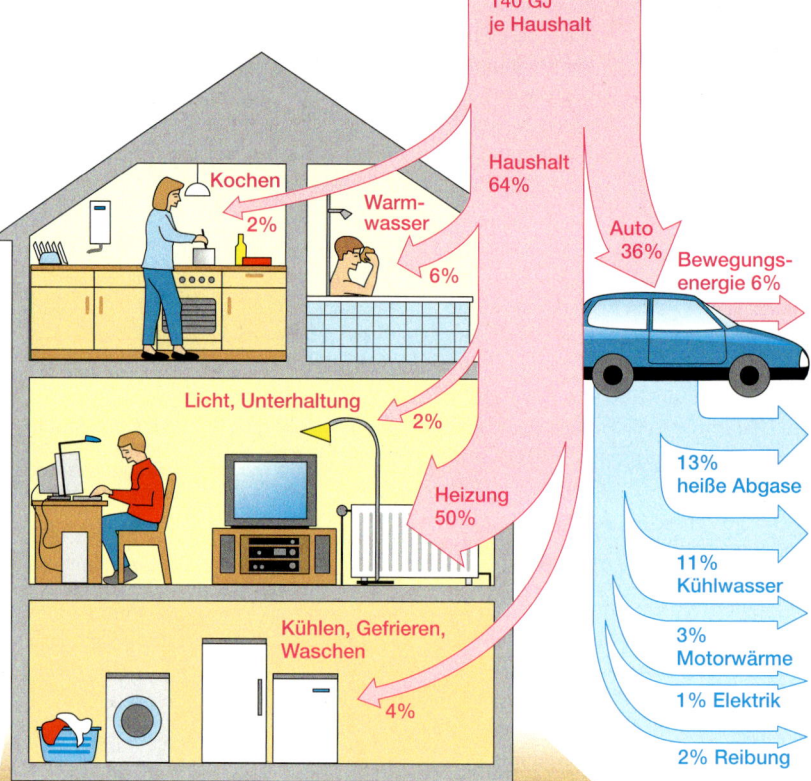

Möglichkeiten zur Reduzierung des Energiebedarfs

Heizen und Warmwasser

Warmwasserbereitung und Heizen stellen mit über 80% den größten Posten des Energiebedarfs eines Haushalts dar.

Der Energiebedarf für das Heizen kann gesenkt werden durch eine geeignete Dämmung des Hauses und durch die Verwendung von regenerativen Energien wie z. B. Solarkollektoren. Im Vergleich zum Energiebedarf für das Heizen ist der Energiebedarf für das Erwärmen von Wasser relativ gering.

Die Warmwasserversorgung ist in vielen Fällen in eine Heizungsanlage integriert, sie kann aber auch über einen elektrischen Durchlauferhitzer geschehen. Das Wasser wird in ihm nur dann erwärmt, wenn es auch gebraucht wird.

Möglichkeiten zur Energieeinsparung
- verbesserte Dämmung der Gebäude
- effizientere Heizungsanlagen
- Solarkollektoren
- Duschen statt Baden
- Wassersparende Armaturen

Elektrogeräte

Die Anzahl elektrischer Geräte pro Haushalt hat in den letzten Jahrzehnten zugenommen. Allein ihr Stand-By-Betrieb macht zwischen 4% und 5% des Energiebedarfs im Bereich Elektrizität aus. Bei Elektrogeräten wie z. B. Kühlschränken ist die Angabe einer Energieeffizienzklasse verbindlich, um Geräte miteinander vergleichen zu können.

Traditionelle Glühlampen gibt es bald nicht mehr zu kaufen, da sie lediglich 5% der eingesetzten elektrischen Energie in Lichtenergie wandeln, moderne Energiesparlampen dagegen ca. 25%. Energiesparlampen haben aber auch Nachteile: Ihre Herstellung bzw. Entsorgung ist umweltschädlicher als bei Glühlampen und viele Menschen empfinden ihr Licht als nicht so angenehm.

Möglichkeiten zur Energieeinsparung
- Stand-By-Betrieb vermeiden
- Licht nicht unnötig eingeschaltet lassen
- energieeffiziente Geräte kaufen
- Energiesparlampen benutzen
- auf die Energieklasse von Geräten achten

Verkehr

Vom Energiebedarf eines Haushalts entfallen ca. 36% auf die Fortbewegung. In den meisten Fällen dient dazu ein Auto. Während der Fahrt wird nur ein geringer Prozentsatz für die Bewegung des Autos genutzt; die restliche Energie verpufft in den unterschiedlichsten Bereichen und bleibt bis auf geringe Mengen ungenutzt. Wie viel Energie „verlorengeht" ist daran zu ersehen, wie heiß Motor und Auspuffanlage nach langen Autofahrten sind. Genutzt wird ein Teil der entstehenden Wärmeenergie für den Betrieb der Heizung. Technische Anlagen wie z. B. eine Klimaanlage, die Lichtanlage oder ein Navigations-CD-Audio-Gerät benötigen ebenfalls Energie. Noch ungünstiger ist das Verhältnis zwischen eingesetzter und genutzter Energie bei Reisen mit dem Flugzeug. Trotz dieser Tatsache würde heute niemand mehr Fernreisen mit einem Schiff unternehmen, sondern immer mit einem Flugzeug reisen. Die Zeitersparnis ist hier bedeutsamer.

Möglichkeiten zur Energieeinsparung

- Energiesparend fahren
- Bahn statt Flugzeug benutzen
- Öffentliche Verkehrsmittel benutzen
- Fahrgemeinschaften bilden

Rechenbeispiele

Durch Maßnahmen wurden im Haushalt 5% des Energiebedarfs eingespart, bei Freizeit und Berufsverkehr 10%.

a) Berechne, wie viel Prozent des Energiebedarfs insgesamt eingespart worden sind, wenn von einer Verteilung 64% Haushalt und 36% Verkehr ausgegangen wird.

b) Berechne die Ersparnis, wenn bei gleicher Verteilung des Energiebedarfs wie oben 10% beim Haushalt und 5% beim Verkehr gespart werden.

a) Haushalt :
5% von 64%: $0,64 \cdot 0,05 = 0,032$
Freizeit und Berufsverkehr:
10% von 36%: $0,36 \cdot 0,10 = 0,036$
Gesamt: $0,032 + 0,036 = 0,068$
Es können insgesamt 6,8% eingespart werden.

b) Haushalt: $0,64 \cdot 0,10 = 0,064$
Freizeit und Verkehr: $0,36 \cdot 0,05 = 0,018$
Gesamt: $0,064 + 0,018 = 0,082$
Es können insgesamt 8,2% eingespart werden.

Energie im Haushalt wird in Nutzenergie und Abwärme gewandelt. Durch technische Maßnahmen und Ändern der persönlichen Verhaltensweisen besteht die Möglichkeit, den Energiebedarf spürbar zu senken.

Ja, aber ... Die beschriebenen Möglichkeiten und Maßnahmen zur Reduzierung des Energiebedarfs sind isoliert betrachtet in ihrer Gesamtheit sehr sinnvoll. In vielen Situationen, in denen Energie eingesetzt wird, kommt es aber nicht ausschließlich auf die berechenbaren Energiewandlungen an. So soll eine Lampe nicht nur Licht, sondern auch Gemütlichkeit ausstrahlen. Oder eine Reise soll nicht nur energiesparend, sondern auch schnell sein. Viele solcher Beispiele zeigen, dass im privaten Bereich Grenzen der eigenen wirtschaftlichen Möglichkeiten oder auch die allgemeine Lebensqualität energiesparenden Maßnahmen entgegenstehen.

Aufgaben

1 **a)** Informiere dich, welche der angegebenen Energiesparmaßnahmen in eurem Haushalt bereits umgesetzt sind.
b) Erstelle einen Plan mit weiteren Möglichkeiten, wie in eurem Haushalt weitere Energie gespart werden kann.
c) Finde Gründe, die eine Maßnahme zum Energiesparen verhindern.

2 Erstelle ein Plakat zur Vorbereitung einer Pro-Contra-Diskussion über den Einsatz von Energiesparlampen.

3 Vergleiche den Energiebedarf zwischen Duschen und Baden.

4 „Statt des Autos sollten öffentliche Verkehrsmittel benutzt werden!" Bereite eine Pro-Contra-Diskussion zu dem Thema vor.

5 Informiere dich, welche Kosten für einen Mittelklassewagen pro Jahr bei einer Kilometerleistung von 20 000 km entstehen. Schätze zunächst und überlege, aus welchen Faktoren sich die Kosten zusammensetzen.

6 **a)** Informiere dich über Dauer und Preis für die Reise „Braunschweig–Westerland/Sylt" mit Bahn, Auto und Flugzeug.
b) Finde Aspekte, welche noch wichtig sein können für die Wahl des Verkehrsmittels.

Perpetuum mobile – bewegt es sich ewig?

„La construction d'un mouvement perpetuel est absolument impossible." (Der Bau einer sich ständig bewegenden Maschine ist absolut unmöglich.) Mit diesen Worten beschloss die Pariser Akademie der Wissenschaften 1775, keine Patentvorschläge für Maschinen mehr zu prüfen, die ein „Perpetuum mobile" sein sollten, also ein Apparat, der sich „ewig bewegt". Damit waren Maschinen gemeint, die aufgrund ausgeklügelter Konstruktionen immerfort laufen sollten, wenn sie einmal in Gang gesetzt waren.

Der älteste bekannte Entwurf einer solchen Maschine stammt aus dem Jahre 1235. Da auf der einen Seite des Rades vier Hämmer waren und auf der anderen nur drei, sollte die schwerere Seite das Rad nach unten ziehen. Am höchsten Punkt klappte jeweils ein Hammer um und machte diese Seite wieder schwerer.

Auch LEONARDO DA VINCI (1425–1519), der geniale Erfinder und Konstrukteur, befasste sich mit Perpetua mobilia. Aber bald erkannte er die Unmöglichkeit, eine solche Maschine zu bauen. Anhand der Zeichnung links konnte Leonardo das auch beweisen. Er schrieb dazu: „Oh ihr Spekulanten der ununterbrochenen Bewegung, wie viel geistige Anstrengung habt ihr vergeblich aufgewandt!"

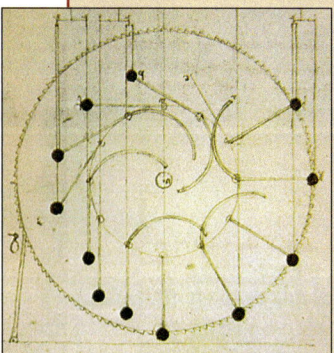

Woran scheiterten alle Konstrukteure? An der Maschine auf dem Bild rechts oben aus dem 17. Jahrhundert soll dies verdeutlicht werden: Sie ist eine Kombination aus Wasserrad und Archimedes'scher Schraube. Auf der rechten Seite treibt das aus dem oberen Becken herabstürzende Wasser ein Rad an. Dieses setzt auf der anderen Seite die Archimedes'sche Schraube in Bewegung, die das Wasser wieder hinaufbefördert, damit es wieder herabfließen und so die ganze Maschine in Bewegung halten kann.

Die Konstruktion scheiterte aber nicht an technischen Unzulänglichkeiten, sondern an den Gesetzen der Physik. Genauso viel Energie, wie das herabfließende Wasser an das Rad abgibt, wird benötigt, um das Wasser wieder hochzuheben – die Energie bleibt gleich. Und dabei ist noch gar nicht berücksichtigt, dass ja auch noch mechanische Energie durch die Reibung der Achsen von Schraube und Wasserrad in den Lagern entwertet wird!

Außerdem sollte dieses Perpetuum mobile aber auch noch Energie abgeben können als Antrieb für die Schleifscheibe. Das heißt aber, dass die Maschine mehr Energie abgibt, als in sie hineingesteckt wird – sie hätte also einen Wirkungsgrad größer als eins – eine eklatante Verletzung des Prinzips der Energieerhaltung. Das folgende Energiefluss-Schema macht das noch einmal deutlich.

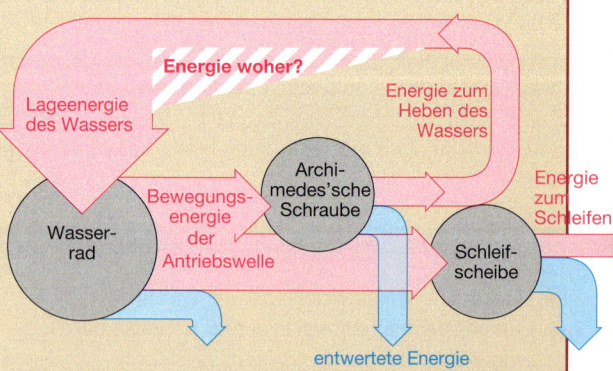

Erst im 19. Jahrhundert setzte sich die Erkenntnis durch, dass die Konstruktion eines Perpetuum mobile unmöglich ist. Trotzdem gibt es bis heute Erfinder, die immer wieder bei den Patentämtern entsprechende Erfindungen einreichen oder in Fernsehshows vorstellen – aber wenn nicht irgendwo versteckte Batterien, Solarzellen oder Ähnliches eingebaut sind, bleiben alle derartigen Maschinen irgendwann stehen!

Solarzellen helfen sparen

Wenn die meiste Energie in irgendeiner Form von der Sonne kommt, warum dann nicht direkt die Sonnenstrahlung zur Energiewandlung nutzen? Solarzellen ermöglichen eine Wandlung der Lichtenergie der Sonne direkt in elektrische Energie. Der Vorteil dabei ist, dass Solarzellen auch dann Energie liefern, wenn schlechtes Wetter ist. Denn auch bei Regenwetter ist ja Licht vorhanden, wenn auch nicht so viel wie bei Sonnenschein. Deshalb sind Solarzellen eine auch in Deutschland nutzbare Möglichkeit der Wandlung von Licht in Energie.

Energiesparen beginnt im Kopf

Was jeder Einzelne tun kann

- Kühl- bzw Gefrierschranktür nur kurz öffnen
- Licht ausschalten
- Fahrrad statt Auto benutzen
- richtige Kochtöpfe und Pfannen benutzen (passend zur Herdplatte, kleine Menge – kleiner Topf)
- Dusche statt Wannenbad
- kurz, aber kräftig lüften
- nur Elektrogeräte kaufen/nutzen, die wenig Energie brauchen
- Raumtemperatur senken, dafür wärmere Kleidung tragen
- Energiesparlampen verwenden
- Fahrgemeinschaften bilden
...

Check-up: Gerätenutzung

- Sind die eingesetzten Geräte überhaupt nötig oder sind sie verzichtbar? Z. B. Durchlauferhitzer, Kühlschrank?
- Muss das Gerät dauernd eingeschaltet sein? Z. B. „Stand-by" bei Kopierern, Fernsehern, Druckern?
- Welches Verhalten vergeudet unnötig Energie? Z. B. ein voller Kühlschraänk statt mehrerer halbgefüllter?
- Kann ein Gerät auch außerhalb der Spitzenlastzeit laufen, eventuell sogar nachts? Z. B. Brennöfen?

Energieverschwendung!

Elektrogeräte im Leerlauf/Stand-by-Betrieb benötigen in Deutschland rund 4% des gesamten Strombedarfs. Davon entfallen auf

Haushalt:
Telefon, Fax u.Ä. 5
Haushaltsgeräte
Computer u.Ä.
11 Audio
5 3 Sonstiges
12 Warmwasser
4
Fernsehen, Video 28
17
Büro:
15
Telefon, Fax u.Ä.
Computer, Kopierer u.Ä.

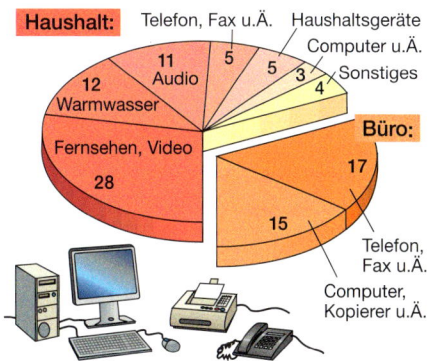

Station 1 Energiesparlampen

Material: Verschiedene Energiesparlampen und Glühlampen, PC mit Internetanschluss
Die Hersteller von Sparlampen geben stets die Leistung ihrer Sparlampe und einer gleich hell leuchtenden Glühlampe an.
a) Finde heraus, welche Energieströme die gleich hell leuchtenden Lampen wandeln. Trage die Ergebnisse von mindestens drei Sparlampen in eine Tabelle ein.
b) Ermittle die typische Lebensdauer einer Sparlampe und einer Glühlampe im Internet. Berechne, um wie viel eine Sparlampe preiswerter zu betreiben ist als eine Glühlampe.

Station 2 Helligkeitsvergleich von Lampen

Material: Papier, Speiseöl
a) Träufele einen Tropfen Speiseöl vorsichtig in die Mitte eines weißen Blatt Papiers, sodass sich ein Fettfleck von 1–2 cm Durchmesser bildet. Halte das Papier auf unterschiedliche Weise gegen das Licht / ins Licht. Überzeuge dich davon, dass der Fettfleck mal hell, mal dunkel erscheint, manchmal sogar auch verschwindet.
b) Deute die Beobachtungen.
c) Jemand hält in einem fensterlosen Raum ohne weitere Beleuchtung das Fettfleckpapier in die Mitte zwischen eine Glühlampe und eine laut Hersteller gleich hell leuchtende Sparlampe. Von der Sparlampe her gesehen ist der Fettfleck dunkel erkennbar. Begründe, welches Ergebnis eigentlich zu erwarten gewesen wäre. Erläutere, welche der Lampen du wählen würdest, wenn es dir auf die Helligkeit der Lampe ankommt.

Station 3 Lampen dimmen

Material: Steh- oder Tischlampe mit Touchdimmer, Energiemessgerät, evtl. Lichtmessgerät
a) Miss die Energiestromstärke zur Lampe mit dem Energiemessgerät in allen Helligkeitsstufen.
b) Vergleiche die Helligkeit der Lampe in allen Helligkeitsstufen nach Augenmaß oder besser mit einem entsprechenden Messgerät.
c) Ziehe aus den Versuchen Folgerungen zum Stichwort „Energiesparen".

Station 9 Energiebedarf eines Haushalts

Material: PC mit Internetanschluss
a) Informiere dich im Internet über den Energiebedarf eines Haushalts und ersetze entsprechend die Unbekannten x, y, und z im Energiefluss-Diagramm.
b) Zeichne außerdem ein eigenes Energiefluss-Diagramm nur für elektrische Geräte (im Haushalt). Wähle dazu sinnvolle Kategorien.
c) Begründe, wo sich aufgrund deiner Ergebnisse am meisten Energie sparen lässt. Nenne auch damit verbundene Schwierigkeiten.

Gesamtbedarf eines Haushalts 100 % (ohne Auto)

elektr. Energie x %   warmes Wasser z %

Heizung y %

Hinweise zur Arbeit in ein
- Ihr arbeitet selbständig in Kleingruppen.
- Eure Lehrerin/euer Lehrer legt fest, ob alle Stationen bearbeitet werden müsse oder ob ihr eine Auswahl treffen könnt.
- Sie/Er informiert euch auch, ob die Reihenfolge der Bearbeitung egal ist oder, ob für die Bearbeitung einer Station eine andere Voraussetzung ist
- Beachtet genau die Aufgabenstellung und alle Anweisungen.

Station 4a Wasser erhitzen 1

Material: Kaffeemaschine, Tauchsieder, 2 Bechergläser mit 500 mℓ Wasser gleicher Temperatur, Thermometer, Energiemessgerät
a) Lass 500 mℓ Wasser durch die Kaffeemaschine in die zugehörige Kanne laufen. Miss dabei die benötigte Energie mit dem Energiemessgerät und die Wassertemperatur in der Kanne.
b) Erhitze nun die anderen 500 mℓ Wasser mit dem Tauchsieder auf die gleiche Temperatur. Miss auch hier die benötigte Energie.
c) Vergleiche und begründe die Ergebnisse.

Station 8 Swimmingpool

Material: 2 Metallplatten (schwarz bzw. metallglänzend) mit Metallröhren auf der Unterseite zum Einschieben von Thermometern auf Styroporkästen, starker Halogenstrahler

a) Beleuchte gleichzeitig beide Metallplatten mit dem Strahler und beobachte beide Thermometer.

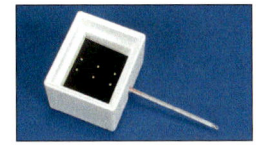

Beschreibe und deute deine Beobachtungen.

b) Erläutere den Verwendungszweck der abgebildeten schwarzen Schläuche bei privaten oder öffentlichen Schwimmbädern.

Lernzirkel

● Nachdem ihr eine Station bearbeitet habt, bringt ihr alles wieder in den Ausgangszustand und tragt in euren Laufzettel ein, dass ihr die Station bearbeitet habt. Notiert dort auch Fragen oder Probleme.

● Die notwendige Bearbeitungszeit für die einzelnen Stationen ist unterschiedlich. Einige Stationen wird es deshalb mehrfach geben, damit kein Leerlauf entsteht. Ihr teilt euch also die Zeit selbst ein.

Station 7 Solardusche

Material: Solardusche, Digitalthermometer mit dünnem Fühler

a) Fülle die Solardusche mit Wasser, miss die Wassertemperatur und verschließe die Solardusche (mit Temperaturfühler). Lege die wassergefüllte Solardusche in die Sonne, beleuchte sie alternativ mit einem starken Halogenstrahler (**Vorsicht:** Sicherheitsabstand einhalten). Wenn du nicht zur ersten Gruppe gehörst, die die Station bearbeitet: Lies die angezeigte Wassertemperatur ab.

b) Berechne, wie viel Energie erforderlich ist, um die Wassertemperatur um 5 °C zu erhöhen.

c) Lies die Temperatur nach 10 Minuten erneut ab. Beurteile dein Ergebnis.

Station 6 Waschmaschine/Spülmaschine

Material: Informationsmaterial zum Aufbau einer Waschmaschine/ Spülmaschine

a) Liste auf, welche elektrischen Teilgeräte eine Waschmaschine bzw. eine Spülmaschine enthält.

b) Gib eine begründete Vermutung ab, welche dieser Teile den größten Energiestrom wandeln.

c) Erläutere unter energetischen Gesichtspunkten, weshalb

● eine solche Maschine erst bei voller Beladung eingeschaltet werden sollte;

● möglichst niedrige Temperaturen gewählt werden sollten.

Station 5 Wärmedämmung

Material: PC mit Internetanschluss

Ältere Häuser genügen meist nicht den Wärmeschutzverordnungen, nach denen neue Häuser gebaut werden müssen. Entsprechend hoch sind ihre Heizkosten.

a) Erläutere, was durch das nebenstehende Infrarotbild dargestellt wird.

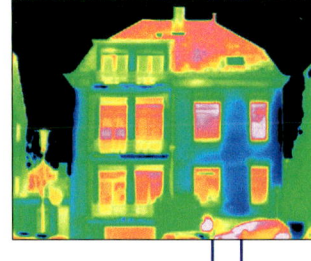

b) Recherchiere im Internet nach möglichen nachträglichen Wärmedämmmaßnahmen.

c) Erläutere zwei solcher Maßnahmen ausführlich.

Station 4b Wasser erhitzen 2

Material: Kleine Herdplatte mit Topf, Mikrowellengerät, 2 Bechergläser mit 500 mℓ Wasser gleicher Temperatur, Thermometer, Energiemessgerät

a) Stelle ein Becherglas in die Mikrowelle und erwärme es für 3 Minuten (600 W-Stufe). Miss dabei die umgesetzte Energie und die Endtemperatur des Wassers.

b) Erhitze nun die anderen 500 mℓ Wasser im Topf auf der Herdplatte auf die gleiche Temperatur, miss auch hier die umgesetzte Energie.

c) Vergleiche und begründe die Ergebnisse.

Grundwissen — Energie

ENERGIE

Energie und Energiewandlung

Energie ist erforderlich, damit Vorgänge ablaufen können. Sie tritt in unterschiedlichen Formen auf, die ineinander gewandelt werden können.

Energie braucht immer einen *Träger* – Ausnahme Lichtenergie.

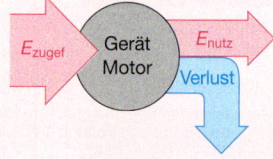

Energieform 1 → Wand-ler → Energieform 2 → Wand-ler → Energieform 3 → Wand-ler → Energieform 4

Energieerhaltung

Bei allen Energiewandlungen wird nie alle eingesetzte Energie in die Form gewandelt, die gewünscht wird – es treten immer auch *Verluste* auf.
Diese Verlustenergie geht als Energiestrom in die Umgebung und ist für den eigentlichen Zweck nicht mehr nutzbar: *entwertete Energie.*

E_{zugef} → Gerät Motor → E_{nutz} / Verlust

Aber Energie geht nie verloren, sie wandelt nur ihre Form: **Prinzip von der Erhaltung der Energie.**

Einheit der Energie

1 J (Joule)
1 kWh = 3,6 Mio J

Energieformen

- *mechanische*
  - *Bewegungsenergie*
  - *Höhenenergie*
  - *Spannenergie*
- *elektrische*
- *innere*
- *chemische*
- *Lichtenergie*
- *Kernenergie*

Der **Brennwert** gibt an, wie viel chemische Energie in einem Nahrungsmittel oder einem Brennstoff steckt.

Energieströme

Die **Energiestromstärke *P*** gibt an, wie viel Energie in einer bestimmten Zeit von einem Gerät zu einem anderen strömt. Sie ist so groß wie die **Leistung *P*** des Geräts, d.h. die von dem Gerät in dieser Zeit gewandelte Energie.

Für die Energiestromstärke bzw. Leistung gilt:

$$P = \frac{\text{Energie}}{\text{Zeit}} = \frac{E}{t}.$$

Einheit: 1 W (Watt):
$$1\,W = 1\,\frac{J}{s}.$$

SYSTEM

Körpereigenschaften

Jeder Körper besteht aus einem oder mehreren Stoffen, hat ein bestimmtes Volumen, eine bestimmte Temperatur und eine Masse.

Die *Temperatur* gibt an, wie heiß oder kalt ein Körper ist. Sie wird in Grad Celsius (°C) angegeben. Messgeräte sind Thermometer.

Die *Masse* ist durch zwei Körpereigenschaften gekennzeichnet:

- Trägheit: Körper widersetzen sich Änderungen ihres Bewegungszustandes.
- Schwere: Körper sind schwer.

Massen werden in Tonnen (t), Kilogramm (kg), Gramm (g) oder Milligramm (mg) angeben und mit Waagen bestimmt.

Körper

Körper können fest, flüssig oder gasförmig sein.

Jeder Körper hat eine bestimmte Form – auch flüssige oder gasförmige Körper, nämlich die ihres Gefäßes!

Weil jeder Körper einen Raum einnimmt, können nie zwei Körper an demselben Ort sein. Körper verdrängen sich gegenseitig.

MATERIE

A1 a) Fertige mit den Grundbegriffen links Kartei-karten an. Notiere den Begriff auf der Vorderseite und erläutere ihn auf der Rückseite. Anstelle der Kartei-karten kannst du auch eine elektronische Datenbank anlegen.
b) Erstelle eine Mindmap für das ganze Kapitel. Die Grundbegriffe auf der Seite links helfen dir dabei.

A2 Ein Becherglas wird auf eine Wärmeplatte gestellt und mit Wasser gefüllt, bis es überläuft. Dann werden Becherglas und Wasser auf kleinster Stufe erwärmt.
a) Beschreibe und notiere deine Beobachtung.
b) Begründe, welche der folgenden Größen sich für den Körper „Wasser" im Becherglas ändern und wel-che nicht: Masse, Temperatur, Volumen.

A3 Übertrage die folgende Tabelle auf ein A4-Blatt in Querformat. (Alle Energieformen, die in den Spalten stehen, sollen auch in den Zeilen stehen.) Jedes leere Feld gehört zu zwei Energieformen, der zugeführten und der abgegebenen Energie. Notiere dort jeweils – wenn möglich – mindestens einen Energiewandler.

zuge-führte Energieform \ abgegebene Energie-form	elektrische Energie	Lichtenergie	innere Energie	chemische Energie	Bewegungs-energie	Höhen-energie
elektrische Energie	?	?	?	?	Venti-lator	?
Licht-energie	?	Spie-gel	?	?	?	?

A4 Auf einem elektrischen Durchlauferhitzer steht die Angabe „15 kW".
a) Erläutere die Bedeutung dieser Angabe.
b) Berechne die gewandelte Energie, wenn der Durch-lauferhitzer insgesamt 6 Minuten in Betrieb ist.
c) Berechne, wie viel Liter Wasser dabei von 10 °C auf 35 °C erhitzt werden können.

A5 In Schulen sind oft bis zu 30 Schülerinnen und Schüler in einem Klassenraum untergebracht. Jeder Mensch gibt in einer Stunde etwa 200 000 J an Wärme-energie an die Umgebung ab.
a) Schätze ab, wie viel Energie 30 Schüler im Verlauf einer Stunde, eines Vormittags, eines Monats und ei-nes Jahres abgeben.
b) Erläutere, inwiefern solche Überlegungen für das Energiemanagement eines Schulgebäudes wichtig sind.

A6 Auf einem Spiel-platz befinden sich fast immer eine Schaukel und eine Rutsche, manchmal auch ein Trampolin.
a) Nenne die beiden Energieformen, die

bei der Benutzung aller drei Spielgeräte auftreten.
b) Beschreibe die Energiewandlungen, die beim Schaukeln stattfinden, nachdem ein Vater seine kleine Tochter aus großer Höhe losgelassen hat. Fertige dazu vereinfachte Skizzen an, die die Schaukel in verschie-denen Positionen zeigen.
Du selbst kannst natürlich alleine schaukeln. Deute die dabei nötigen Beinbewegungen energetisch.
c) Bei einer Rutsche landet ein Kind schließlich im Sand oder im Wasser. Was bedeutet das energetisch?
d) Die folgenden Zeichnungen zeigen drei Situationen beim Trampolinspringen. Ordne jeder Situation die ent-sprechende Energieform zu und beschreibe (in Text-form) die stattfindenden Energiewandlungen.

e) Erstelle ein Energiefluss-Diagramm und ein Energie-konto zum Trampolinspringen für eine Ab- und eine Aufwärtsbewegung. (*Hinweis:* Es gibt vier verschiedene Energieformen!)

A7 a) Erläutere anhand von drei Beispielen aus dem Alltag den Energieerhaltungssatz.
b) Beschreibe und beurteile die verschiedenen Mög-lichkeiten, Energie zu speichern.

A8 a) Stelle das Energiekonto für das Bogenschießen auf: vom Abschuss des Pfeils vom Bogen bis zum Steckenbleiben des Pfeils in der Zielscheibe. Denke auch an die Reibung.
b) Fertige auch ein Energieflussdiagramm dazu an.

A9 Die Energie der Sonne wird seit Urzeiten genutzt, in den letzten hundert Jahren auch technisch. Nenne und erläutere Beispiele und präsentiere die Ergebnisse.

„Wärmeausbreitung"

Zu kühleren Jahreszeiten müssen Wohnräume beheizt werden. Im gesamten Zimmer spürt ihr den Transport von Energie ... es wird warm. Wie aber gelangt diese Energie in einem großen Wohnraum weit ab vom Heizkörper zu euch?

1 Der dazugehörige physikalische Vorgang heißt *Mitführung* oder **Konvektion**. Informiert euch über den Begriff und erklärt ihn.

2 Erläutert die Unterschiede der drei Möglichkeiten des Energietransports (**Leitung** der Energie in einem Stoff, **Strahlung** und **Konvektion**).

3 Findet heraus, wo Konvektion im Haushalt und in der Natur auftritt.

4 Entwickelt einen Versuch, mit dem ihr euren Mitschülern erläutern könnt, was Konvektion ist.

Wärmedämmung

Wenn es draußen kalt wird, sorgen Heizungen dafür, dass die Wohnräume trotzdem schön warm sind. Um Energie zu sparen und die Betriebskosten für die Heizungen möglichst gering zu halten, werden Häuser gedämmt, d.h. der **Energietransport** zwischen innen und außen so gut wie möglich unterbrochen.

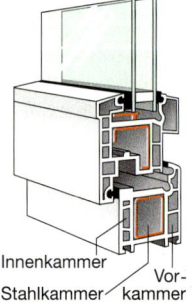

Innenkammer
Stahlkammer Vor-kammer

1 Erkundigt euch, wie eine gute **Wärmedämmung** aufgebaut ist und wie sie funktioniert.

2 Entwerft einen Versuch zum Testen der Dämmfähigkeit von Materialien und findet heraus, welche Stoffe besonders gut dämmen.

3 An manche **Dämmstoffe** werden besondere Ansprüche gestellt, z. B. nicht brennbar, ... Erstellt eine Übersicht über Einsatzgebiete und Anforderungen.

4 Findet heraus, was der **u-Wert** (früher: **k-Wert**) angibt.

Warmwasser-Heizung

Niemand möchte auf den Komfort von fließend warmem Wasser und Heizung im Haushalt verzichten.

1 Schätzt den Anteil am **Gesamtenergiebedarf** durch Warmwasser pro Person und Jahr in einem eurer **Haushalte**.

2 Vergleicht den Energiebedarf für Beleuchtung mit dem Energiebedarf für Warmwasser beim morgendlichen Aufenthalt im Badezimmer (geht davon aus, dass die Person auch duscht.)

3 Besorgt euch Rechnungen für Strom und Gas möglichst mehrerer Haushalte. Vergleicht und beurteilt den Jahresenergiebedarf für elektrische Energie und chemische Energie aus Erdgas.

4 Berechnet, welchen Unterschied es in den **Energiekosten** eines Haushalts ausmacht, wenn die Temperatur des warmen Wassers von 53 °C auf 48 °C gesenkt wird. Nehmt an, dass der Haushalt seinen Warmwasserbedarf über handelsübliche **Durchlauferhitzer** deckt. Sucht euch alle dafür notwendigen Informationen aus geeigneten Quellen.

Niedrigenergiehäuser

Beim Bau eines Hauses sollte auf die spätere Energiebilanz des Hauses geachtet werden. Manche Neubauten bekommen sogar besondere Bezeichnungen wie **Niedrigenergiehaus**.

1 Stellt Informationen über Niedrigenergiehäuser zusammen. Wie wird dieser Begriff festgelegt?

2 Eine Weiterentwicklung des Niedrigenergiehauses ist das **Passivhaus**. Wie unterscheiden sich beide Hausarten? Erkundigt euch, ob es in eurer Umgebung Niedrigenergie- oder Passivhäuser gibt.

3 Versucht herauszufinden, wie hoch die **Baukosten** für die verschiedenen Haustypen sind und vergleicht sie miteinader.

A1 Durch Energiezufuhr ist die innere Energie von 1 kg Eis ohne Temperaturzunahme um 0,092 kWh gestiegen, wodurch alles Eis geschmolzen ist. Berechne, wie hoch die Temperatur steigen würde, wenn dem Wasser von jetzt 0 °C genausoviel Energie zugeführt würde.

A2 a) Berechne die Energie, die nötig ist um 1,2 Liter Wasser für Tee von 15 °C zum Kochen zu bringen.
b) Herr Otto erhitzt die 1,2 Liter Wasser in einem Topf auf einer Kochplatte und misst mit einem Energiemessgerät 0,3 kWh. Gib diese Energiemenge in der Einheit J an und erkläre den Unterschied zu a).

A3 Erstelle die Energie-bilanz eines Kindes beim Rutschen auf einer Rutsche für die Positionen ① bis ④ mithilfe des Kontomodells. (Das Kind landet bei ④ im Sand.)

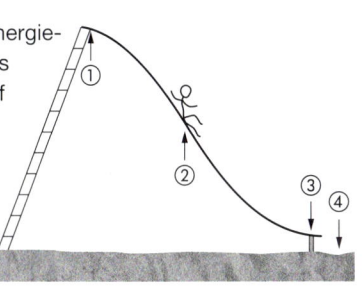

A4 a) Das Netzteil eines Computers hat die Aufschrift $P = 350$ W. Erläutere den Sinn dieser Angabe.
b) Der Besitzer des Computers lässt ihn 30 Minuten lang unbeaufsichtigt laufen, um das Mittagessen einzunehmen. Welche Energie wird in diesem Zeitraum ungenutzt gewandelt? Wie lange könnte man mit dieser Energie eine Sparlampe der Leistung (Energiestromstärke) $P = 15$ W betreiben? Erläutere deinen Rechenweg.

A5 Unten ist ein verkürztes, nicht maßstabgerechtes Energiefluss-Diagramm für ein Wärmekraftwerk dargestellt.
a) Berechne die fehlenden Werte. Bestimme daraus die Energieströme in die Umgebung und die insgesamt entwertete Energie.
b) Zeichne das Energiefluss-Diagramm maßstabsgetreu.

A6 Gegen kalte Finger helfen Wärmekissen. Damit ihre Temperatur steigt, muss im Inneren ein Metallplättchen geknickt werden und schon werden sie warm.
Erläutere ihre Funktionsweise und zeichne ein Energiefluss-Diagramm.

A7 a) Nenne verschiedene Energiespeicher und ordne sie nach ihrer Fähigkeit, möglichst viel Energie zu speichern.
b) Moderne Heizungsanlagen nutzen verschiedene Energiequellen und besitzen einen großen Wassertank (ca. 1000 Liter). Erkläre dessen Bedeutung als Energiespeicher. Gehe dabei auch auf die verschiedenen Energiequellen ein.
c) Erkläre, warum Energiespeicherung bei zunehmender Nutzung regenerativer Energiequellen wie Sonne und Wind eine immer größere Bedeutung erlangt.

A8 Wenn ein Haus oder eine Wohnung verkauft oder vermietet werden soll, wird für das Objekt ein Energieausweis benötigt. Für eine bestimmte 70 m² große Wohnung findet sich im Energieausweis die Angabe „Energiebedarf 125 kWh/(a·m²)" (a bedeutet Jahr).
a) Erkläre, was diese Angabe bedeutet.
b) Berechne den Energiebedarf dieser Wohnung für ein halbes Jahr und beurteile das Ergebnis.

A9 Rechts sind die Energiefluss-Diagramme zweier Motoren dargestellt. Benenne jeweils die auftretenden Energieformen.
Erläutere die Bedeutung der unterschiedlichen Pfeildicken.

A10 Erkläre, bei welchen Vorgängen Reibung erwünscht ist, und nenne Beispiele, bei denen Reibung eine lästige Begleiterscheinung ist.

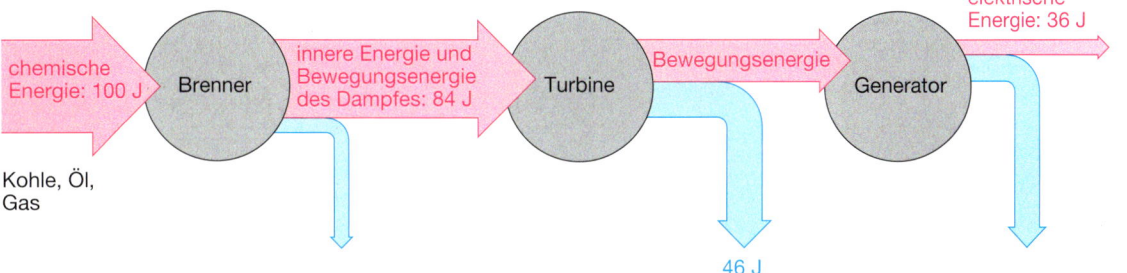

chemische Energie: 100 J — Brenner — innere Energie und Bewegungsenergie des Dampfes: 84 J — Turbine — Bewegungsenergie — Generator — elektrische Energie: 36 J

Kohle, Öl, Gas

46 J

Strom – Spannung – Widerstand

Ein Alltag ohne elektrischen Strom ist für uns nicht mehr denkbar. LED-Beleuchtung, Geschirrspüler, Smartphone, Computer – all diese Dinge gestalten unseren Alltag angenehm. Und alle benötigen elektrischen Strom, um zu funktionieren. Er ist dafür verantwortlich, wie hell Lampen leuchten, wie laut Musik aus einem Lautsprecher schallt und wie heiß die Heizschlangen in Wasch- und Spülmaschinen werden. Alles kann geregelt werden.

Du erfährst in diesem Kapitel, wie elektrische Ströme von der Spannung der Quelle und dem Widerstand des eingebauten Geräts abhängen, woher der Antrieb für Ströme kommt und wie sie gehemmt werden, was unter den Einheiten „Ampere" und „Volt" zu verstehen ist und wie die zugehörigen Messgeräte zu handhaben sind – aber natürlich auch, wie der Elektronenstrom und der Energiestrom in einem Stromkreis zusammenhängen.

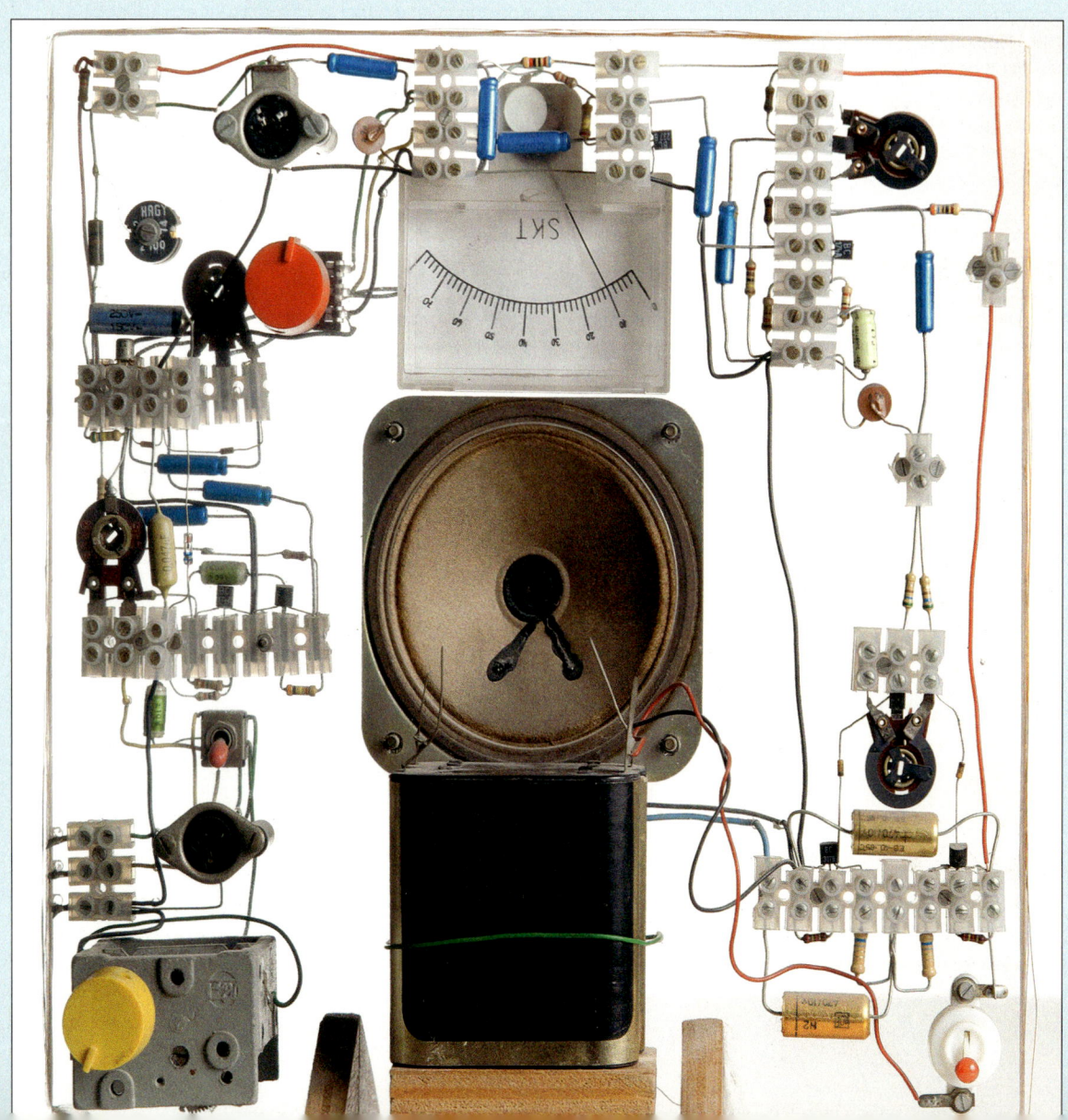

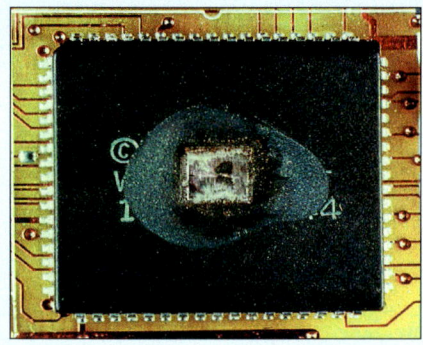

Blitzeinschlag und die Folgen: Im Durchschnitt werden über Deutschland in einem Jahr mehr als 1 Mio Blitze registriert. Die Stromstärke eines Blitzes beträgt etwa 100 kA bei Spitzentemperaturen von 30 000 °C. Auch wenn der Blitz ein Haus nicht direkt trifft, kann über die angeschlossenen Leitungen eine Überspannung entstehen, die elektrische Geräte wie Computer, Telefonanlagen, Fernseher usw. zerstört. Das Bild oben zeigt einen durch Überspannung zerstörten Computerchip.

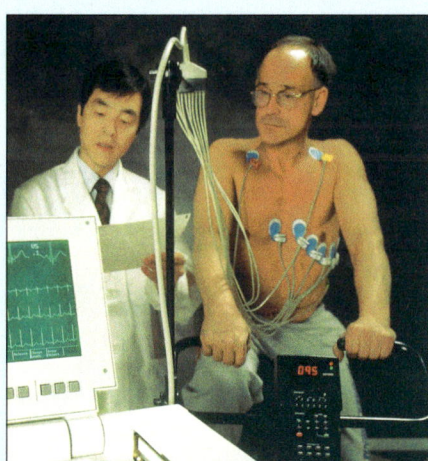

Elektrischer Strom in der Medizin
Die Messung der elektrischen Signale, die das Herz (EKG) oder Gehirn (EEG) steuern, liefern dem Arzt wichtige Hinweise auf den Gesundheitszustand des Patienten. Weiterhin kann ein kurzzeitiger und wohldosierter elektrischer Strom durch den Körper bei Personen mit Herzkammerflimmern oder mit lebensbedrohlichen Herzrhythmusstörungen eine lebensrettende Wirkung haben (Defibrillation).

Wie schnell fließen Elektronen? Wenn der Schalter in einem Stromkreis geschlossen wird, leuchtet die Glühlampe sofort auf. Aber die Elektronen selbst bewegen sich sehr langsam: Sie legen in einer Stunde nur einen Weg von 12 m zurück.

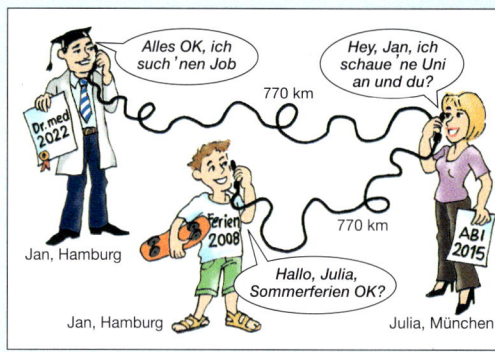

Wenn es nach der Elektronengeschwindigkeit ginge, müsste Jan bei einem Telefongespräch von Hamburg nach München (771 km) über 7 Jahre auf eine Antwort warten, denn so lange bräuchte ein Elektron für diese Strecke! Doch der Strom der Elektronen verhält sich wie das Wasser in einer geschlossenen Anlage mit Pumpe und Turbine. Wenn die Pumpe in Betrieb gesetzt wird, bewegt sie das gesamte Wasser. Die Turbine beginnt zeitgleich sich zu drehen. Deshalb hören wir beim Telefonieren den Anrufer fast zeitgleich sprechen.

Leitungen: Zuleitungen von Haushaltsgeräten, Unterputzkabel im Haus und Erdkabel bestehen aus Kupfer, Überlandleitungen meist aus Aluminium. Heizleiter, die z. B. in Toastern und Boilern verwendet werden, dagegen aus bestimmten Metalllegierungen, die einen besonders hohen Widerstand haben. Das verwendete Material ist also abhängig von der jeweiligen Einsatzart. Sicherheitsaspekte erfordern häufig Isolierungen und ggf. zusätzliche Schutzvorrichtungen.

Fernleitung
Erdkabel
Unterputz

Vorbereitung

1 Lies die Texte dieser beiden Seiten durch und betrachte die zugehörigen Bilder. Schreibe zu den einzelnen Themen Fragen auf, die du dazu hast.

2 Blättere das folgende Kapitel durch, lies die Überschriften und betrachte die Bilder. Notiere neben den Fragen aus **1** die Seitenzahlen, die deiner Meinung nach Antworten zu deinen Fragen liefern könnten.

3 Überlege und schreibe auf, was du in Experimenten untersuchen möchtest. Vielleicht hast du ja schon Ideen, wie die Versuche aussehen könnten.

4 Studiere die im Vorwissen „Der elektrische Stromkreis" auf Seite 44 dargestellten Zusammenhänge. Schreibe dazu die wichtigsten Begriffe zusammen mit einer kurzen Erklärung auf.

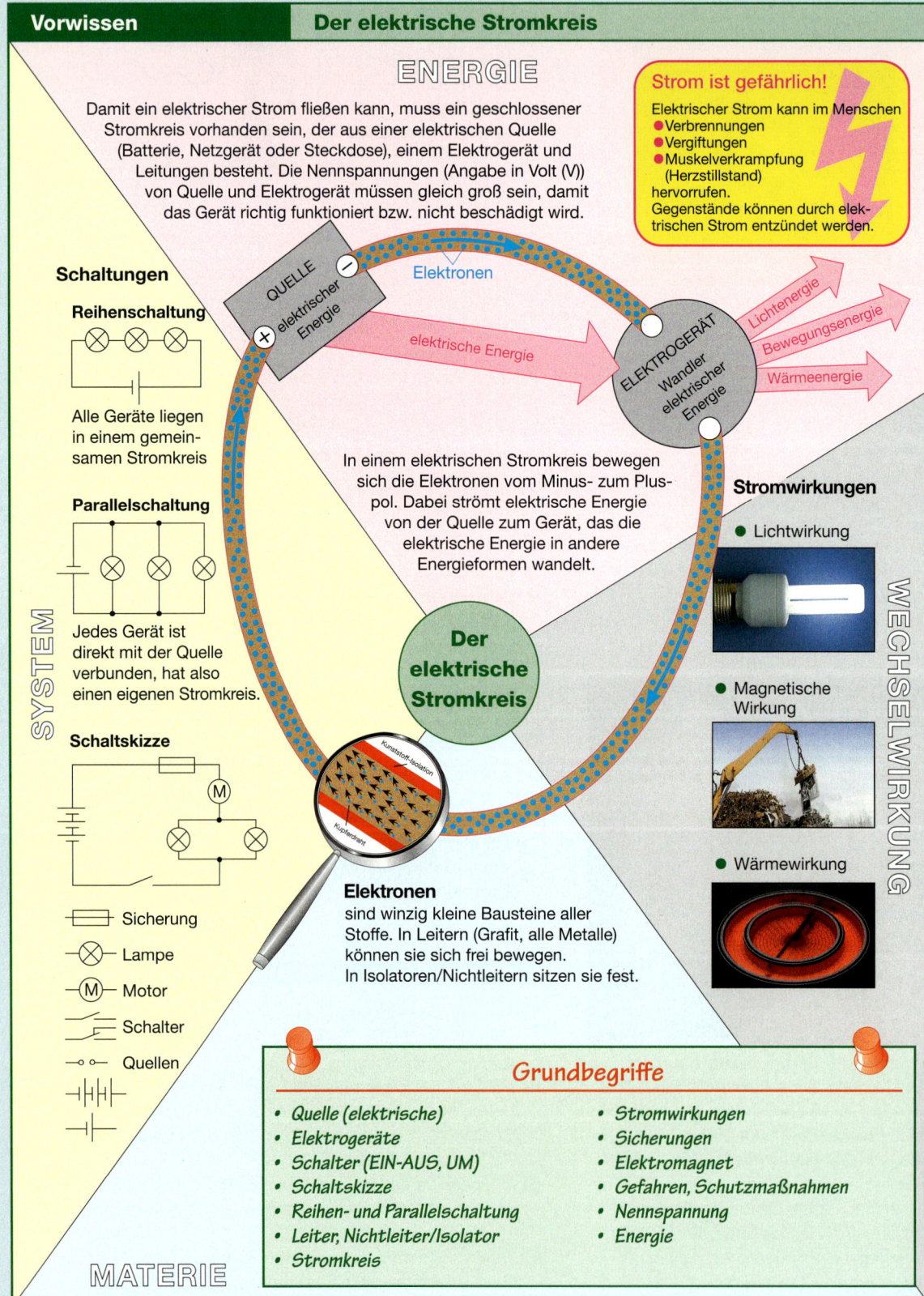

Vorwissen — **Der elektrische Stromkreis**

ENERGIE

Damit ein elektrischer Strom fließen kann, muss ein geschlossener Stromkreis vorhanden sein, der aus einer elektrischen Quelle (Batterie, Netzgerät oder Steckdose), einem Elektrogerät und Leitungen besteht. Die Nennspannungen (Angabe in Volt (V)) von Quelle und Elektrogerät müssen gleich groß sein, damit das Gerät richtig funktioniert bzw. nicht beschädigt wird.

Strom ist gefährlich!
Elektrischer Strom kann im Menschen
● Verbrennungen
● Vergiftungen
● Muskelverkrampfung (Herzstillstand)
hervorrufen.
Gegenstände können durch elektrischen Strom entzündet werden.

Schaltungen

Reihenschaltung

Alle Geräte liegen in einem gemeinsamen Stromkreis

Parallelschaltung

Jedes Gerät ist direkt mit der Quelle verbunden, hat also einen eigenen Stromkreis.

Schaltskizze

⊏⊐ Sicherung
⊗ Lampe
Ⓜ Motor
Schalter
—o o— Quellen

QUELLE elektrischer Energie

− Elektronen

elektrische Energie

ELEKTROGERÄT Wandler elektrischer Energie

Lichtenergie
Bewegungsenergie
Wärmeenergie

In einem elektrischen Stromkreis bewegen sich die Elektronen vom Minus- zum Pluspol. Dabei strömt elektrische Energie von der Quelle zum Gerät, das die elektrische Energie in andere Energieformen wandelt.

Der elektrische Stromkreis

Stromwirkungen

● Lichtwirkung

● Magnetische Wirkung

● Wärmewirkung

Elektronen
sind winzig kleine Bausteine aller Stoffe. In Leitern (Grafit, alle Metalle) können sie sich frei bewegen. In Isolatoren/Nichtleitern sitzen sie fest.

SYSTEM

WECHSELWIRKUNG

MATERIE

Grundbegriffe

• Quelle (elektrische)
• Elektrogeräte
• Schalter (EIN-AUS, UM)
• Schaltskizze
• Reihen- und Parallelschaltung
• Leiter, Nichtleiter/Isolator
• Stromkreis

• Stromwirkungen
• Sicherungen
• Elektromagnet
• Gefahren, Schutzmaßnahmen
• Nennspannung
• Energie

Sicherheit im Haushalt   Projekt

Viele elektrische Geräte im Haushalt machen das tägliche Leben komfortabel. Die Nutzung der energiewandelnden Wirkung des elektrischen Stroms in den unterschiedlichsten Zusammenhängen nimmt uns eine Vielzahl von Tätigkeiten ab. Trotz all dieser positiven Aspekte ist die Nutzung des elektrischen Stroms auch mit Risiken und Gefahren verbunden, die aber durch spezielle Maßnahmen minimiert werden.

P1 Untersucht zusammen mit einem Erwachsenen euren Sicherungskasten zuhause, listet die einzelnen Bestandteile auf und informiert euch über deren Zweck und Funktionsweise. Bereitet einen kleinen Vortrag zu diesem Gebiet vor.

P2 Elektrischer Strom kann, wenn er durch den menschlichen Körper fließt, sehr gefährlich sein.
a) Fertigt eine Übersicht an, welche die Wirkung des Stromes auf den menschlichen Körper (physiologische Wirkung) in Abhängigkeit von der Stromstärke, dem Stromweg und sonstigen wichtigen Faktoren zeigt.

b) Ergründet, wie im Haushalt versucht wird, die Gefahr eines „Stromschlages" technisch zu vermeiden.
c) Stellt Regeln für den Gebrauch elektrischer Geräte auf.

P3 a) Erkundigt euch, wie Häuser mit elektrischem Strom versorgt werden.
b) Baut ein Modellhaus aus Pappe, Klingeldraht und Fahrradlämpchen. Veranschaulicht an diesem Haus mithilfe eines „Pappmenschen" die Gefahrenquellen. (Wenn ein elektrischer Strom durch die Leitung fließt, zeigt eine eingebaute Lampe den Stromfluss und damit die Gefahr an.)
c) Erläutert auch andere Gefahren und Sicherheitsmaßnahmen am Modell.

Kupferstreifen

Kupferstreifen

Messgeräte für elektrische Ströme   Projekt

Ein Glühlampe zeigt an, dass in einem Stromkreis Strom fließt. Leuchtet sie heller, fließt ein stärkerer Strom. Aber nicht immer ist eine Glühlampe empfindlich genug, um schwache Ströme anzuzeigen. Eventuel ist der Strom zu stark, sie brennt durch. Ein weiterer Nachteil: An der Lampe lässt sich keine Skala anbringen.

P1 a) Besorgt euch ein kleines Türscharnier aus Stahl für den Möbelbau, eine kleine Spule (mit ca. 400 Windungen) aus der Physiksammlung und ein Netzgerät, das eine regelbare Gleichspannung (bis 12 V) liefert.
b) Recherchiert im Internet, wie ein **Dreheiseninstrument** funktioniert. Baut ein solches Gerät mit eueren Materialien nach. (*Achtung:* Netzgerät nur kurzzeitig einschalten.)

P2 a) Recherchiert im Internet, aus welchen zwei wesentlichen Bauteilen ein **Drehspulinstrument** besteht. Plant einen Versuch, bei dem ihr mit Hilfe eines (lackierten) Kupferdrahtes und eines Hufeisenmagneten ein Modell für ein Drehspulinstrument herstellt.
b) Untersucht die Funktionsweise mithilfe eines Modells aus der Physiksammlung.

P3 Die Abbildung zeigt das Modell eines **Hitzdrahtinstruments**. Baut es nach und prüft, wie sich die Lage des Wägestücks ändert, wenn nur eine, zwei oder alle drei Lampen angeschlossen sind.

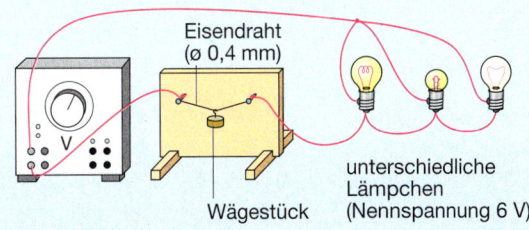

Eisendraht (ø 0,4 mm)

Wägestück

unterschiedliche Lämpchen (Nennspannung 6 V)

P4 Erstellt ein Plakat auf dem ihr Aufbau und Wirkungsweise der verschiedenen Messgeräte gegenüberstellt. Welche sind für starke, welche für geringe Ströme geeignet? Wie kann eine Skala angebracht werden? Welche reagieren auch auf Umpolung?

Stromkreise übertragen Energie

Ob in der Mikrowelle, dem Toaster, der Küchenmaschine oder einem beliebigen anderen Elektrogerät – überall wird elektrische Energie aus der Steckdose oder einer Batterie bezogen und in eine andere Energieform gewandelt.
In welche Formen kann elektrische Energie gewandelt werden? Gibt es auch andere Formen der Energieübertragung, die ähnlich ablaufen wie die Übertragung elektrischer Energie? Wodurch wird elektrische Energie überhaupt transportiert?

Der Wasserstromkreis als Modell für den elektrischen Stromkreis

Im linken Aufbau des zentralen Versuchs wird durch die Pumpe Wasser im Kreis bewegt. (Die Pumpe selbst wird durch die elektrische Bohrmaschine angetrieben.) Das ausfließende Wasser treibt ein Schaufelrad an, welches durch seine Drehung den kleinen Sack hochhebt. Unterhalb des Schaufelrades wird das Wasser wieder zur Pumpe zurückgeleitet. Das Wasser vollführt also einen Kreislauf von der Pumpe über das Schaufelrad zurück zur Pumpe. Zweck dieses Wasserkreislaufs ist das Hochheben des Säckchens.

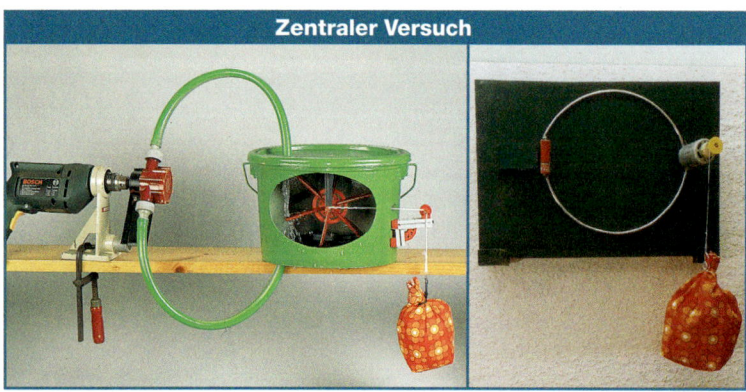

Zentraler Versuch

Wie lässt sich dieser Vorgang mit Energiebegriffen beschreiben?

- Elektrische Energie wird in der Bohrmaschine in Bewegungsenergie des Motors gewandelt. Diese Energie wird durch die Achse vom Motor zur Pumpe übertragen.
- Die Bewegungsenergie des rotierenden Schaufelrads der Pumpe wird in Bewegungsenergie des Wassers gewandelt und vom strömenden Wasser auf das Schaufelrad übertragen.
- Die Bewegungsenergie des Schaufelrads im Eimer wird in Bewegungsenergie des Fadens gewandelt, die beim Hochheben auf das Säckchen übertragen wird, das dadurch Höhenenergie bekommt.

Die Energie der Bohrmaschine wurde also von dem strömenden Wasser auf den kleinen Sack übertragen.

Im rechten Foto zieht ein Elektromotor das Säckchen hoch. Damit dies möglich ist, muss ein geschlossener Stromkreis vorhanden sein. Nur wenn dieser geschlossen ist, hebt der Motor die Last. Es ist also der elektrische Strom, der Strom der Elektronen, der die Energie der Batterie zum Säckchen überträgt.

Die Batterie gibt ihre chemische Energie für den Antrieb der Elektronenströmung ab. Dabei verliert sie Energie. Der Motor wandelt die aufgenommene elektrische Energie in Bewegunsenergie und schließlich in Höhenenergie des Säckchens.
Die Energie der Batterie ist also durch den Kreisstrom der Elektronen auf das Säckchen übertragen worden.

Führt nur eine Leitung von der Quelle zum Motor, dann ist eine Energieübertragung nicht möglich, weil jetzt ja Quelle und Motor nicht in einem geschlossenen Stromkreis liegen, die Elektronen also nicht im Kreis strömen können.

> Im elektrischen Stromkreis überträgt der Kreislauf der Elektronen die elektrische Energie von der Quelle zum Gerät.

Geräte – Wandler elektrischer Energie

Mithilfe eines Föhns werden nasse Haare schnell wieder trocken. Die Zimmerluft wird durch eine Heizspirale erwärmt. Der Elektronenstrom hat den Draht erhitzt. Der Ventilator, der die erwärmte Luft auf die Haare bläst, wird vom gleichen Elektronenstrom angetrieben. Die elektrische Energie aus der Steckdose wird im Ventilator in Bewegungsenergie und im Heizdraht in innere Energie der erwärmten Luft gewandelt.

Auch in einem Toaster oder einer Glühlampe wird die elektrische Energie in Wärme und Licht gewandelt. Während aber bei einem Toaster die Wärme gewollt und die Aussendung von Licht ein ungewollter Nebeneffekt ist, ist das bei der Glühlampe genau umgekehrt. In beiden Geräten wird elektrische Energie gewandelt. Da dies auch in allen anderen elektrischen Geräten geschieht, werden sie *Energiewandler* oder kurz *Wandler* genannt; die gängige Bezeichnung „Verbraucher" ist falsch, denn sie verbrauchen ja nichts.

> Elektrogeräte (Föhn, Toaster, Lampen, Motoren) sind Energiewandler. Sie wandeln elektrische Energie in andere Energieformen: Bewegungsenergie, innere Energie oder Lichtenergie.

Aufgaben

1 Zeichne für den Wasserkreislauf aus Bohrmaschine/Pumpe und Schaufelrad das Energiefluss-Schema entsprechend dem Schema für den elektrischen Stromkreis.

2 Eine Steckdose ist die Quelle elektrischer Energie im Zimmer. Zeichne und beschrifte für eine Tischlampe das Stromkreis-Energie-Schema von der Steckdose zur Lampe.

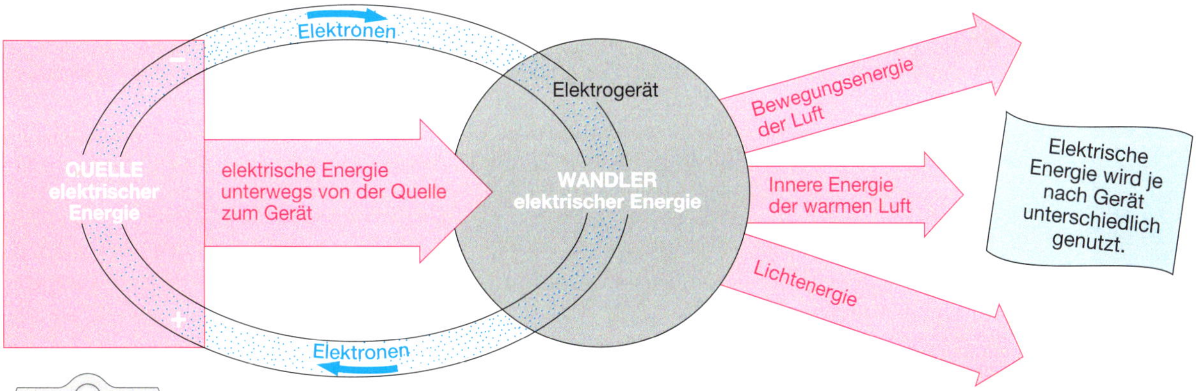

Elektronen

QUELLE elektrischer Energie

elektrische Energie unterwegs von der Quelle zum Gerät

Elektrogerät

WANDLER elektrischer Energie

Bewegungsenergie der Luft

Innere Energie der warmen Luft

Lichtenergie

Elektrische Energie wird je nach Gerät unterschiedlich genutzt.

Elektronen

Die Fahrradkette als Energietransporter

Streifzug

Die Fahrradkette läuft im Kreis: oben vom hinteren Ritzel zum vorderen Zahnkranz und unten wieder zurück. Sie überträgt die Energie der Beine auf das Hinterrad. Wie beim Wasserkreislauf das Wasser oder im elektrischen Stromkreis die Elektronen bewegen sich die Kettenglieder im Kreis, während die Energie „geradeaus" von vorne (Zahnkranz) nach hinten (Ritzel) strömt.

Die elektrische Ladung

Du hast sicher schon einmal an der Türklinke einen „Schlag"
bekommen. Beim Ausziehen eines Pullovers hörst du oft ein
Knistern. Im Dunkeln können dabei kleine Blitze beobachtet
werden. Mithilfe einer geriebenen Folie lässt sich eine neue
Frisur zulegen.
Was steckt hinter diesen alltäglichen Erscheinungen? Welche
Ursachen haben sie? Sind Elektronen mit im Spiel, obwohl
keine Stromkreise zu sehen sind? Welche Eigenschaft der
Körper zeigt sich hier?

Elektrische Kräfte

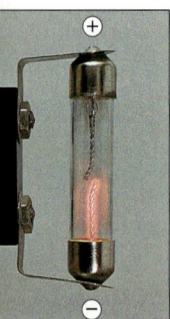

Eine Glimmlampe ist ein
Gerät, das das Fließen
auch von nur ganz weni-
gen Elektronen anzeigt:
Werden mit einer Glimm-
lampe die Pole einer elektrischen Quelle berührt, so
leuchtet immer der Teil der
Glimmlampe, der den ne-
gativen Pol der Quelle berührt.

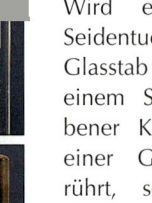

Wird ein mit einem
Seidentuch geriebener
Glasstab oder ein mit
einem Stück Fell gerie-
bener Kunststoffstab mit
einer Glimmlampe be-
rührt, so leuchtet die
Glimmlampe an entge-
gengesetzten Enden auf.
Beim geriebenen Glasstab
leuchtet wie am Minuspol
der Quelle das abgewandte Ende
der Glimmlampe auf, beim Kunststoffstab das zugewandte. Der
Glasstab gibt also Elektronen ab,
der Kunststoffstab dagegen nimmt
Elektronen auf.
Wird der Stab ein zweites Mal an
der gleichen Stelle berührt, so ist
kein Aufblitzen mehr zu sehen.

Diese Beobachtung lässt sich so erklären:
Durch das Reiben des Glasstabes
mit dem Seidentuch werden Elektronen vom Glasstab an das Seiden-

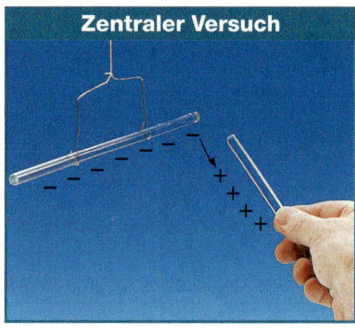

Zentraler Versuch

tuch abgegeben. Das Tuch hat danach mehr Elektronen als im Nor-
malzustand, der Glasstab weniger
– das Tuch hat *Elektronen-
überschuss*, der Glasstab *Elektronenmangel*. Solche Körper werden
geladen genannt. Der mit Elektronen beladene Körper wird als negativ ⊖ geladen bezeichnet, der mit
Elektronenmangel als positiv ⊕ geladen.

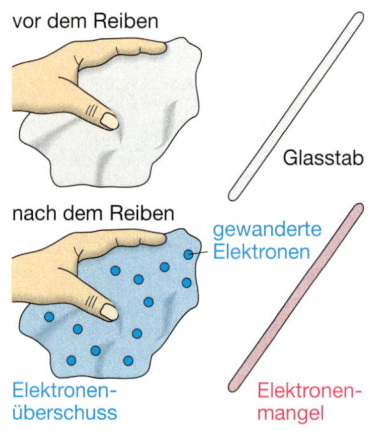

vor dem Reiben

Glasstab

nach dem Reiben

gewanderte
Elektronen

Elektronen-
überschuss

Elektronen-
mangel

Welche Eigenschaften haben geladene Körper? Das zeigt ein mit Elektronen aufgeladener, frei beweg-
licher Kunststoffstab. Er wird
● von einem zweiten negativ
  geladenen Kunststoffstab abgestoßen;
● von einem positiv geladenen
  Glasstab angezogen.

Geladene Körper üben also Kräfte
aufeinander aus, auch ohne sich zu
berühren. Dies zeigt, dass die geladenen Körper unterschiedliche
Qualitäten oder Eigenschaften haben, die durch eine neue physikalische Größe beschrieben werden
müssen.
Werden unterschiedlich geladene
Körper wieder zusammen gebracht,
so beeinflussen sie sich danach
nicht mehr. Die Körper sind elektrisch **neutral.**

> Körper sind negativ geladen,
> wenn sie zusätzliche Elektronen
> aufgenommen haben
> (Elektronenüberschuss).
> Körper sind positiv geladen,
> wenn sie Elektronen abgegeben
> haben (Elektronenmangel).
> Nicht geladene Körper sind
> elektrisch neutral.
> Gleich geladene Körper stoßen
> sich ab, verschieden geladene
> Körper ziehen sich an.

Eine Einheit für die Ladung

Wird eine Metallkugel mithilfe eines geriebenen und dadurch geladenen Kunststoffstabes aufgeladen und berührt sie dann eine zweite, ungeladene Metallkugel, so stoßen sich beide Kugeln ab. Wie ist das zu verstehen?

- Die eine Kugel wurde durch den Stab aufgeladen. Die Elektronen haben sich im Metall der Oberfläche gleichmäßig verteilt.
- Die zweite Kugel hat bei der Berührung Elektronen übernommen, die sich im Metall frei bewegen können.
- Beide Kugeln sind nun gleich geladen und stoßen sich ab.

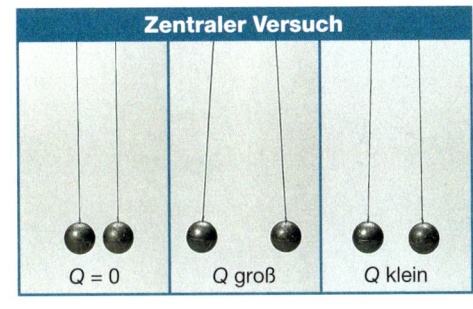

Zentraler Versuch

$Q = 0$ Q groß Q klein

Wird die erste Kugel mehrmals nacheinander mit einer ungeladenen Kugel berührt, so wird die abstoßende Wirkung geringer. Die Ladung der Ausgangskugel wird immer kleiner, da die Anzahl der Elektronen bei jeder Berührung abnimmt. Schließlich ist sie so klein, dass keine Kraftwirkung mehr erkennbar ist. Die Kraftwirkung geladener Körper aufeinander wird offensichtlich von der Anzahl „überschüssiger" Elektronen bestimmt.

Die Kraftwirkung hängt auch vom Abstand der beiden Kugeln ab: Werden zwei gleich geladene Kugeln nah zueinander gebracht, so stoßen sie sich stark ab. Werden sie voneinander entfernt, wird die Abstoßung geringer.

> **Ladung**
>
> Das Formelzeichen ist Q.
> Die Einheit ist 1 C (Coulomb).

Die Eigenschaft von Körpern, mehr oder weniger geladen zu sein, wird mit einer neuen Größe, der elektrischen **Ladung Q,** beschrieben. Ihre Einheit ist das **Coulomb (C)**, benannt nach dem französischen Physiker CHARLES AUGUSTE DE COULOMB (1736–1806), der viele Erkenntnisse über elektrische Ladungen und Kräfte gewonnen hat.

> Die elektrische Ladung ist eine Eigenschaft der Körper.

Das Elektroskop

Die abstoßende Wirkung gleich geladener Körper wird bei einem Elektroskop zum Vergleich ihrer Ladung genutzt.

Wird am oberen Ende des Metallstabes ein geladener Kunststoffstab entlanggestreift, so dreht sich der bewegliche Metallstab aus der Ruhelage. Das kommt daher, dass sich die Elektronen gleichmäßig auf Stab und Halterung verteilt haben. Beide sind danach negativ geladen. Deshalb stoßen sie sich ab. Je größer die Ladung des entlangstreifenden Körpers ist, desto größer ist auch der Ausschlag.

Mit einem Elektroskop können nur die Ladungen von Körpern verglichen werden. Eine Messung ist nicht möglich, da es nicht in Coulomb geeicht werden kann. Unabhängig davon, ob der Körper positiv oder negativ geladen ist, zeigt das Elektroskop bei gleicher Größe der Ladung einen gleich großen Ausschlag. Es zeigt nicht an, ob es sich um eine positive oder eine negative Ladung handelt.

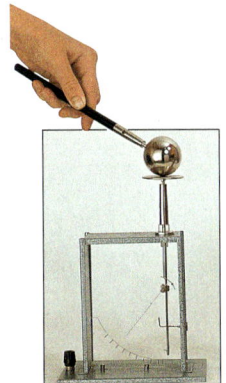

Aufgaben

1 Erläutere, wie festgestellt werden kann, ob ein Körper elektrisch geladen ist.

2 Links ist eine andere Form eines Elektroskops dargestellt. Erkläre seine Funktionsweise.

3 Erkläre, wie sich herausfinden lässt, ob ein Elektroskop positiv oder negativ geladen ist.

4 Wenn eine Metallplatte elektrisch geladen werden soll, muss sie mithilfe eines elektrisch nicht leitenden Stoffes gehalten werden, z. B. mit einem Holzgriff oder Kunststoffgriff. Begründe, warum das bei einer Glasplatte oder einer Kunststoffplatte nicht nötig ist.

5 Zwei Metallkugeln hängen an Seidenfäden und berühren sich. Die eine Kugel wird negativ geladen.
a) Beschreibe die Beobachtung.
b) Erkläre die Beobachtung.

Ladungen entstehen nicht – verschwinden nicht

Im zentralen Versuch pendelt eine Metallkugel zwischen zwei unterschiedlich geladenen Platten hin und her. Das Pendeln wird im Laufe der Zeit immer langsamer. Der Ausschlag der beiden Elektroskope nimmt ab; das zeigt, dass beide Platten immer weniger stark geladen sind.

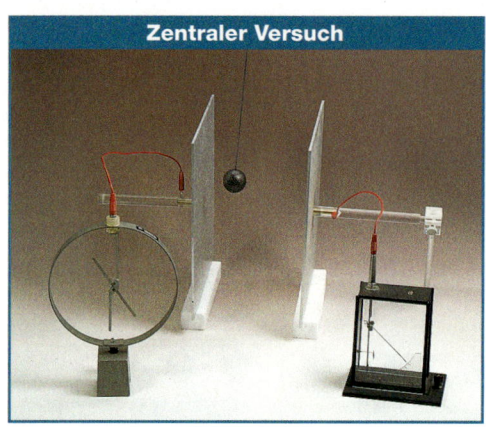

Zentraler Versuch

Die Kugel nimmt beim Berühren der negativ geladenen Platte Elektronen auf und gibt sie an die positiv geladene Platte ab. Sie gibt sogar mehr Elektronen ab als sie zuvor aufgenommen hatte. Deshalb ist sie positiv geladen und wird von der negativ geladenen Platte wieder angezogen. Die Kugel schwingt zurück und nimmt beim Berühren der negativ geladenen Platte wieder Elektronen auf. Das geht so lange weiter, bis fast alle überschüssigen Elektronen von der negativen Platte abgeführt sind. Der Ladungsausgleich wird durch die Kugel portionsweise vorgenommen.

Der Elektronenübergang von einem Körper zu einem anderen zeigt sich an der Abgabe bzw. Aufnahme von Ladung zwischen beiden Körpern. In dem Maß, in dem sich die Ladung eines Körpers erhöht, verringert sich die Ladung des anderen mitbeteiligten Körpers. Die Elektroskope zeigen an, dass genau die Ladung, die an der negativ geladenen Platte verschwunden ist, an der positiv geladenen ankommt. Die Summe der Ladung beider Körper bleibt gleich. Ladung verschwindet nicht, so wie sie nicht entsteht. Sie kann aber getrennt werden.

> Verändert ein Körper seine Ladung, so werden Elektronen und damit Ladung abgegeben oder aufgenommen.
> Die abgegebene Ladung eines Körpers ist gleich der aufgenommenen des anderen Körpers. Ladung kann nur getrennt, nicht erzeugt oder vernichtet werden. Sie bleibt stets erhalten.

Luft und Erde als Leiter

Oft lässt sich das Überspringen von Funken zwischen zwei geladenen Körpern beobachten. Werden die Körper danach auf ihren Ladungszustand überprüft, so sind sie elektrisch neutral. Es hat über die Luft ein Ladungsausgleich stattgefunden. Die Luft wird hierbei für kurze Zeit zu einem Leiter.

Ein Ladungsausgleich findet auch dann statt, wenn sich eine Flamme, Feuchtigkeit (also fein verteiltes Wasser oder Wasserdampf) zwischen geladenen Körpern befindet oder der Abstand zwischen diesen sehr klein ist.

Eine Entladung erfolgt auch, wenn eine metallische Leitung zur Erde vorhanden ist oder der geladene Körper mit der Hand berührt wird und über die Füße eine Verbindung zur Erde geschaffen wird. Die Erde hat nämlich die erstaunliche Eigenschaft, beliebig viele Elektronen aufnehmen und abgeben zu können.

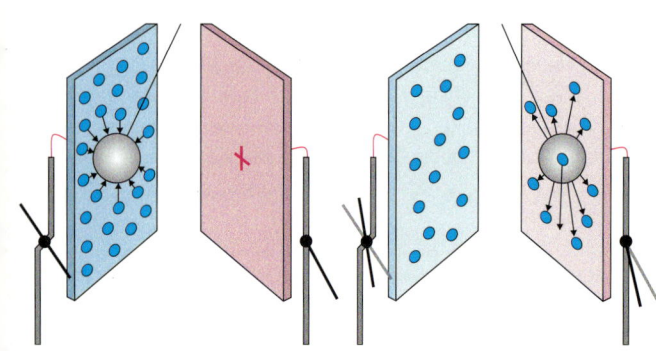

Aufgaben

1 Erkläre, warum es beim Berühren eines geladenen Metallkörpers mit einer Glimmlampe nur ein kurzes Aufblitzen und kein Dauerleuchten gibt.

2 **a)** Eine Kunststoff-Folie wird mit einem Wolltuch gerieben. Beschreibe die Veränderungen der beiden Körper.
b) Erkläre die Aufladung nicht leitender Körper durch Reiben mit einem anderen Körper.

3 Beschreibe, wann ein Körper elektrisch positiv und wann er elektrisch negativ geladen ist.

Der Bandgenerator

Mit einem Bandgenerator können Körper sehr stark aufgeladen werden. So funktioniert das Gerät:
Im unteren Teil streift ein Endlosband aus Gummi an einer Kunststoffrolle vorbei, die sich dadurch positiv auflädt. Ihr gegenüber befindet sich eine geerdete Metallschneide, aus der Elektronen auf das Band übergehen. Ein Metallrechen nimmt am oberen Ende die vom Band hochtransportierten Elektronen ab und leitet sie zu einer Metallkugel. Durch die Elektronenabgabe wird dieser Bandteil positiv geladen. Er zieht deshalb unten aus der Metallschneide weitere Elektronen an. Durch das Drehen des Bandes wird die Ladung auf der Kugel oben immer größer.

Das Mädchen steht auf einer Styroporplatte, weshalb sie vom Boden (Erde) isoliert ist. Über Hand und Arm wird ihr ganzer Körper vom Bandgenerator negativ aufgeladen – auch jedes einzelne Haar. Wegen der Abstoßungskräfte sträuben sich die Haare.

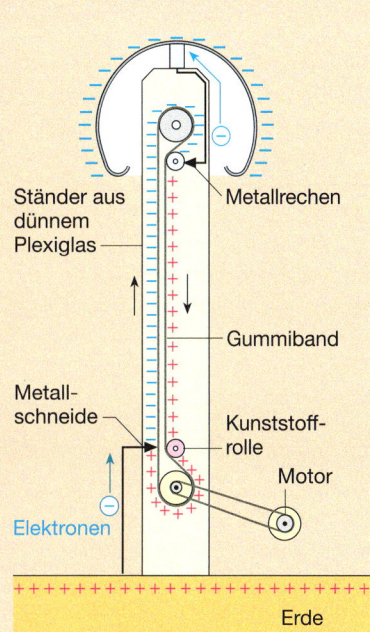

Ständer aus dünnem Plexiglas — Metallrechen — Gummiband — Metallschneide — Kunststoffrolle — Motor — Elektronen — Erde

Elektrische Ladung

V1 a) Reibe einen aufgeblasenen Luftballon an einem Wollpullover und bringe ihn danach an den Ärmel. Beschreibe und erkläre deine Beobachtung.
b) Reibe zwei Luftballons, die jeweils an Fäden befestigt sind, an einem Pullover. Hänge dann beide nebeneinander auf. Beobachte und erkläre.
c) Vergleiche die Ergebnisse von a) und b).

V2 a) Sicher hast du schon bemerkt, dass Papier an einer Folie auch ohne Klebstoff „klebt". Das kannst du auch erreichen, indem du eine auf Papier liegende Folie mit einem Wolltuch reibst. Ziehe dann die Folie vom Papier ab und hänge Papier und Folie nebeneinander auf. Beobachte.

b) Lege zwei Folienstreifen nebeneinander auf das Papier und reibe sie mit einem Wolltuch. Ziehe dann beide Streifen ab und hänge sie nebeneinander auf. Beobachte.
c) Vergleiche die Ergebnisse von a) und b) und erkläre sie.

V3 Schneide eine Zeitungsseite wie einen Kamm in schmale Streifen, sodass die Streifen etwa 15 cm lang sind. Lege die Zeitung dann auf eine trockene, kunststoffbeschichtete Tischplatte. Streiche mit einem Stück Fell fest über die Zeitung. Sie muss fest an der Tischplatte kleben. (Gegebenenfalls Fell und Zeitung auf der Heizung zu trocknen.) Ziehe die Zeitung von der Tischplatte ab. Wie verhalten sich die Zeitungsstreifen, wenn du die Zeitung hochhältst? Erkläre.

V4 Baue das Elektroskop entsprechend der Abbildung rechts nach. Überprüfe damit verschiedene Körper auf ihre elektrische Ladung, z. B. eine mit einer Kleiderbürste geriebene Postkarte, eine Zeitungsseite, einen am Pullover geriebenen Füllfederhalter, einen Kamm aus Kunststoff, eine mit einem Seidentuch geriebene Glasplatte.

Schraub — Lametta faden — Marme ladenglas

V5 Nimm eine Dose aus durchsichtigem Kunststoff, säubere und trockne sie. Lege Prüfteilchen wie Papierschnitzel, Holundermark, Watteteilchen, Teeblätter in die Dose und verschließe sie. Reibe dann mit der trockenen Hand über den Deckel. Beobachte und erkläre.

Atombau und Ladung

Jeder Körper besteht aus winzig kleinen Teilchen – Atomen oder Molekülen – die in einer ganz bestimmten Weise angeordnet sind. Die Ladung eines Körpers kommt dadurch zustande, dass von den Teilchen Elektronen aufgenommen oder abgegeben werden. Weil das Elektron negativ geladen ist, fehlt dem Körper bei Abgabe von Elektronen negative Ladung – er bleibt positiv geladen zurück. Dies lässt vermuten, dass auch die **Atome** eines Körpers elektrische Eigenschaften haben.

Forschungen in der Physik haben gezeigt, dass die Atome aus einem *Kern* und einer *Hülle* bestehen.
- Die Elektronen bilden die Hülle des Atoms.
- Entsprechend der Anzahl der Elektronen ist die Hülle mehr oder weniger negativ geladen.
- Da das Atom aber nach außen neutral ist, muss der Atomkern eine gleich große positive Ladung haben.

Besteht die Hülle z. B. aus sieben Elektronen, so hat der Atomkern eine positive Ladung, die siebenmal entgegengesetzt so groß ist wie die Ladung eines Elektrons. Jede elektrische Ladung ist ein Vielfaches der Ladung eines Elektrons. Weil es keine kleinere Ladung als die des Elektrons gibt, wird die Ladung des Elektrons **Elementarladung** genannt.

Mit dieser Vorstellung vom Atombau können die Beobachtungen der Experimente erklärt werden:
- Durch Reiben eines Glasstabes mit einem Tuch werden einige Elektronen aus den Hüllen der sich an der Oberfläche befindenden Atome herausgelöst. Diese gehen auf das Tuch über und lagern sich dort in den Atomhüllen zusätzlich an. Damit hat der Glasstab insgesamt weniger Elektronen als vorher, das Tuch mehr. Was der Glasstab an (negativer) Ladung abgibt, bekommt das Tuch dazu. Beide haben eine gleich große, aber entgegengesetzte Ladung.
- In Metallen sind nicht alle Elektronen fest an ihr Atom gebunden, einige können sich frei zwischen den Atomen bewegen. Daher sind Metalle gute elektrische Leiter. Berührt eine Metallkugel den negativen Pol einer elektrischen Quelle, so fließen Elektronen auf das Metall. Dadurch wird die Anzahl der Elektronen erhöht. Die vorher elektrisch neutrale Kugel ist jetzt negativ geladen.

In beiden Fällen – Kugel und Glasstab – wird die Zahl der *Elektronen* des Körpers verändert, die Zahl der Atome (und damit auch der Atomkerne) bleibt gleich. Überwiegt die negative Ladung der Elektronen, ist der Stab negativ geladen; überwiegt die positive Ladung der Atomkerne, ist er positiv geladen.

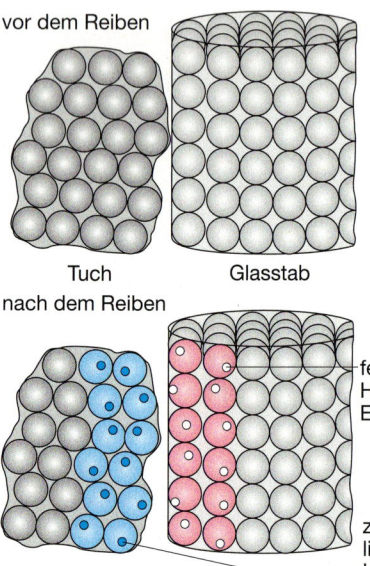

vor dem Reiben

Tuch   Glasstab

nach dem Reiben

fehlen Hüllen Elektro

zusätzliches Hüller Elektro

Jedes neutrale Atom kann ein, zwei oder mehr Elektronen in seine Hülle aufnehmen oder abgeben. Es wird dadurch zu einem einfach, zweifach oder mehrfach negativ oder positiv geladenen Atom. Solche positiv oder negativ geladenen Atome heißen **Ionen.**

> Atome bestehen aus einem Kern mit positiver Ladung und aus einer Hülle, die von negativ geladenen Elektronen gebildet wird. Bei einem neutralen Atom sind die positive Ladung des Kerns und die negative Ladung der Hülle entgegengesetzt gleich groß.

Aufgaben

1 Ein neutrales Atom hat in seiner Hülle acht Elektronen. Bestimme die Ladung des Kerns.

2 Ein neutrales Atom nimmt ein weiteres Elektron in seiner Hülle auf. Bestimme die Ladung des Atoms.

3 Eine Metallkugel ist positiv geladen worden. Erläutere,
a) wie sich die Anzahl der Elektronen der Kugel geändert hat,
b) wie die Ladung der Atomkerne.

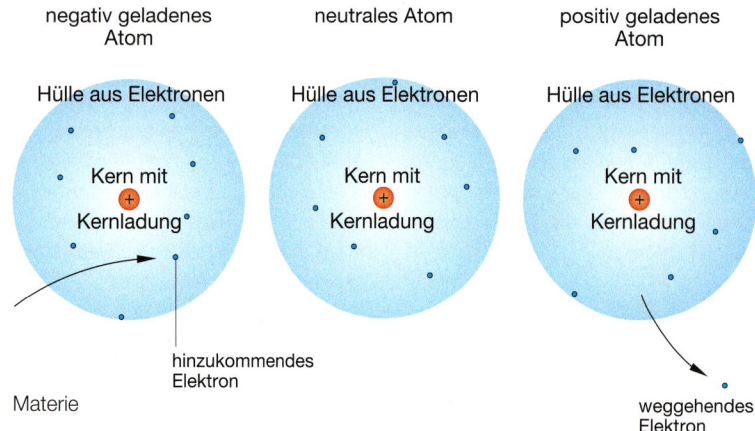

negativ geladenes Atom

Hülle aus Elektronen

Kern mit Kernladung

hinzukommendes Elektron

neutrales Atom

Hülle aus Elektronen

Kern mit Kernladung

positiv geladenes Atom

Hülle aus Elektronen

Kern mit Kernladung

weggehendes Elektron

„Geisterhafte" Bewegungen durch elektrische Kräfte — **Streifzug**

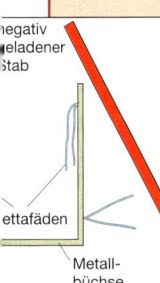

negativ geladener Stab

Plettafäden

Metall-büchse

Influenz

Streifen aus Aluminiumfolie werden, wie in der Skizze dargestellt, an einer Metalldose befestigt. Wird der Dose ein geladener Kunststoffstab genähert, so spreizt sich der Faden auf „geisterhafte" Weise ab, obwohl der Stab die Dose nicht berührt und somit keine Ladung von dem Stab auf die Dose übergegangen sein kann. Ein nichtgeladener Stab verursacht keine Bewegung des Fadens.

Da die Wirkung durch einen geladenen Körper hervorgerufen wird, müssen elektrische Kräfte die Ursache der Bewegung sein. Dose und Faden stoßen sich ab. Daher müssen sie gleichnamige Ladungen tragen, obwohl keine Ladung zu- oder abgeführt wurde. Die Dose und der Aluminiumfaden bestehen aus Metall. Darin liegt des Rätsels Lösung. Elektronen sind in Metallen frei beweglich. Wird z. B. der negativ geladene Kunststoffstab der Metalldose genähert, so werden die Elektronen im Metall abgestoßen und bewegen sich von dem Stab weg. Dadurch gelangen sie in den Teil der Dose, der sich auf der anderen Seite des Stabes befindet. Daher gibt es dann dort einen Elektronen-

überschuss sowohl in diesem Teil der Dose als auch im Aluminiumfaden. Beide sind jetzt negativ geladen und stoßen sich daher ab. Der dem Stab zugewandte Teil der Dose ist positiv geladen, da die Elektronen dort fehlen. Wird der Stab wieder entfernt, fließen die Elektronen wieder zurück. Dann ist jeder Teil der Dose und des Aluminiumfadens wieder neutral.

Diese Form der Ladungstrennung durch berührungsloses Verschieben der Elektronen in einem Leiter heißt **Influenz.** Mithilfe der Influenz können Körper auch aufgeladen werden. Wird den zwei Metallkugeln eine negativ geladenen Folie genähert (Bild rechts), so strömen Elektronen auf die Kugel, die der Folie abgewandt ist. Werden die Kugeln in Anwesenheit der Folie getrennt, so ist die eine negativ und die andere positiv geladen.

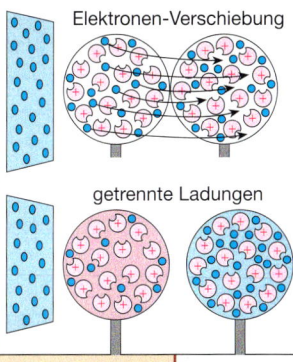

Elektronen-Verschiebung

getrennte Ladungen

Polarisation

Bei Nichtleitern (Isolatoren) sind die Elektronen nicht frei beweglich. So behält ein geladener Kunststoffstab seine Ladung, auch wenn er an einem Ende angefasst wird. Wird ein geladener Kunststoffstab über Papierschnipsel gehalten, so werden auch diese von ihm angezogen, obwohl es keine frei beweglichen Elektronen im Papier gibt.

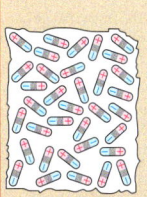

ohne Folie: keine Anziehung — mit negativer Folie: Anziehung

Die Vorgänge im Papier lassen sich aber mit folgender **Modellvorstellung** verstehen: Das Papier besteht aus länglichen Teilchen, die an einem Ende positiv und am anderen Ende negativ geladen sind. Da sie zwei Pole besitzen, werden sie *Dipole* (Zweipole) genannt. In Anwesenheit einer geladenen Folie bewirken die elektrischen Kräfte, dass sich die Dipole ausrichten. Dieses Phänomen ist vergleichbar mit einem Stück Eisen, das sich in der Nähe eines Magneten befindet. Die magnetischen Kräfte bewirken, dass sich die Elementarmagnete ausrichten, da sie einen Nord- und einen Südpol besitzen. Das Stück Eisen wird selbst zu einem Magneten, sodass Magnet und Eisenstück sich anziehen. Im elektrischen Fall

besitzt der Isolator elektrische Dipole, die sich in Anwesenheit eines elektrisch geladenen Körpers ausrichten. Es kommt zur Anziehung.

Allerdings muss bei Modellvorstellungen immer beachtet werden, dass sie bestimmte Sachverhalte erklären können, andere aber nicht. So führt zum Beispiel die fortwährende Teilung eines Magneten zu den Atomen – die als Stabmagnete gedachten Elementarmagnete gibt es nicht; aber das Modell erklärt die Anziehung bzw. die Magnetisierung von Eisen einleuchtend. Im Gegensatz dazu gibt es die elektrischen Dipole in Wirklichkeit und nicht nur als Modell wie die Elementarmagnete.

Streifzug   Homo electrificatus

STEPHEN GRAY, ein englischer Sonderling, beschäftigte sich um 1729 mit elektrischen Versuchen. Dabei entdeckte er, dass es Stoffe gibt, durch welche sich der elektrische Strom ausbreiten kann, und andere, welche seine Ausbreitung verhindern.

So fand er, dass Flüssigkeiten wie Seifenlauge und Wasser den elektrischen Strom leiten. Wenn der Mensch ein „wässriges Wesen" ist, so dachte er,

muss sich auch im Menschen „Elektrizität", also Elektronen weiterleiten lassen. Dies führte er seinen Zuschauern auf besondere Art vor: Er hängte einen kleinen Jungen waagerecht auf, sodass der Knabe bäuchlings in isolierenden Seilen hing. Darunter streute er allerlei kleine Krümel. Wenn er einen geladenen Stab oder eine geladene Glasröhre an den Fußsohlen des Knaben abstreifte, dann flitzten die Krümel dem Jungen ins Gesicht und an die Hände. Auch Funken konnte er aus seiner Nase ziehen.

Mit solchen Experimenten ließen sich in jener Zeit die Damen und Herren in den vornehmen Salons unterhalten. Dies trug aber auch dazu bei, elektrische Erscheinungen bei vielen Leuten bekannt zu machen, die kaum Interesse an der Physik hatten.

Früher lebten Wissenschaftler gefährlich!

Schon sehr früh wurden Blitze mit der „Elektrizität" in Verbindung gebracht. Hier ist besonders der amerikanische Drucker und Staatsmann BENJAMIN FRANKLIN (1706–1790) zu nennen, der sich auch mit der Untersuchung elektrischer Erscheinungen einen Namen gemacht hat. „Elektriziät" wurde durch Reiben von Glas- oder Schwefelkugeln „gewonnen" und in entsprechenden Gefäßen „gesammelt".

FRANKLIN wies nach, dass auch der Blitz aus dieser „Elektrizität" besteht. Dazu musste er den Blitz in das Gefäß hineinleiten. Er nutze einen Drachen, der an einer leitenden Schnur hing, die in das Gefäß hineinführte. So konnte er die „Elektrizität" des Blitzes einsammeln.

Wie gefährlich dies war, mussten sehr tragisch G. W. RICHMANN, ein namhafter, aus Deutschland stammender Physiker und sein Assistent bei Experimenten in St. Petersburg 1753 erfahren. Sie näherten sich während eines Gewitters einem durch das Labor führenden isolierten Blitzableiter und wurden prompt durch einen Blitz getötet.

Blitz und Blitzschutz

Der Blitz war schon immer ein Naturschauspiel besonderer Art. Wie entstehen Blitze?

Durch die Bewegung von aufsteigenden Wassertröpfchen und herunterfallenden Hagelkörnern erfolgt eine Ladungstrennung in den Gewitterwolken. Eine sehr häufig anzutreffende Verteilung der Ladung ist im Bild unten dargestellt. Die große Ladung der Gewitterwolken erzeugt am Erdboden eine ebenso große, entgegengesetzte Ladung. Wie bei einem Funken kann nun der Ladungsausgleich durch die Luft erfolgen: Es entsteht ein Kanal in der Luft, in welchem sich Elektronen und andere geladene Teilchen von der Gewitterwolke zur Erde bewegen. Durch den Strom wird die Luft so heiß, dass sie Licht aussendet. Der Ladungsausgleich zwischen Erde und Wolke dauert nur 0,000 04 s, während ein Blitz etwa 0,1–0,2 s leuchtet.

Trifft ein Blitz einen Menschen, ein Tier oder eine Pflanze, so werden sie durch die großen elektrischen Ströme verbrannt, getötet bzw. zerstört. Dabei können Temperaturen bis zu 30 000 °C auftreten.

Blitzableiter

Wird dem Blitz ein besonders einfacher Weg zur Erde in Form eines dicken Drahtes angeboten, so kann der Ladungsausgleich gefahrlos erfolgen. Bei kleineren Häusern genügt ein Draht auf dem Dachfirst und eine Spitze am Schornstein; große Gebäude werden von einem „Drahtkäfig" umspannt.

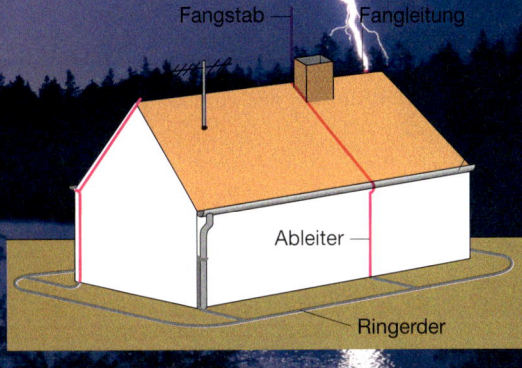

Fangstab — Fangleitung

Ableiter —

Ringerder

Schutzmaßnahmen

Befindest du dich bei Gewitter im Haus, solltest du dich von Wasserhähnen fern halten, da die zwangsläufig geerdeten Wasserleitungen vom Blitz auch als „Bahn" genutzt werden können.

Beim Aufenthalt im Freien während eines Gewitters sind folgende Vorsichtsmaßnahmen zu beachten:
- Weit entfernt halten von metallischen Türmen, Fahnenstangen usw.
- Nie unter einen Baum stellen (auch nicht unter Buchen!).
- Auf freiem Feld oder Wiesen nicht aufrecht gehen oder stehen. Besser sich hinlegen oder hinducken mit geschlossenen Beinen, möglichst in eine Mulde.
- Vom Fahrrad absteigen und das Rad zur Seite legen.
- Alle metallischen Gegenstände wie Schirme, Kameras etc. von sich entfernen.
- Nicht von außen an ein Auto anlehnen. Im Inneren des Autos ist man durch die metallische Karosserie geschützt.
- Nicht im See baden.
- Wenn möglich sehr nassen Untergrund meiden.

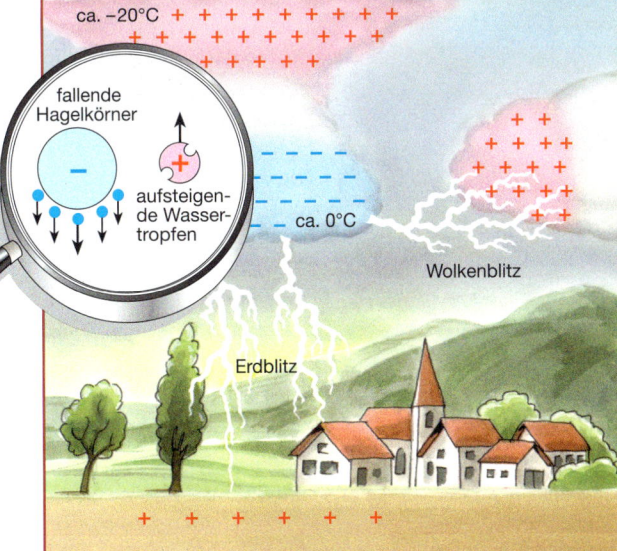

ca. −20°C

fallende Hagelkörner

aufsteigende Wassertropfen

ca. 0°C

Wolkenblitz

Erdblitz

Die elektrische Stromstärke

Je nach der gewählten Kochstufe glühen die Heiz-spiralen im Ceranfeld hellgelb oder dunkelrot. Über die Kochstufe wird die Stromstärke für die Koch-platten eingestellt. Unterschiedlich starke elektrische Ströme haben also unterschiedlich große Wirkungen. Welche Möglichkeiten gibt es, die Stromstärke zu messen? Wie kann die Stärke des elektrischen Stroms im Elektronenbild veranschaulicht werden?

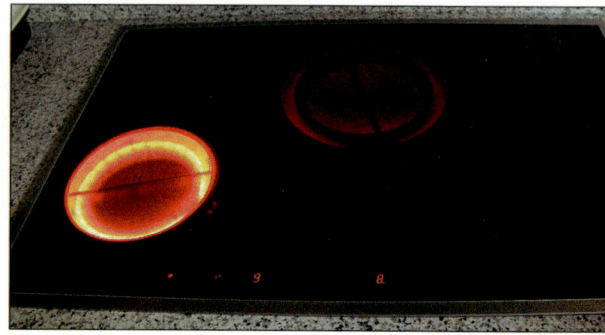

Fließende Elektronen im Stromkreis

Das folgende Experiment liefert Hinweise darauf, dass die Vorstellung sich bewegender Elektronen bei einem elektrischen Strom sinnvoll und vernünftig ist.

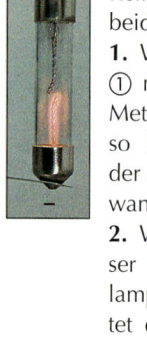

In einem Experiment werden zwei Glimmlampen in Reihe geschaltet. Der Stromkreis wird zwischen den beiden Glimmlampen unterbrochen.

1. Wird die Glimmlampe ① mit einer isolierten Metallkugel berührt, so leuchtet sie an der der Kugel abge-wandten Seite auf.

2. Wird nun mit die-ser Kugel die Glimm-lampe ② berührt, so leuch-tet diese an der der Kugel zugewandten Seite kurz auf. Dieser Vorgang kann lau-fend wiederholt werden; da-bei zeigt sich:

● je schneller dies ge-schieht, desto häufiger leuchten die Glimmlam-pen auf;

● je größer die Kugel, umso heller leuchten die Glimmlampen.

Wie kann diese Beobachtung erklärt werden?

Das Aufblitzen der Glimmlampe zeigt einen Stromfluss, also die Bewegung von Elektronen, an. Im 1. Fall müs-sen sich Elektronen zur Kugel bewegt haben; somit müssen sich mehr Elektronen auf der Kugel befinden als vorher. Die Kugel ist *geladen* worden. Die mit Elektro-nen beladene Kugel kann Elektronen wieder abgeben, wenn sie an das andere Ende des offenen Stromkreises gehalten wird (2. Fall). Das kurze Aufleuchten zeigt dies an. Ein erneutes Berühren mit derselben Kugel ruft kein weiteres Aufblitzen hervor. Es stehen offensichtlich

keine „überschüssigen" Elektronen mehr zur Verfügung, die einen Stromfluss bewirken könnten. Die Kugel ist *entladen*.

Eine größere Kugel nimmt mehr Elektronen auf. Das stärkere Aufleuchten der Glimmlampen zeigt es an. Die Kugel kann „mehr" oder „weniger" geladen werden. Auf diese Weise können bei einer Bewegung mehr oder weniger Elektronen übertragen werden.

Der unterbrochene Strom-kreis wurde durch „manu-ellen" Transport der Elek-tronen „geschlossen". Wer-den die beiden Glimm-lampen durch einen Draht verbunden, leuchten beide ohne Unterbrechung. Im geschlossenen Stromkreis werden laufend Elektronen vom Minus- zum Pluspol verschoben. Es fließt ein gleichmäßiger, ununterbro-chener elektrischer Strom.

Die aufgestellte Vermutung über die Elektronenbe-wegung bei elektrischem Stromfluss erweist sich als anwendbar. Die Richtung von ⊖ nach ⊕ ist damit be-stätigt worden.

Elektrischer Strom ist tatsächlich die Bewegung von Elektronen.

Die Wirkungen des elektrischen Stromes werden durch die Bewegung der Elektronen in den Drähten der Elektrogeräte hervorgerufen.

Eine Einheit für die elektrische Stromstärke

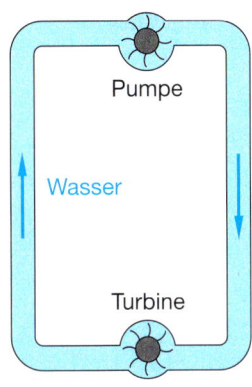

Pumpe

Wasser

Turbine

Da sich das Strömen der Elektronen nicht beobachten lässt, hilft es häufig, sich dieses mithilfe von fließendem Wasser vorzustellen:
Die Pumpe treibt das Wasser durch die Röhren wie eine elektrische Quelle die Elektronen durch die leitenden Verbindungsdrähte. Die Wirkung des Wassers kann an der sich drehenden Turbine beobachtet werden. Im elektrischen Fall führt der Stromfluss durch ein Gerät zu einer beobachtbaren Wirkung. Die Wassermenge im Kreislauf ändert sich nicht. Es gibt keine Anhäufungen, keine Verdünnungen, aber auch keine Staus.

> **Elektrische Stromstärke**
>
> Das Formelzeichen ist $I = \frac{Q}{t}$.
> Die Einheit ist 1 A (Ampere): $1\,A = 1\,\frac{C}{s}$.
>
> Weitere Einheiten:
> Milliampere: $1\,mA = \frac{1}{1000}\,A$
> Mikroampere: $1\,\mu A = \frac{1}{1000\,000}\,A$

Die Messung der Stromstärke kann damit auf eine Ladungs- und Zeitmessung zurückgeführt werden: Die elektrische Stromstärke ist definiert als Quotient aus der durch die fließenden Elektronen transportierten Ladung Q und der Dauer t des Stromflusses:
$$I = \frac{Q}{t}.$$

Wie viel Wasser strömt, kann beim Füllen eines Gefäßes verdeutlicht werden: Je geringer der Wasserhahn aufgedreht ist, desto länger dauert das Füllen. Aus der Füllmenge und der dafür benötigten Zeit kann die Wasserstromstärke ermittelt werden z. B. als Liter pro Sekunde. Weil in 1 ℓ Wasser 15 Quadrillionen Wasserteilchen enthalten sind, bedeutet $1\,\frac{\ell}{s}$ auch 15 Quadrillionen Teilchen je Sekunde.

Zentraler Versuch

0,1 ℓ in 1 s   0,3 ℓ in 1 s

> Die elektrische Stromstärke gibt an, wie viele Elektronen in einer bestimmten Zeit an einer Stelle des Stromkreises vorbeiströmen.

Im elektrischen Stromkreis fließen Elektronen, die von der Quelle in Bewegung gesetzt werden. Eine entsprechende Wirkung, z. B. das Aufleuchten einer Lampe, kann sofort nach Schließen des Stromkreises wahrgenommen werden.
Eine Möglichkeit zur Bestimmung der Größe der **elektrischen Stromstärke** wäre das Zählen der Elektronen, die in einer bestimmten Zeit an einer Stelle des Stromkreises vorbeiströmen. Werden viele Elektronen in einer Sekunde durch einen Querschnitt des Leiters geschoben, ist die Stromstärke groß; sind es nur wenige, ist sie klein.

Einzelne Elektronen rufen bei ihrer Bewegung im elektrischen Stromkreis keine wahrnehmbare Wirkung hervor. Erst die Bewegung von sehr vielen Elektronen führt zu beobachtbaren Wirkungen. Deshalb sind es sehr große Portionen von Elektronen, die die Wirkungen des elektrischen Stromes hervorrufen. Wenn 6 240 000 000 000 000 000 (das sind 6,24 Trillionen) Elektronen in jeder Sekunde an einer Stelle des Stromkreises vorbeifließen, ist das eine Stromstärke von **1 Ampere (1 A).** Das ist die Stromstärke, die etwa bei einem Haartrockner bei Stufe 1 auftritt. Die Einheit Ampere ist nach dem französischen Physiker ANDRÉ MARIE AMPÈRE (1775–1836) benannt.

Aufgaben

1 Berechne, wie viele Elektronen bei einer Stromstärke von 0,5 A in jeder Sekunde vorbeiströmen.

2 12,48 Trillionen Elektronen fließen pro Sekunde. Bestimme die gemessene Stromstärke.

3 Vergleiche, wie sich die Stromstärken unterscheiden,
a) wenn 12 Trillionen Elektronen in zwei Sekunden
b) wenn 18 Trillionen Elektronen in drei Sekunden
durch einen Draht fließen.

4 An einem Strommessgerät werden 36 mA abgelesen. Rechne um in A.

5 Erläutere die Aufschrift (6 V|0,5 A) auf einem Fahrradlämpchen.

6 Ein Durchlauferhitzer für ein Waschbecken liefert 1,8 ℓ Warmwasser pro Minute. Gib die Wasserstromstärke in der Einheit $\frac{\ell}{s}$ an.

Messung der elektrischen Stromstärke

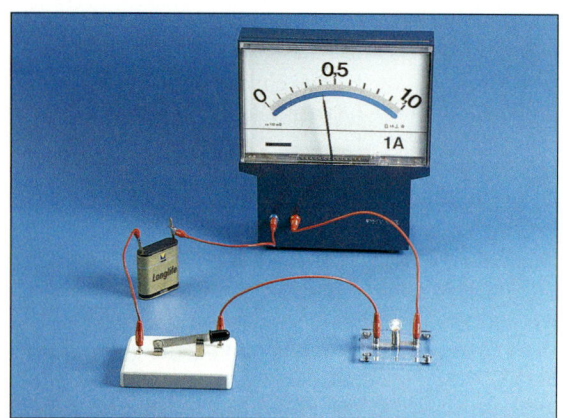

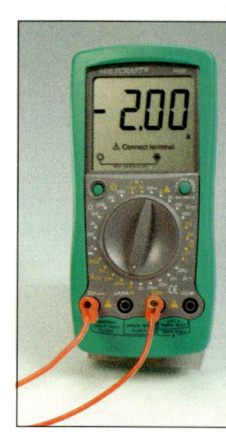

In der Praxis haben sich Messgeräte mit verschiedenen Messbereichen und Anzeigen bewährt:

- *Analog anzeigende Geräte* haben einen Zeiger und oft mehrere Skalen. Je nach dem eingestellten Messbereich muss eine Umrechnung des angezeigten Skalenwertes in den tatsächlichen Messwert erfolgen.
- Bei *digital anzeigenden Geräten* wird der gemessene Wert als Zahl in einem Display ausgegeben.

Zur Messung der Stromstärke wird der Stromkreis an einer Stelle „aufgetrennt" und die entstehende Lücke mit dem Messgerät geschlossen. So fließen alle Elektronen auch durch das Messgerät und können dort registriert werden. Die Stromstärke im Stromkreis kann dann am Messgerät abgelesen werden.

> Elektrische Strommessgeräte werden immer mit den Geräten im Stromkreis in Reihe geschaltet.

Aufgaben

1 **a)** Bestimme die angezeigte Stromstärke bei dem analogen Messgerät unten. Achte auf den eingestellten Messbereich.
b) Gib die Stromstärke (bei gleicher Zeigerstellung) an, wenn der Messbereich auf 100 mA bzw. 3 A eingestellt wäre.
c) Gib an, in welchem Messbereich ein Strom der Stärke 0,12 A gemessen werden sollte.
d) Erläutere die Verwendung der roten Skalen.
e) Begründe, weshalb immer zunächst der höchste Messbereich eingestellt werden sollte.

Werkzeug — Umgang mit dem Strommessgerät

- Schaltzeichen:
- Schalte den Strom aus, bevor du ein Messgerät anschließt.
- Schalte das Messgerät nie allein in einen Stromkreis, sondern nur in Reihe mit einem Gerät.
- Die ⊕ Buchse (rot) muss an den Pluspol angeschlossen werden.
- Wähle bei einem Vielfachmessgerät die richtige Einstellung: A – für Gleichstrom, A ~ für Wechselstrom.
- Stelle zuerst immer den höchsten Messbereich ein, wenn du keine Abschätzung hast, wie groß der Messwert etwa sein könnte.
  Verringere den Messbereich dann so lange, bis ein gut ablesbarer Messwert zu beobachten ist.
- Entferne das Messgerät aus dem Stromkreis erst dann, wenn der Strom wieder ausgeschaltet ist.

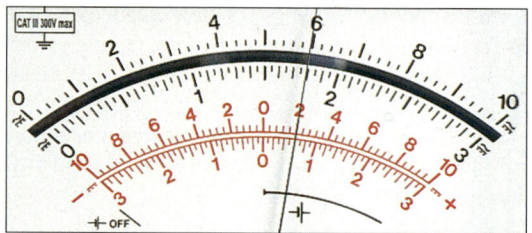

- Bei analogen Messgeräten immer senkrecht auf den Zeiger schauen und den abgelesenen Skalenwert unter Beachtung des Messbereichs richtig umrechnen.

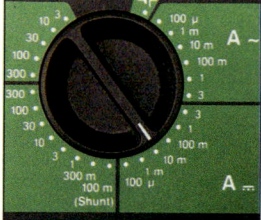

Beispiele für Stromstärken

Stromstärken können sehr unterschiedlich sein. In den Nervenbahnen des Menschen fließen nur Bruchteile von Milliampere, während bei Gewitterblitzen elektrische Ströme von 20 000 A und mehr fließen können. Die Gefährdung des Menschen hängt sehr von der Zeit ab, die ein elektrischer Strom durch den Körper fließt und davon, welche Organe direkt in der leitenden Verbindung liegen.

Nebenstehende Tabelle gibt Auskunft, welche Geräte welche Stromstärke benötigen.

Stromstärken über ca. 10 mA sind schmerzhaft. Überschreiten sie 50 mA sind sie gesundheitsschädlich oder sogar tödlich.

Gerät	Stromstärke
LED	0,003 bis 0,35 A
Mobiltelefon	0,02 bis 0,05 A
Fahrradlampe	0,1 bis 0,5 A
Sparlampe	0,03 bis 0,1 A
Glühlampe	0,1 bis 5 A
Kühlschrank	0,07 bis 0,2 A
Föhn, Staubsauger	1 bis 6 A
Geschirrspüler Waschmaschine	10 bis 16 A
Straßenbahn	100 bis 400 A
Anlasserstrom beim Pkw	350 A
Aluminiumherstellung	10 000 A
Gewitterblitz	20 000 A
Elektro-Schmelzofen (Edelstahlherstellung)	bis 100 000 A

Stromstärken in Computern

Die Prozessoren moderner Computer steuern ihren Strombedarf je nach angeforderter Rechenleistung. Das spart Stromkosten und vermindert das Aufheizen des Bauteils.

Die Stromänderungen erfolgen dabei im Millisekunden-Takt. Aus diesem Grund sind rund um den Prozessor Hochleistungskondensatoren angebracht, die die benötigten elektrischen Ladungen in diesen kurzen Zeiträumen zur Verfügung stellen können. Dabei werden Stromstärken um 100 A im Prozessor erreicht!

Elektrodenschweißen – heiß muss es werden!

Beim Schweißen muss es heiß werden, schnell und auf den Punkt genau. Das zu schweißende Werkstück soll schließlich an der Schweißstelle so stark erhitzt werden, dass das Eisen dort schmilzt und sich die beiden Teile dauerhaft und fest miteinander verbinden.

Beim Elektrodenschweißen wird dieses Ziel dadurch erreicht, dass die Wärmewirkung eines Stromes hoher elektrischer Stromstärke auf eine kleine Stelle konzentriert wird. Schon einfache Heimwerkergeräte liefern Stromstärken von 160 A bis 250 A. Solch starke Ströme fließen durch Elektrode und Werkstück, denn dieses ist über ein Kabel mit einer Zwinge Teil des Stromkreises. An der Berührungsstelle entstehen Temperaturen von mehr als 4000 °C, die sowohl die Elektrodenspitze als auch das Eisen des Werkstückes zum Schmelzen bringen und die Naht damit dauerhaft verbinden.

Stromstärken in Stromkreisen

Die Messung der Stromstärke in einem Stromkreis mit nur einer einzigen Glühlampe (6 V | 0,1 A) zeigt, dass der Elektronenstrom immer gleich groß ist – egal wo gemessen wird: Vor und hinter der Lampe zeigen die Strommesser die Stromstärke $I_1 = I_2 = 0,1$ A an.

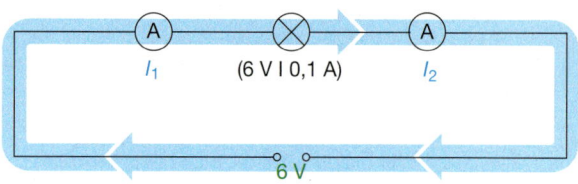

Reihenschaltung

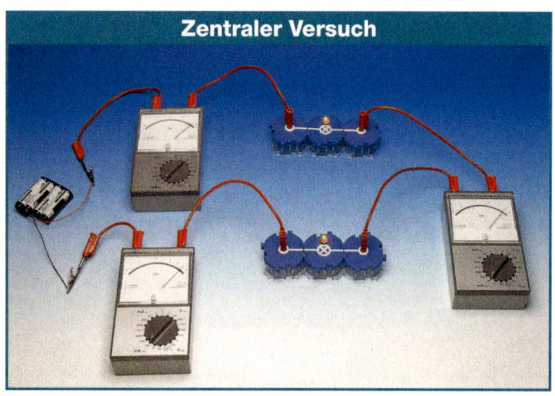

Zentraler Versuch

Ein Vergleich der Helligkeit der Lampen in einer Reihenschaltung von zwei gleichen Glühlampen (6 V | 0,1 A) mit der Helligkeit einer einzelnen Lampe bei gleicher Spannung zeigt: Die Lampen leuchten jetzt schwächer. Die elektrische Stromstärke muss geringer sein als bei der einzelnen Lampe, aber trotzdem an allen Stellen – vor der Lampe ①, zwischen der Lampe ① und der Lampe ② , nach der Lampe ② – gleich groß. An allen drei Messgeräten wird 0,05 A abgelesen.

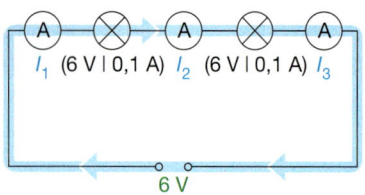

Daraus kann geschlossen werden, dass an allen Stellen des Stromkreises gleich viel Elektronen pro Sekunde vorbeifließen. Es gehen keine Elektronen verloren. Werden mehrere Lampen hintereinander geschaltet, so zeigen die Messinstrumente – bei gleicher Nennspannung der Quelle – eine geringere Stromstärke an als bei nur einer Lampe, der Elektronenstrom wird also schwächer.

> In einer Reihenschaltung ist die elektrische Stromstärke an allen Stellen gleich groß: $I_1 = I_2 = I_3 = \ldots$

Parallelschaltung

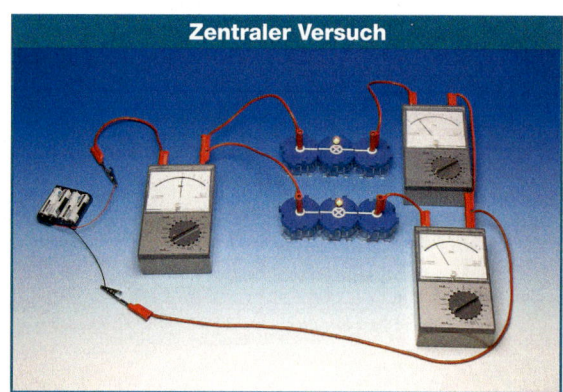

Zentraler Versuch

Werden die beiden Lampen parallel an die Batterie angeschlossen, so leuchten beide genau so hell wie die einzelne Lampe. Die Stromstärke müsste jeweils 0,1 A betragen. Dies zeigen auch die beiden Messgeräte an.

Die Stromstärke vor der Verzweigung muss so groß sein wie die Stromstärken in den beiden Zweigen zusammen, da sich der Elektronenstrom am Verzweigungspunkt (*Knoten*) teilt und keine Elektronen verloren gehen. Die Stromstärke nach der Vereinigung müsste die Summe aus den beiden Teilströmen sein, da die Elektronenströme an diesem Knotenpunkt wieder zusammenkommen und gemeinsam weiterfließen. Tatsächlich werden davor und dahinter 0,2 A gemessen.

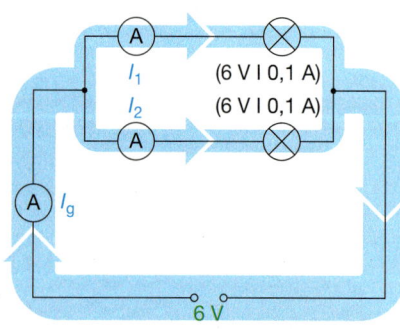

> **Knotenregel:** In einer Parallelschaltung ist die Stromstärke vor und nach den Knoten (Verzweigungen), die Gesamtstromstärke I_g gleich der Summe der Teilstromstärken I_1 und I_2: $I_g = I_1 + I_2 + \ldots$

Welche Stromstärken werden gemessen, wenn unterschiedliche Lampen oder Geräte parallel liegen – gilt also auch dann $I_g = I_1 + I_2 + \ldots$?
Eine Parallelschaltung mit zwei unterschiedlichen Lampen und einem kleinen Ventilator bestätigt diese Vermutung.

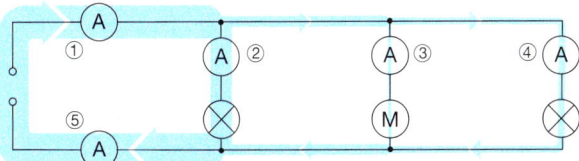

Bei Teilstromstärken von 0,3 A, 0,05 A und 0,1 A (Messgeräte ② bis ④) wird eine Gesamtstromstärke von 0,45 A gemessen und zwar wiederum vor und hinter den Verzweigungspunkten (Knoten). Die Gesamtstromstärke ist gleich der Summe der Teilstromstärken.

Die Stromstärke in den einzelnen Zweigen ist dabei geräteabhängig und unabhängig davon, ob zwei, drei oder mehr Geräte parallel geschaltet sind. Werden z. B. nur der Ventilator und die rechte Lampe parallel geschaltet, so betragen die Teilströme wie zuvor 0,05 A und 0,1 A; die Gesamtstromstärke ist die Summe dieser Werte, also 0,15 A.

Durch Parallelschalten von Elektrogeräten wird die Gesamtstromstärke in der Zuleitung zur Parallelschaltung also vergrößert. Das muss beim Betrieb von mehreren Geräten an einer Steckdose beachtet werden.

> Die Knotenregel gilt für beliebige Teilstromstärken.

Rechenbeispiel

An den Strommessgeräten werden die angegebenen Stromstärken gemessen. Bestimme die Stromstärke, die vom Messgerät ③ (I_3) angezeigt wird.

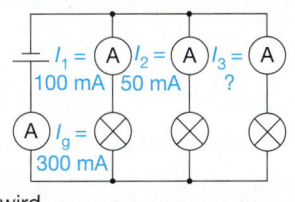

$I_1 = $ (A) 100 mA $I_2 = $ (A) 50 mA $I_3 = $ (A) ?

(A) $I_g = $ 300 mA

Lösung:
Bei Parallelschaltung gilt $I_g = I_1 + I_2 + I_3$.
Da I_g, I_1 und I_2 bekannt sind, ist die Formel nach I_3 umzustellen: $I_g - I_1 - I_2 = I_3$
$I_3 = 300\,\text{mA} - 100\,\text{mA} - 50\,\text{mA} = 150\,\text{mA}$

Das Messgerät zeigt eine Stromstärke von 150 mA an.

Aufgaben

1 Die Bilder zeigen Knotenpunkte von Strömungen. Erläutere an allen drei Beispielen die Knotenregel
$I_g = I_1 + I_2 + I_3 + \ldots$
Beginne: „Wenn am Knoten kein Stau entstehen soll, …"

2 Eine Küchenmaschine (0,4 A) und eine Kaffeemaschine (2,5 A) sind parallel geschaltet.
a) Berechne die Gesamtstromstärke, wenn beide an einer Mehrfach-Steckdose betrieben werden.
b) Fertige eine Schaltskizze an.

3 Messgerät ① zeigt $I_1 = 2\,\text{A}$ an, Messgerät ② $I_2 = 1,5\,\text{A}$. Ermittle die Anzeige von Messgerät ③.

4 a) Autoscheinwerfer sind parallel geschaltet. Ein Autofahrer bemerkt es selten sofort, wenn einer der Autoscheinwerfer ausgefallen ist. Erkläre dies.
b) Beurteile auch aus Sicht der Verkehrssicherheit den Vorschlag, die Autoscheinwerfer in Reihe zu schalten.

5 Eine elektrische Weihnachtsbaumbeleuchtung besteht aus zwölf in Reihe geschalteten Kerzen. Durch die erste Kerze fließt ein Strom von 0,1 A. Begründe, ob durch die elfte Kerze mehr, weniger oder gleich viele Elektronen pro Sekunde fließen im Vergleich zur ersten Kerze.

6 Bei einer Wohnzimmerbeleuchtung sind vier Halogenlampen mittels eines Schienensystems parallel geschaltet. Die Gesamtstromstärke beträgt 10 A. Bestimme die Stromstärke durch eine einzelne Lampe.

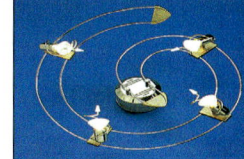

Versuche und Aufträge — Elektrische Stromstärke

V1 Schließe auf unterschiedliche Weise an eine elektrische Quelle nacheinander bis zu drei gleiche Glühlampen an.
a) Beobachte.
b) Erkläre deine Beobachtung.
c) Miss an sinnvollen Stellen die Stromstärken und begründe das Ergebnis mit der Knotenregel.

V2 Untersuche die Glühlampen, die in einer Fahrradbeleuchtung Verwendung finden.

a) Schließe die Lampen einzeln und in Reihe an eine Batterie an. Beobachte die Helligkeit.
b) Für die Scheinwerferlampe wird eine Stromstärke von 0,3 A und für die Rücklichtlampe von 0,1 A angegeben. Welche Gesamtstromstärke muss von dem Dynamo geliefert werden, wenn beide Lampen mit voller Helligkeit leuchten sollen?
c) Baue die Schaltung b) nach und beobachte wieder die Helligkeit.

V3 Baue die folgende Schaltung auf.

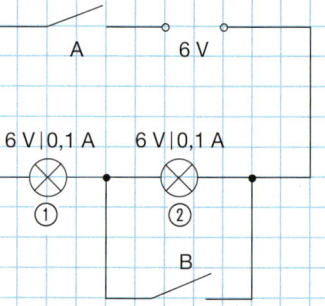

a) Überlege, wie die Helligkeit der Lampen ① und ② beim Schließen des Schalters A sein wird. Begründe.
b) Überprüfe durch Messen mit einem Strommessgerät.
c) Ändert sich die Helligkeit, wenn zusätzlich der Schalter B geschlossen wird? Begründe. Überprüfe.

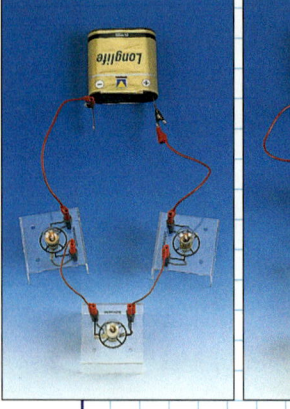
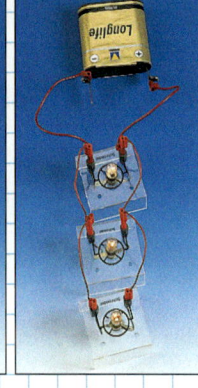

Streifzug — Parallelschaltung im Haushalt

Die Schaltung der Steckdosen und Lampen in den Haushalten sind Parallelschaltungen. Wenn also viele elektrische Geräte angeschlossen sind, können in den gemeinsamen Zuleitungen sehr hohe Stromstärken auftreten. Bekannt ist aber auch, dass bei großen Stromstärken die Wärmeentwicklung in den Leitungen beträchtlich sein kann. Um Brände zu vermeiden, werden die Hausanlagen mit Sicherungen versehen, die bei Überschreiten der zulässigen elektrischen Stromstärke den Stromkreis unterbrechen. Vor einigen Jahrzehnten genügte eine Absicherung mit 6 A. So waren auch die Leitungen ausgelegt, d.h. relativ dünne Leitungen reichten aus. Heute benötigen Geräte wie Waschmaschinen oder Herde große Stromstärken. Sie haben daher einen eigenen Stromkreis und sind in der Regel mit 16 A abgesichert. Deshalb sind in jeder Wohnung mehrere Stromkreise installiert, die einzeln abgesichert sind.

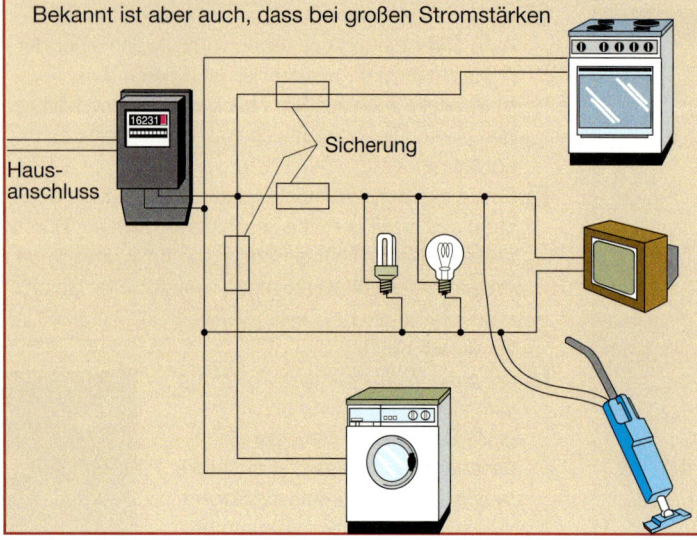

Haus-anschluss

Sicherung

Stromkreise im Haushalt

Die elektrische Energie kommt meist über ein Erdkabel von der nächsten Netzstation ins Haus. Die erste Station im Haus ist der **Hausanschlusskasten.** Er enthält die Hauptsicherung, die *Panzersicherung,* für das gesamte Haus. Von dort aus führen Leitungen zu den **Abzweigkästen,** die die Stromkreise für jeden einzelnen Haushalt trennen. Diese Abzweigkästen sind mit Plomben versiegelt, damit nicht in die Energieversorgung einer anderen Familie eingegriffen werden kann. Vom Abzweigkasten gehen Leitungen zur **Zählertafel** im jeweiligen Haushalt. Der Zähler zeigt an, wie viel elektrische Energie von diesem Haushalt dem Netz entnommen wurde; dies ist die Grundlage für die Stromrechnung.

Von der Zählertafel führen mehrere Leitungen zur **Unterverteilung.** Hier befinden sich die Sicherungen für die verschiedenen Stromkreise der Wohnung. Da der Bedarf an elektrischer Energie in den verschiedenen Räumen der Wohnung unterschiedlich ist, sind verschiedene Stromkreise geschaltet. In den meisten Wohnungen werden beispielsweise Herd und Waschmaschine in jeweils eigene Kreise gelegt, da diese Elektrogeräte einen sehr hohen Energiebedarf haben; manche Herde haben sogar getrennte Stromkreise für Herdplatten und Backrohr.

Die Leitungen für die weitere Verteilung der elektrischen Energie gehen vom Sicherungskasten zu **Abzweigdosen** und von dort zur letzten Station, den Steckdosen oder den Anschlüssen für Lampen und andere fest installierte Geräte.

Der Vorteil dieser getrennten Kreise ist, dass bei einem Fehler in einem Elektrogerät, der ein Ansprechen der Sicherung zur Folge hat, nur die Energiezufuhr in diesem speziellen Kreis unterbrochen wird, während alle anderen Räume weiterhin mit elektrischer Energie versorgt werden.

Verteilerdose

Verteilerdose

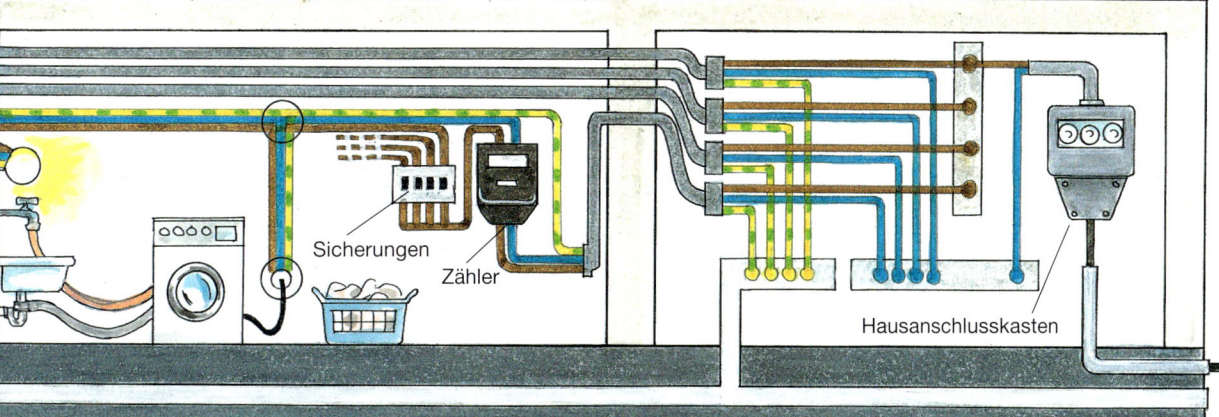

Sicherungen

Zähler

Hausanschlusskasten

zur Netzstation

Die elektrische Spannung

Für den Betrieb von Taschenlampen oder Mobiltelefonen sind Batterien oder Akkus notwendig. Die Geräte benötigen unterschiedliche Batterietypen, die sich in ihrer Spannung und der Bauform unterscheiden: Während Batterien häufig eine Spannung von 1,2 Volt und die Akkus von Mobiltelefonen 3,8 Volt haben, besitzt eine Autobatterie eine Spannung von 12 Volt und die Steckdosen 230 Volt.
Was bedeutet eine unterschiedlich hohe Spannung?

Die Spannung – der Antrieb der Elektronen im Stromkreis

Das Ansinnen der Personen auf den Bildern ist in allen Fällen gleich: Das Gefährt soll bewegt werden. Dabei unterscheiden sich aber jeweils die Bedingungen.

Im oberen Bild kann der leicht rollende Einkaufswagen leicht von dem Mann geschoben werden.
Das Auto im mittleren Bild dagegen ist nicht so leicht in Bewegung zu versetzen. Trotz des gleichen „Antriebs" bewegt es sich nur langsam.
Im unteren Bild ist die Hemmung durch das Auto so groß, dass es das Kind nicht schafft, es zu bewegen.

Der Antrieb der Fahrzeuge durch die Personen führt zu unterschiedlichen Geschwindigkeiten, da Hemmung und Antrieb unterschiedlich stark gegeneinander wirken. Damit eine Bewegung zustande kommt, müssen Antrieb und Hemmung zueinander passen.

Zentraler Versuch

Die Bilder auf der rechten Seite zeigen einen einfachen Stromkreis aus einer Batterie, zwei Kabeln und einer angeschlossenen Glühlampe.
Im oberen Bild leuchtet das angeschlossene Lämpchen hell auf. Die Glühlampe in der Mitte leuchtet bei gleicher Batterie deutlich schwächer und unten im Bild schafft es die schwache Batterie nicht, die Lampe überhaupt zum Leuchten zu bringen.

Die Situationen in den Stromkreisen sind ähnlich denen beim Schieben der Fahrzeuge: Damit im elektrischen Stromkreis Elektronen fließen können, benötigen sie einen Antrieb, der durch eine Batterie oder ein Netzteil erzeugt wird. Die angeschlossene Lampe hemmt den Fluss der Elektronen, sodass bei ungünstiger Wahl von Batterie und Lampe kein oder kaum ein Elektronenstrom zustande kommt. Im elektrischen Stromkreis gilt ebenfalls, dass Antrieb und Hemmung aufeinander abgestimmt sein müssen.

Der Antrieb im elektrischen Stromkreis heißt **Spannung.** Je größer die Spannung ist, desto stärker können die Elektronen angetrieben werden. Die Spannung wird in der Einheit **1 Volt (1 V)** angegeben. Der Antrieb einer Blockbatterie mit 9 V ist sechs Mal so groß wie der einer Monozelle mit einer Spannung von 1,5 V.

Spannung

Das Formelzeichen ist U.
Die Einheit ist 1 V (Volt).

Weitere Einheiten:
Millivolt: $\quad 1\ mV = \frac{1}{1000}\ V$
Kilovolt: $\quad 1\ kV\ = 1000\ V$
Megavolt: $1\ MV = 1000\ kV$
$\qquad\qquad\quad = 1\,000\,000\ V$

Spannungen in Natur und Umwelt	
Blitz	10 000 000 V
Hochspannungsleitungen	380 000 V
Zitteraal	500 V
Haushaltssteckdose	230 V
Autobatterie	12 V
MP3-Player	3 V
Reizleitung bei Nerven	50 mV

Damit in einem Stromkreis ein elektrischer Strom fließen kann, ist ein Antrieb für die Elektronen notwendig, eine Spannung. Diese Spannung wird von der elektrischen Quelle zur Verfügung gestellt.

Batterien

Batterien sind elektrische Quellen, bei denen die Spannung zwischen den Polen mittels einer chemischer Reaktion entsteht. Das so etwas möglich ist, entdeckte Luigi GALVANI (1737–1798) am Ende des 18. Jahrhunderts. Ihm zu Ehren wurden die Vorläufer unserer heutigen Batterien galvanische Elemente genannt. Endgültig geklärt wurden die Vorgänge durch seinen Landsmann Alessandro VOLTA (1745–1827). In Würdigung seiner Verdienste wurde die Einheit der Spannung Volt genannt. Er machte im Prinzip den oben dargestellten Versuch:

Zentraler Versuch

Kupfer — Zink

Werden eine Zink- und eine Kupferplatte in eine leitende Flüssigkeit (Elektrolyt) getaucht und z. B. ein Lämpchen angeschlossen, so beginnt es zu leuchten. Offensichtlich fließt ein elektrischer Strom.

Beim Kontakt der beiden Metalle mit dem Elektrolyt entstehen durch chemische Reaktionen an einer Platte Elektronenmangel und an der anderen Elektronenüberschuss. Dadurch bilden sich Plus- und Minuspol dieser „Batterie". Wie groß die Spannung zwischen den beiden Polen ist, hängt von den verwendeten Materialien ab. 1911 wurde eine bestimmte Kombinationen von Elektroden als „Normalelement" ausgewählt und die zwischen ihnen entstehende Spannung als Einheitswert 1 Volt festgelegt – eine Festlegung, die bis 1990 galt.

Reihenschaltung

Die handelsüblichen Einfachbatterien (Monozellen) besitzen eine Nennspannung von 1,5 V. Sie unterscheiden sich lediglich durch ihre äußere Form. Wird zum Betrieb eines elektrischen Geräts aber eine größere Spannung benötigt, so werden die Monozellen derart hintereinander geschaltet, dass der Pluspol der ersten mit dem Minuspol der zweiten Batterie verbunden wird und deren Pluspol mit dem Minuspol der dritten usw. So durchfließen die Elektronen jede Zelle und gelangen dann erst in den angeschlossenen Stromkreis. Dabei werden sie von jeder Zelle erneut angetrieben. Bei sechs hintereinander geschalteten Zellen erhalten sie den sechsfachen Antrieb im Vergleich zu einer Zelle. Die Gesamtspannung beträgt dann 6 · 1,5 V = 9 V. In einem 9 V-Block werden die Zellen direkt hintereinandergeschaltet und dann in Kunststoff-Folie gewickelt.

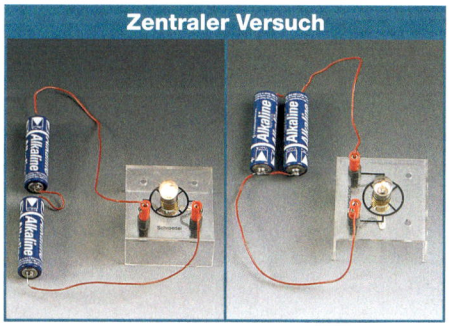

Zentraler Versuch

> Die Gesamtspannung bei einer Reihenschaltung von Monozellen ist die Summe der Einzelspannungen.

Parallelschaltung

Bei einer Parallelschaltung von Monozellen fließen die Elektronen jeweils nur aus einer Zelle heraus. Sie erhalten dadurch auch nur den Antrieb dieser einen Zelle.

Dennoch kann eine Parallelschaltung von Batterien Sinn machen: Um ein Elektrogerät zu betreiben, ist ein bestimmter Elektronenstrom nötig. Bei einer Parallelschaltung muss jede der Monozellen nur einen Teil der insgesamt benötigten Elektronen liefern. Deshalb können sie den Antrieb für die Elektronen über längere Zeit aufrecht erhalten.

> Parallel geschaltetete Monozellen haben die gleiche Spannung wie eine Monozelle.

Die Erzeugung elektrischer Spannungen durch chemische Prozesse ist nur eine von mehreren Möglichkeiten. Es gibt auch andere elektrische Quellen (E-Werk, Solarzellen), die die Spannungen durch andere Mechanismen erzeugen.

Aufgaben

1 Begründe, was geschieht, wenn eine 3,5 V-Lampe an
   a) eine 1,5 V Monozelle
   b) eine 9 V Blockbatterie
   angeschlossen wird.

2 In das Batteriefach eines CD-Players werden vier Monozellen eingelegt, eine davon falsch herum.
   a) Erkläre, warum der CD-Player nicht funktioniert.
   b) Gib die Gesamtspannung an den Buchsen an.

Messung der elektrischen Spannung

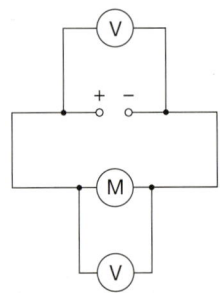

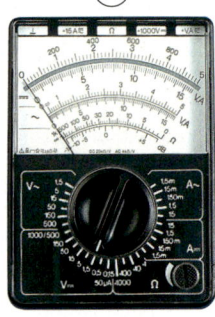

Die Spannung einer elektrischen Quelle kann mit einem Spannungsmessgerät gemessen werden. Dazu wird es parallel zur elektrischen Quelle geschaltet.

Um zu prüfen, mit welcher Spannung ein Gerät betrieben wird, muss das Spannungsmessgerät parallel zum Gerät angeschlossen werden.

Die Spannung wird also immer „über" der Quelle oder dem Gerät gemessen..

Es gibt verschiedene Messgeräte. Nach der Anzeige werden analog (über eine Skala) und digital (in Ziffern) anzeigende Geräte unterschieden. Bei Analoggeräten mit mehreren Messbereichen muss der abgelesene Wert wie bei der Messung der Stromstärke noch mit einem Faktor multipliziert werden, der vom eingestellten Messbereich abhängt.

> Spannungsmessgeräte werden immer parallel zum Gerät bzw. zur elektrischen Quelle geschaltet.

Aufgaben

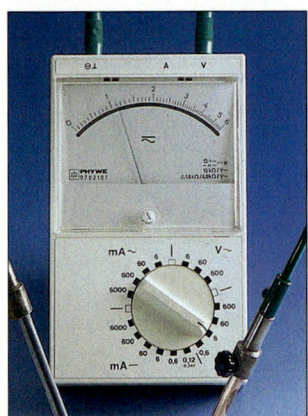

1 **a)** Notiere die angezeigten Spannungen.
b) Begründe, warum es wichtig ist, immer zuerst den größten Messbereich einzustellen.
c) Mit beiden Geräten soll eine Spannung angezeigt werden, die nur ein Zehntel der jetzt angezeigten Spannung ist. Schreibe auf, wie du vorgehst.
d) Zeichne, wie die im digital anzeigenden Gerät gemessene Spannung von dem analogen Gerät angezeigt würde und umgekehrt. (Drehknopf und Anzeige beachten)

Werkzeug · Umgang mit dem Spannungsmessgerät

Da die Spannung immer parallel zum Gerät bzw. zur Quelle gemessen wird, muss der Stromkreis für eine Spannungsmessung nicht unterbrochen werden.

- Schaltzeichen für ein Spannungsmessgerät: —Ⓥ—
- Erkunde, ob Gleich- oder Wechselspannung anliegt, und stelle den entsprechenden Bereich ein. (V= bzw. V~).
- Wähle bei einer unbekannten Spannung den höchsten Messbereich.
- Verbinde bei einer Gleichspannung die ⊕-Pole (rote Buchse am Messgerät) von Quelle und Gerät miteinander und dann die ⊖-Pole (schwarze Buchse bzw. COM-Anschluss).
- Verringere den Messbereich so lange, bis ein gut ablesbarer Messwert zu beobachten ist.
- Bei analogen Messgeräten immer senkrecht auf den Zeiger und die Skala schauen. Führe eine Umrechnung vom angezeigten Skalenwert in den tatsächlichen Messwert durch.

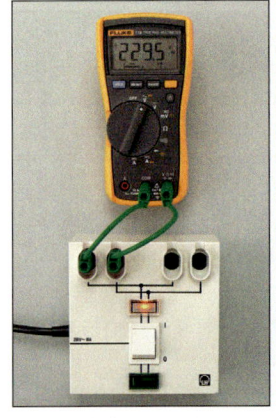

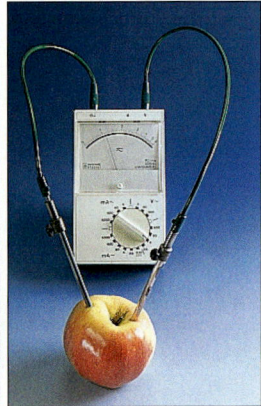

- Viele Messgeräte besitzen für den größten Strom-Messbereich eine eigene Buchse, im Bild oben z. B. 10 A. Beim Umschalten des Messbereichs muss das Anschlusskabel umgesteckt werden.

Von der Volta-Säule zur Brennstoffzelle — Streifzug

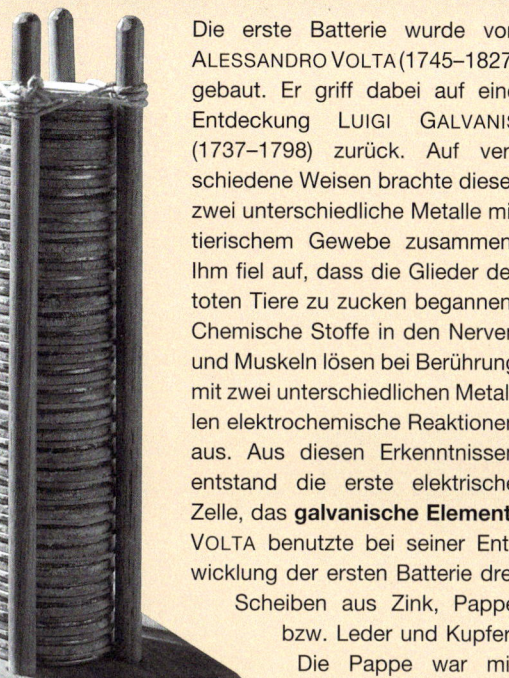

Die erste Batterie wurde von ALESSANDRO VOLTA (1745–1827) gebaut. Er griff dabei auf eine Entdeckung LUIGI GALVANIS (1737–1798) zurück. Auf verschiedene Weisen brachte dieser zwei unterschiedliche Metalle mit tierischem Gewebe zusammen. Ihm fiel auf, dass die Glieder der toten Tiere zu zucken begannen. Chemische Stoffe in den Nerven und Muskeln lösen bei Berührung mit zwei unterschiedlichen Metallen elektrochemische Reaktionen aus. Aus diesen Erkenntnissen entstand die erste elektrische Zelle, das **galvanische Element.** VOLTA benutzte bei seiner Entwicklung der ersten Batterie drei Scheiben aus Zink, Pappe bzw. Leder und Kupfer. Die Pappe war mit einer Salzlösung getränkt. Kupfer ist edler als Zink, nimmt daher Elektronen auf und wird zu einem negativ geladenen Atom, einem Ion. Die negativ geladenen Kupferionen aus der Lösung scheiden sich ab.

Alle heute gängigen Zellen oder Batterien haben im Prinzip den gleichen Aufbau wie die Voltasäule. Je nach Verwendungszweck werden allerdings unterschiedliche Elektrodenmaterialien und Elektrolyte verwendet.

Brennstoffzellen

Während heutzutage fast die gesamte elektrische Energie auf dem Umweg über mechanische Energie (Turbinen) gewonnen wird, müssen in Satelliten andere Energiequellen eingesetzt werden. Neben Batterien werden Brennstoffzellen verwendet.

In ihnen kann chemische Energie mit einem hohen Wirkungsgrad direkt in elektrische Energie gewandelt werden. Dabei läuft die Reaktion zwischen Wasserstoff und Sauerstoff, die eigentlich explosionsartig erfolgt (Knallgasreaktion), kontrolliert ab. Mit Einsetzen der Reaktion steht die elektrische Energie ohne zeitliche Verzögerung zur Verfügung.

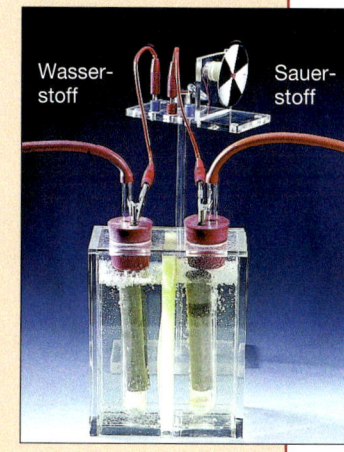

Wasserstoff — Sauerstoff

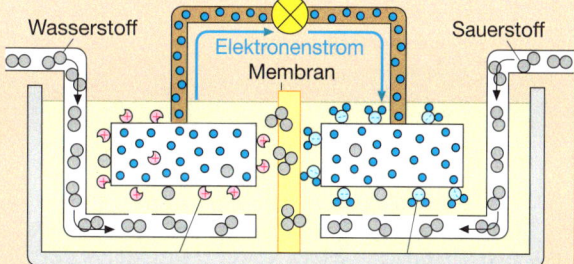

Wasserstoff — Elektronenstrom — Membran — Sauerstoff

Wasserstoffatome geben ein Elektron ab:

Sauerstoffatome nehmen zwei Elektronen auf:

Wasserstoff- und Sauerstoffionen verbinden sich zu Wasser:

	Zink–Kohle	Alkali–Mangan	Zink–Silberoxid	Lithium	Nickel–Metallhydrid-Akku
Spannung	1,5 V	1,5 V	1,55 V	3 V	1,2 V
Minuspol	Zink	Zink	Zink	Lithium	Cadmium
Pluspol	Kohle	Mangandioxid	Silberoxid	Mangandioxid	Nickelhydroxid
Elektrolyt	Ammoniumchlorid	Kalilauge	Kalilauge	Lithiumverbindung in organisch. Lösungsmittel	Kalilauge
Eigenschaften	Spannung sinkt bei Belastung allmählich ab; preiswert	auslaufsicher; hohe Leistung; langlebig; teuer	Spannung bleibt sehr lange konstant; sehr langlebig; teuer	sehr lange lagerfähig; Spannung bleibt sehr lange konstant; teuer	wieder aufladbar; erspart hunderte von Monozellen; umweltgefährdend wegen Schwermetallen
Verwendung	Radios, Taschenlampen, Spielzeug	Blitzgeräte, Kameras, Cassettenrecorder	Hörgeräte, Rechner, Kameras, Uhren	Rechner, Herzschrittmacher	Videokameras, Werkzeug, Blitzgeräte

Spannungen in Stromkreisen

Verzweigter Stromkreis (Parallelschaltung)

Am Beispiel zweier Glühlampen wurde gezeigt, dass die elektrische Stromstärke bei einer Parallelschaltung vor und nach der Verzweigung (dem Knoten) gleich ist. Mit einem weiteren Versuch lassen sich auch die Spannungsverhältnisse untersuchen.

Im Foto links sind an eine elektrische Quelle von 4,5 V
① eine 4 V-Lampe angeschlossen;
② zwei gleiche 4 V-Lampen parallel angeschlossen.

Im Fall ② leuchten die beiden Lampen genauso hell wie die Vergleichslampe ①. Wie kommt das?

Wird die Parallelschaltung wie in der Schaltskizze unten dargestellt, lässt sich erkennen, dass jede Lampe gewissermaßen einzeln an die elektrische Quelle angeschlossen ist. Damit ist für jede Lampe die Spannung, die die Quelle für sie bereitstellt, genau so groß wie ihre Nennspannung. Beide Lampen leuchten gleich hell.

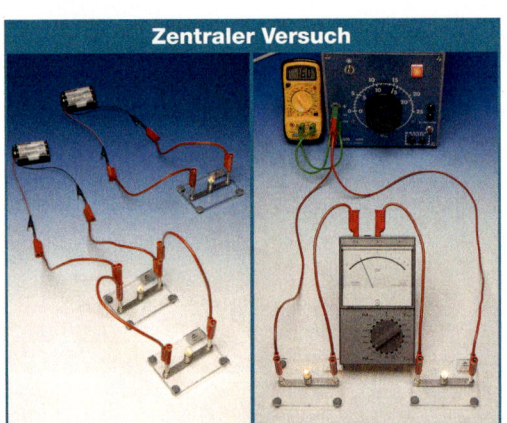
Zentraler Versuch

Unverzweigter Stromkreis (Reihenschaltung)

Der Stromkreis rechts im Foto besteht aus einem Netzgerät als regelbarer Quelle und zwei in Reihe geschalteten Lampen (12 V | 0,1 A) und (4 V | 0,1 A). Die Spannung der Quelle wird so eingestellt, dass die Stromstärke 0,1 A beträgt. Die Helligkeit der Lampen entspricht so der Helligkeit, die sie haben, wenn sie einzeln an 12 V bzw. 4 V angeschlossen sind. Die Stromstärke in dieser Reihenschaltung ist überall gleich, also auch in den beiden Lampen – und die Spannung?

Ein Messgerät zeigt, dass die Spannung der Quelle, die *Quellenspannung,* 16 V beträgt, die kleine Lampe hat aber nur eine Nennspannung von 4 V. An 16 V müsste sie durchbrennen! Sie leuchtet aber so, als ob sie an einer 4 V-Quelle angeschlossen wäre. Wird die Spannung nacheinander über jeder der beiden Lampen gemessen, zeigt das Messgerät einmal 12 V und einmal 4 V an. Erstaunlicherweise ist die Summe dieser *Teilspannungen* gleich der Quellenspannung, denn die Werte 12 V und 4 V addiert ergeben genau 16 V.

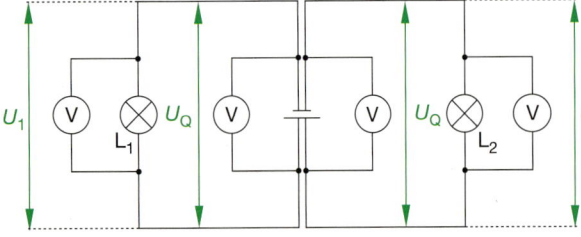

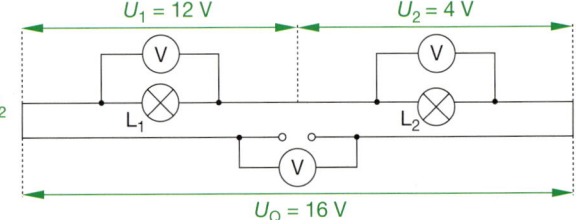

Die Überprüfung mit dem Spannungsmessgerät zeigt die Richtigkeit dieser Überlegung. An beiden Geräten wird eine Spannung von 4,5 V gemessen.

Im verzweigten Stromkreis ist die Spannung an der Quelle und an den parallel geschalteten Geräten immer gleich, unabhängig wie viele Geräte angeschaltet sind:

$$U_Q = U_1 = U_2 = U_3 = \dots$$

> Im verzweigten Stromkreis (Parallelschaltung) ist die Spannung an allen Geräten genau so groß wie die Spannung an der elektrischen Quelle.

Die Spannung der Quelle ist immer so groß wie die Summe der Teilspannungen, die über den Geräten gemessen werden können:

$$U_Q = U_1 + U_2 + U_3 + \dots$$

Die gefundene Gesetzmäßigkeit heißt aus historischen Gründen „Maschenregel".

> **Maschenregel:** Im unverzweigten Stromkreis (Reihenschaltung) teilt sich die Spannung der elektrischen Quelle auf die einzelnen Geräte auf.
> Die Summe der Spannungen über den Geräten ist genau so groß wie die Spannung der Quelle.

Im zentralen Versuch für die Reihenschaltung werden andere Lampen eingebaut und unterschiedliche Spannungen der Quelle eingestellt:
Zwei Lampen (6 V | 0,1 A) und (4 V | 0,1 A) werden an eine Quellenspannung von 6 V angeschlossen. Die Messgeräte zeigen $U_1 = 3,6$ V und $U_2 = 2,4$ V an. Wird die Quellenspannung dann auf 10 V vergrößert, erhöht sich U_1 auf 6 V und U_2 auf 4 V. Bei zwei gleichen Lampen, die an 6 V angeschlossen werden, ergeben sich gleiche Teilspannungen von 3 V.
Die Summe der Teilspannungen entspricht in allen Fällen der Spannung der Quelle.

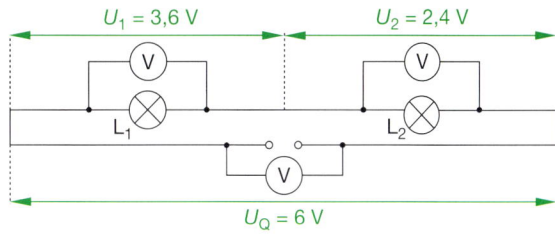

Die Größe der Teilspannungen in einer Reihenschaltung hängt von den verwendeten Geräten ab; ihre Summe entspricht stets der Quellenspannung.

Aufgaben

1 Hier ist ein Spannungsmessgerät falsch eingezeichnet! Welches? Begründe deine Anrwort.

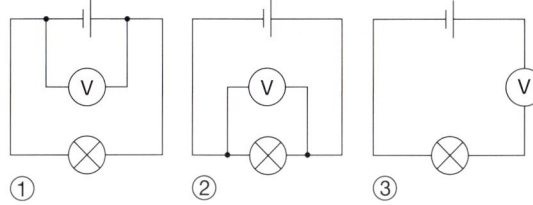

2 Eine Weihnachtsbaum-Lichterkette für den Anschluss an 230 V besteht aus zwölf gleichen elektrischen Kerzen. Berechne die Spannung über jeder Kerze, wenn sie in Reihe geschaltet sind.

3 Die Spannung einer elektrischen Quelle beträgt 36 V. Es sollen drei gleiche Lampen mit einer Nennspannung von 12 V angeschlossen werden.
a) Skizziere die Schaltung.
b) Begründe deine Schaltung.
c) Mache eine begründete Aussage zur Helligkeit, mit der die Lampen leuchten.

4 Zeichne in den folgenden Schaltungen Messgeräte ein, um die Spannungen sinnvoll zu messen.

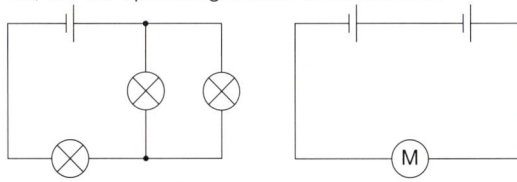

5 **a)** Entwickle Schaltungen mit zwei Lampen, die mit „normaler" Helligkeit leuchten. Du hast:
• zwei Monozellen mit je 1,5 V;
• mehrere gleiche 1,5 V-Lampen;
• mehrere gleiche 3 V-Lampen.
b) Beschreibe auch die Vorteile und Nachteile der Schaltungen im Vergleich.
c) Zwei gleiche Lampen sind in Reihe geschaltet. Beurteile, ob es sinnvoll ist, eine gleiche dritte Lampe parallel zu beiden zu schalten.

6 In den folgenden Schaltungen werden Stromstärke und Spannung gleichzeitig gemessen.
a) Finde die „richtigen" Schaltungen heraus. Begründe deine Aussage.
b) Ordne den Messgeräten zu, von welchen Lampen sie die Spannung oder die Stromstärke messen.
c) Bei manchen Schaltungen sind die Messgeräte falsch eingezeichnet. Korrigiere die Fehler.

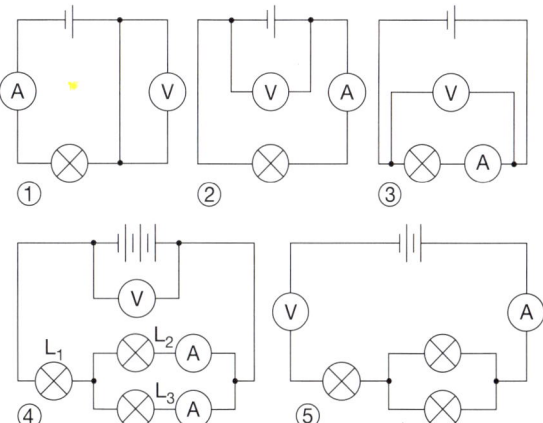

7 **a)** Bestimme die fehlenden Spannungen.
b) Begründe deine Aussagen.

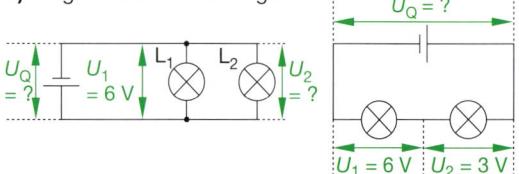

8 Zwei gleiche Lampen L_1 und L_2 (6 V | 0,1 A) und eine weitere Lampe L_3 (12 V | 0,1 A) werden in Reihe an eine Quelle mit 20 V angeschlossen. Begründe, ob die folgenden Aussagen richtig sind.
① Die Summe aller Teilspannungen beträgt 24 V.
② Alle Teilspannungen sind unterschiedlich groß.
③ Die Spannung an L_3 ist kleiner als 12 V.

Durchblick — Quellenspannung und Teilspannungen

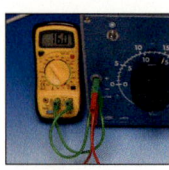

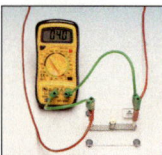

Damit in einem Stromkreis ein elektrischer Strom fließt, ist ein Antrieb für die Elektronen notwendig, eine Spannung. Sie wird von der elektrischen Quelle geliefert *(Quellenspannung)*. Werden nun mehrere Geräte in Reihe an eine Quelle angeschlossen, so führt der Stromfluss durch die Geräte zu messbaren Teilspannungen an diesen Geräten.

Eine Spannung über einem Gerät, das selbst keine elektrische Quelle ist, wird nur dann angezeigt, wenn tatsächlich Strom fließt, während zwischen den Anschlüssen der Quelle die Spannung unabhängig von einem tatsächlich vorhandenen Strom ist.

Die Teilspannungen, die über den Geräten gemessen werden können, sind keine absoluten Werte, sondern abhängig von den Geräten selbst und der angelegten Quellenspannung. Diese Abhängigkeiten werden später noch genauer untersucht.

Versuche und Aufträge — Spannungsmessung

Vorsicht! Nicht an Netzstromkreise anschließen!

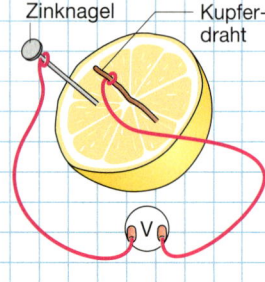

Zinknagel — Kupferdraht

V1 Zitronenbatterie:
In eine Zitrone werden ein Zinknagel und ein Kupferdraht oder eine 5 Cent-Münze so gesteckt, dass sie sich nicht berühren.
a) Miss die Spannung zwischen den beiden Metallteilen.
b) Schalte mehrere solcher Batterien in Reihe, miss die Spannung und versuche, ein Gerät (Leuchtdiode, alter Taschenrechner o.Ä.) mit dieser elektrischen Quelle zu betreiben.

V2 Eine Glühlampe wird an drei gleiche, parallel geschaltete elektrische Quellen angeschlossen.
a) Zeichne die Schaltskizze.
b) Baue die Schaltung auf.
c) Miss jeweils die Spannung der elektrischen Quellen und die Spannung an der Lampe. Zeichne die Messgeräte in die Schaltskizze ein.
d) Miss die Stromstärke durch die einzelnen elektrischen Quellen und durch die Lampe. Zeichne die Messgeräte in die Schaltskizze ein.
e) Fasse deine Ergebnisse zusammen.
f) Statt dreier paralleler Spannungsquellen sollen nacheinander ein, zwei bzw. drei in Reihe geschaltet werden. Wiederhole dann jeweils die Aufgaben a) – e).

V3 Ein Motor wird an einer elektrische Quelle betrieben, die aus zwei Solarzellen besteht.
a) Skizziere die möglichen Schaltungen.
b) Beschreibe deine Beobachtungen bei den unterschiedlich geschalteten Solarzellen.
c) Beschreibe deine Beobachtungen bei unterschiedlicher Beleuchtung.
d) Erkläre deine Beobachtungen.
e) Überprüfe deine Erklärungen durch Messung der Stromstärke und der Spannungen.

V4 Besorge dir eine (6 V | 5 A)-Glühampe („Optiklampe") und eine (6 V | 0,4 A)-Fahrradglühlampe.
a) Prüfe durch einzelnen Anschluss der Glühlampen an eine 6 V-Wechselstromquelle die Funktionstüchtigkeit der Lampen und kontrolliere die Stromstärke mit einem Messgerät. (Achte auf die richtige Einstellung des Messgerätes!)
b) Erläutere, welche Gesamtstromstärke bei Parallelschaltung beider Lampen zu erwarten ist. Überprüfe deine Vorhersage durch eine Messung.
c) Schalte beide Lampen in Reihen und beschreibe deine Beobachtung.
d) Miss in c) die Spannungen an den Lampen. Deute deine Ergebnisse.

Spannung längs eines Leiters

Auf den vorherigen Seiten wurden die Teilspannungen an Geräten am Beispiel von Glühlampen untersucht und mit der Quellenspannung verglichen. Welche Rolle spielen dabei die Leitungen?

In einem Stromkreis aus einer Quelle und einem (6 V | 0,4 A)-Lämpchen wird zunächst die Quellenspannung und dann nacheinander die Spannungen zwischen den Punkten A und B, B und C sowie C und D möglichst genau gemessen:

Zentraler Versuch

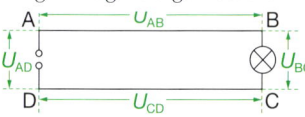

$U_{AD} = 6{,}08$ V, $U_{AB} = 0{,}04$ V, $U_{BC} = 6{,}00$ V, $U_{CD} = 0{,}04$ V
Die Spannung U_{BC} über der Lampe ist also etwas geringer als die Quellenspannung U_{AD}; die Spannungen über den Leitern sind zwar sehr klein, aber nicht null. Die Maschenregel wird nicht verletzt, denn Glühlampe und Verbindungskabel bilden eine Reihenschaltung, in der die Summe aller Teilspannungen so groß ist wie die Quellenspannung.
Dann wird ein dicker Eisendraht anstelle der Glühlampe eingeschaltet. Krokodilklemmen ermöglichen verschiebbare Abgriffe längs des Drahtes. Zwischen den Punkten B und C ist die Spannung U_{BC} wieder fast so groß wie die Quellenspannung U_{AD}; zwischen zwei beliebigen Punkten ① und ② längs des Leiters ist die Spannung um so größer, je größer der Abstand der Punkte ① und ② ist. Werden die Anschlüsse des Messgerätes am selben Punkt des Leiters angeschlossen, ist die Spannung null.

Die Spannungsverhältnisse im Eisendraht-Stromkreis lassen sich sehr übersichtlich darstellen, wenn jeweils die Größe der Spannung zwischen dem Punkt D (gewählter Nullpunkt) und den anderen Punkten über dem Schaltbild des Stromkreises aufgetragen wird:
Beim Punkt A beträgt die Spannung 5 V und nimmt dann auf 0 V bei D ab. Physiker sprechen daher vom *Spannungsabfall* über einem Draht oder Gerät.

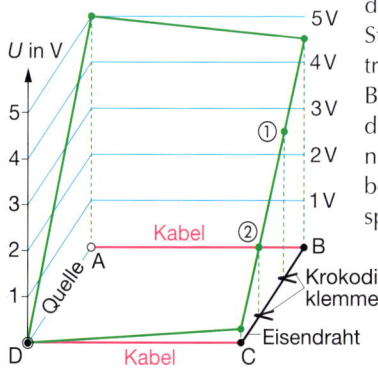

Wie lassen sich diese Beobachtungen deuten? Die Quellenspannung ist die Ursache für den Elektronenstrom durch Kabel und Lampe bzw. Eisendraht; durch diesen Strom wird Energie übertragen. Die Quellenspannung bestimmt dabei die *maximal übertragbare* Energie. In der Lampe wird elektrische Energie in Lichtenergie und innere Energie gewandelt; auch in den Anschlussleitungen bzw. dem Drahtstück wird elektrische Energie in innere Energie der Drähte gewandelt und schließlich an die Umgebung abgegeben. Diese Energiebeträge sind die *tatsächlich übertragene* Energie.
Die am Gerät (Lampe) bzw. am Eisendraht gemessene Spannung ist ein Maß für die übertragene Energie.

> Zwischen zwei beliebigen Punkten eines Leiters ist eine Spannung messbar. Diese Spannung ist ein Maß für die zwischen diesen Punkten übertragene Energie. Die Quellenspannung bestimmt die insgesamt übertragbare Energie.

Spannungsteiler | Streifzug

Radios haben zur Lautstärkeeinstellung oder zur Klangregulierung häufig Drehknöpfe. Hinter ihnen verbergen sich stufenlos verstellbare **Spannungsteiler.** Sie bestehen meist aus einem kreisförmigen Metallblech. Durch das Drehen wird die Länge des Blechs zwischen AS und SB verändert. Dadurch ändern sich auch die Spannungen zwischen den Abgriffen AS und SB. Die volle Quellenspannung liegt zwischen den Klemmen AB. Zwischen A und S lässt sich ein beliebiger Teil davon abgreifen.

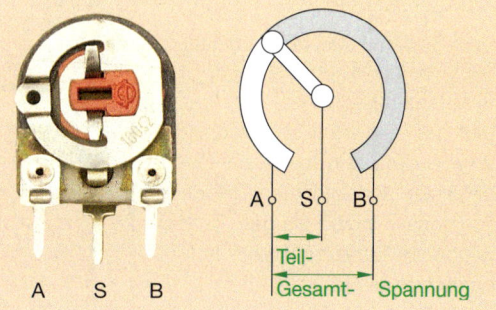

Elektrische Fische

Im Mittelmeer und im Atlantischen Ozean lebt ein „elektrischer Fisch", der schwarze Zitterrochen. Schwarze Zitterrochen können elektrische Spannungen von 70–220 V erzeugen. Das reicht aus, um andere Fische zu töten oder Menschen zu gefährden. Insgesamt gibt es etwa 200 verschiedene elektrische Fische. Wie erzeugen die Fische die Spannung?

Die elektrischen Organe sind aus scheibenförmigen, umgewandelten Muskelzellen aufgebaut. Dabei handelt es sich nur um eine Erweiterung der normalen Muskelfunktion. Jedesmal, wenn ein Reiz eine Nervenbahn durchläuft und einen Muskel in Bewegung setzt, ist dies ein elektrischer Vorgang, bei dem ein ganz schwacher Strom mitwirkt. Bei elektrischen Fischen haben manche Muskeln die Fähigkeit des Zusammenziehens verloren.

Die elektrische „Entladung" geschieht unter Kontrolle des Gehirns und hat wegen der guten Isolierung der Nerven keine Wirkung auf den Fisch selbst.

Obwohl der schwarze Zitterrochen einer der größten Rochen ist (1,8 m Länge), hat er nur ein kleines Maul und sehr kleine Zähne. Er wäre ohne seine elektrischen Fähigkeiten kaum ein erfolgreicher Raubfisch.

Wie beim Zitterrochen wird auch beim Zitteraal, der nur in Südamerika heimisch ist, durch die zu elektrischen Organen umgebildeten Muskeln Spannung erzeugt. Im Gegensatz zu anderen Vertretern elektrischer Fische kann der Zitteraal eine Spannung bis zu 500 V erzeugen. Er kann aber auch elektrische Reize mit geringen Spannungen produzieren, die ihm helfen, sich in den trüben Gewässern des Amazonas ohne Sicht zu orientieren.

Elektrotherapie

Bevor die Menschen überhaupt verstanden haben, dass es elektrische Ströme gibt, wussten sie bereits, dass die Berührung gewisser Fische ein Kribbeln auf der Haut und sogar ein Zusammenziehen der Gliedmaßen hervorrufen kann.

Da elektrische Fische für den Verkauf gefangen wurden, erlitten die Fischer häufig „elektrische Schläge". Die Römer glaubten, dass Zitterrochen eine giftige Substanz absondern, die das Blut gerinnen lässt. Sie verwendeten den Zitterrochen zur Behandlung von Gicht und Kopfschmerzen, indem sie den Fisch gegen die entsprechenden Körperteile drückten.

Die Wirkung elektrischer Ströme auf die Muskulatur wird heutzutage in der Medizin genutzt. Der Herzschlag wird normalerweise von einem Gewebestück in der rechten Herzkammer gesteuert. Das Strom leitende Gewebe, das das Zusammenziehen des Herzmuskels veranlasst, kann defekt sein, was zu Herzrhythmus-störungen oder Herzversagen führt. In solchen Fällen hilft ein **Herzschrittmacher.** Er wird in die Brust eingesetzt und gibt über eine Elektrode elektrische Impulse, deren Takt eingestellt werden kann, an das Herz ab. Das Herz schlägt dann in diesem Rhythmus.

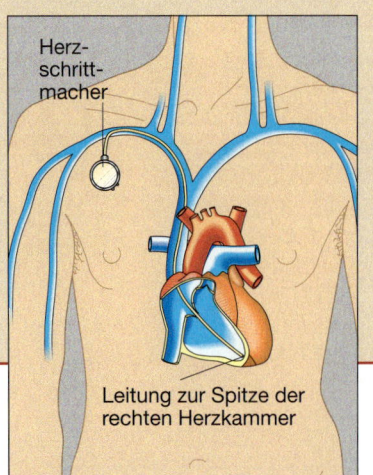

Herz-
schritt-
macher

Leitung zur Spitze der
rechten Herzkammer

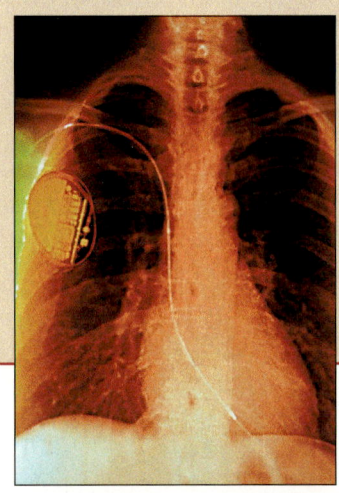

Der Mund als Batterie

Wenn sich zwei verschiedene Metalle berühren, so gehen einige Elektronen aus dem einen Metall in das andere über. Dadurch erhält ein Metall Elektronenüberschuss und wird zu einem Minuspol, das andere Metall hat Elektronenmangel und wird zu einem Pluspol. Zwischen beiden Polen entsteht eine Spannung, die Kontaktspanung.

Eine schmerzliche Begegnung mit der Kontaktspannung erleben Menschen mit plombierten Zähnen oder Goldzähnen, wenn diese mit anderen Metallen, z. B. einem Silberlöffel oder dem Aluminium der Verpackung von Schokolade in Berührung kommen. Die Nerven in den Zähnen reagieren auf diese Kontaktspannung und melden einen stechenden Schmerz an das Gehirn.

Das Thermoelement

Werden zwei verschiedene Metalldrähte z. B. aus Kupfer und Konstanten zusammengelötet oder fest miteinander verdrillt, so entsteht zwischen ihren freien Enden eine Kontaktspannung. Ein angeschlossener Spannungsmesser zeigt, dass diese Spannung umso größer wird, je höher die Temperatur der Kontaktstelle gemacht wird: Je Grad Temperaturerhöhung etwa 0,06 mV. (Bei anderen Metallkombinationen ergeben sich andere Zahlenwerte.) Ein solches **Thermoelement** lässt sich technisch nutzen:

• **Temperaturmessung**: Dazu wird ein Thermoelement auf die zu messende Temperatur gebracht, während ein zweites, in Reihe geschaltetes Thermoelement auf einer bekannten Temperatur (z. B. der eines Eis-Wasser-Gemisches) gehalten wird. Aus dem bekannten Zusammenhang zwischen Spannung und Temperatur kann der Temperaturunterschied zwischen den beiden Kontaktstellen ermittelt werden oder ein angeschlossenes Messgerät wird gleich mit einer Temperaturskala versehen.

• Durch Reihen- bzw. Parallelschalten vieler Thermoelemente entsteht ein **Thermogenerator**, der Wärmeenergie in elektrische Energie wandelt. Mit ihm kann z. B. ein Kleinmotor betrieben werden.

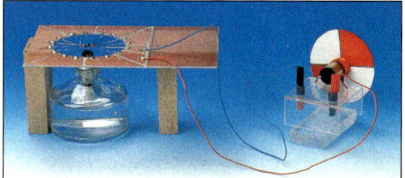

Teure elektrische Energie

Die Menge der elektrischen Energie, die im Haushalt in andere Formen gewandelt wird, wird in kWh (Kilowattstunden) gemessen. Dabei beträgt der Preis für eine kWh aus dem Festnetz etwa 20 Cent. Um den Preis der elektrischen Energie aus Batterien grob abzuschätzen, wird überlegt, wie viele Batterien für eine Kilowattstunde benötigt werden. Die Spannung zwischen den Polen der Steckdose beträgt ca. 240 V, d. h. es müssen 160 Batterien der Spannung 1,5 V (AA-Batterien) in Reihe geschaltet werden, um diese Spannung zu erreichen. Um 1 kWh Energie aus dem Netz zu bekommen, fließt eine Stunde lang eine Stromstärke von ca. 4 A. Wird bei den Batterien von einer Kapazität von 2000 mAh ausgegangen, so müssten jeweils 2 parallel geschaltet werden. Das macht also insgesamt 320 Batterien des Typs AA. Die wirkliche Anzahl ist aber noch wesentlich größer, da selbst bei Kurzschluss keine Batterie eine Stromstärke von 2 A liefern kann. Ausgehend von einem Preis von 50 Cent pro Batterie ergibt sich damit ein Preis von 160 Euro. Das ist das 800-Fache des Preises aus dem Festnetz!

Schon gewusst? Strom aus der Steckdose ist viel preiswerter als Strom aus Batterien!

Kapazität von Batterien

Die Kapazität einer Batterie bzw. Akkus gibt an, wie lange die Batterie eine bestimmte elektrische Stromstärke aufrechterhalten kann, bis sie „leer" ist. Sie wird in mAh (Milliamperestunden) angegeben. Die Einheit besteht aus dem Produkt aus einer Stromstärkeeinheit und einer Zeiteinheit. Eine Kapazität von 2400 mAh bedeutet, dass die Batterie ungefähr 4 Stunden lang eine Stromstärke von 600 mA bzw. 20 Stunden lang eine Stromstärke von 12 mA aufrecht erhalten kann. Ist die Batterie „leer", so sinkt die Spannung und damit die Stromstärke, und das angeschlossene Gerät kann nicht mehr betrieben werden. Damit liefert die Kapazität beispielsweise einen Hinweis darauf, wie viele Fotos mit einer Digitalkamera gemacht werden können. Unten sind die Entladekurven für unterschiedliche Batterietypen dargestellt.

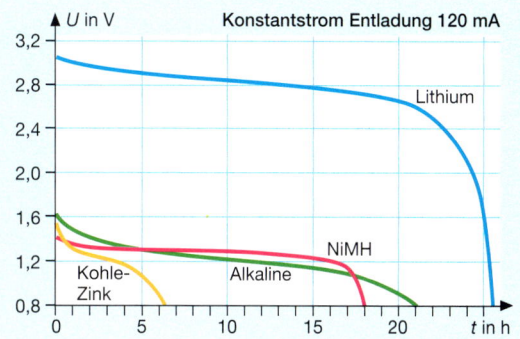

Der elektrische Widerstand

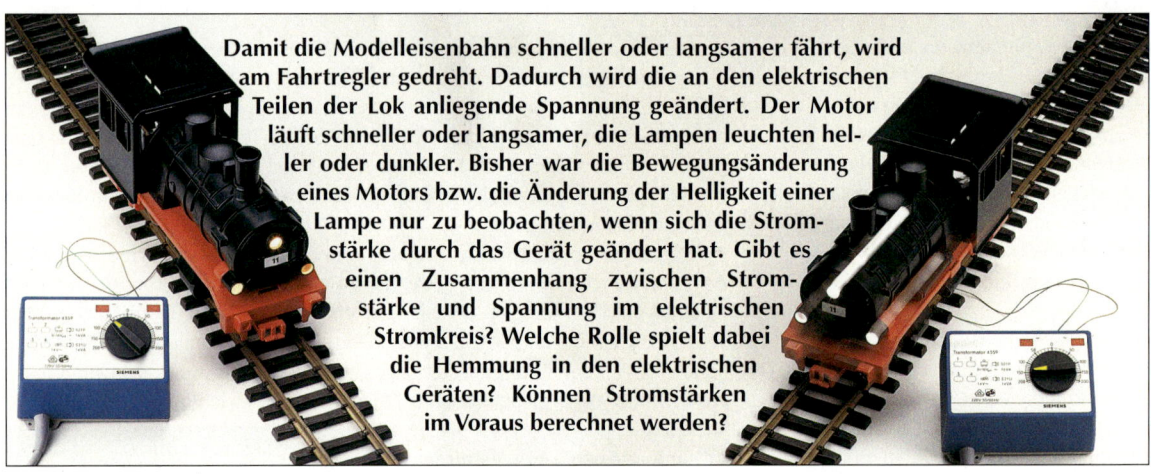

Damit die Modelleisenbahn schneller oder langsamer fährt, wird am Fahrtregler gedreht. Dadurch wird die an den elektrischen Teilen der Lok anliegende Spannung geändert. Der Motor läuft schneller oder langsamer, die Lampen leuchten heller oder dunkler. Bisher war die Bewegungsänderung eines Motors bzw. die Änderung der Helligkeit einer Lampe nur zu beobachten, wenn sich die Stromstärke durch das Gerät geändert hat. Gibt es einen Zusammenhang zwischen Stromstärke und Spannung im elektrischen Stromkreis? Welche Rolle spielt dabei die Hemmung in den elektrischen Geräten? Können Stromstärken im Voraus berechnet werden?

Kennlinien elektrischer Geräte

Elektrische Geräte sind in der Regel so gebaut, dass sie bei einer bestimmten Spannung, der Nennspannung, ihrem Zweck entsprechend funktionieren. Da die Spannung nicht in allen Ländern 230 V beträgt, können Reisende z. B. ihren Föhn nicht immer ohne weiteres benutzen. Es gibt auch Geräte, die für geringere Spannungen gebaut sind, z. B. der Türgong, die Modelleisenbahn, der Autostaubsauger, das Blitzlicht des Fotoapparates. Durch Netzgeräte oder Batterien werden die notwendigen Spannungen von z. B. 6 V, 12 V, 18 V zur Verfügung gestellt.

Das jeweilige Gerät arbeitet nur dann einwandfrei, wenn die richtige Stromstärke vorhanden ist. Sie stellt sich ein im Wechselspiel zwischen dem Antrieb, den die Elektronen durch die Quelle erhalten, und der Hemmung durch das Gerät. Zwischen der Spannung der Quelle und der Stromstärke besteht also bei einem vorgegebenen elektrischen Bauteil oder Elektrogerät ein Zusammenhang. (Bauteile sind Elemente, aus denen die Elektrogeräte zusammengesetzt sind, also z. B. Spulen, Lämpchen, Schalter.)

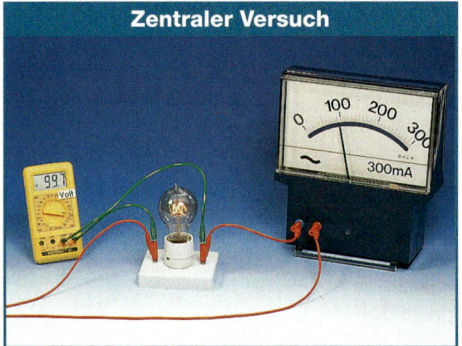

Zentraler Versuch

Zur Untersuchung dieses Zusammenhangs bei zwei Lampen muss die Stromstärke in Abhängigkeit von der Spannung gemessen werden. Die Spannung lässt sich durch Reihenschaltung mehrerer Batterien oder durch Verwendung eines regelbaren Netzgerätes verändern.

Die Messwerte (Spannung|Stromstärke) ergeben ein Diagramm, die **Kennlinie** des betreffenden Bauteils. Sie gibt Auskunft über dessen elektrisches Verhalten in verschiedenen Betriebszuständen. Weil jede Messung mit Ablese- und anderen Fehlern behaftet ist, liegen die Messpunkte nicht exakt auf der gezeichneten Ideallinie.

Lampe mit	Kohlefaden	Metallfaden
U	I	I
0 V	0,00 A	0,00 A
30 V	0,08 A	0,16 A
60 V	0,16 A	0,23 A
90 V	0,28 A	0,27 A
120 V	0,38 A	0,31 A
150 V	0,49 A	0,36 A
180 V	0,62 A	0,39 A

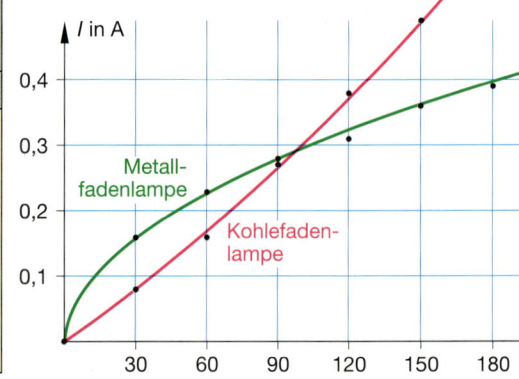

Die Kennlinien der beiden Lampen verlaufen sehr unterschiedlich:

- *Metallfadenlampe* (meist noch im Haushalt verwendet): Wird die Spannung von 0 V auf 30 V vergrößert, so ändert sich die Stromstärke um $\Delta I = 0{,}16$ A. Bei Änderung der Spannung von 30 V auf 60 V ändert sich die Stromstärke um $\Delta I = 0{,}07$ A, bei Änderung von 150 V auf 180 V ist $\Delta I = 0{,}03$ A.
  Bei gleichen Spannungsänderungen ΔU ist die Stromstärkeänderung ΔI bei geringen Spannungen also größer als bei höheren Spannungen. Die Kennlinie wird mit größer werdender Spannung immer flacher.

- *Kohlefadenlampe:* Eine Änderung der Spannung von 0 V auf 30 V bewirkt ein $\Delta I = 0{,}08$ A, eine Änderung von 30 V auf 60 V ein $\Delta I = 0{,}08$ A, eine Änderung von 150 V auf 180 V ein $\Delta I = 0{,}13$ A.
  Bei niedrigen Spannungen wächst I also weniger stark als bei höheren Spannungen. Die Kennlinie wird mit größer werdender Spannung immer steiler.

Die Kennlinie ermöglicht Aussagen darüber, welche Spannung z.B. für den Motor in der Grafik rechts benötigt wird, wenn die Stromstärke einen vorgegebenen Wert annehmen soll. Mit ihrer Hilfe können auch Wertepaare ermittelt werden, die vorher nicht gemessen wurden.

Für CD-Player oder Computer-Festplatten ist die richtige Drehzahl sehr wichtig. Dazu muss der Motor mit einer ganz bestimmten Stromstärke betrieben werden, die von der am Motor anliegenden Spannung abhängt. Auch die Geschwindigkeit von Straßenbahnen oder E-Loks wird durch Verändern der Spannung am Motor geregelt.

Die magnetische Kraft eines Elektromagneten hängt von der Stromstärke ab, mit der er betrieben wird. Aus der Kennlinie lässt sich ermitteln, welche Spannungen für bestimmte Kräfte nötig sind.

Rechenbeispiel

Bestimme die Stromstärke bei der Kohlefadenlampe, wenn eine Spannung von 130 V anliegt.
- In der Kennlinie wird auf der waagrechten U-Achse der Wert $U = 130$ V aufgesucht.
- Von dort wird eine Parallele zur senkrechten I-Achse bis zur Kennlinie gezogen.
- Von diesem Schnittpunkt wird eine Parallele zur U-Achse gezeichnet. Ihr Schnittpunkt mit der I-Achse ergibt den gesuchten Wert $I = 0{,}41$ A.

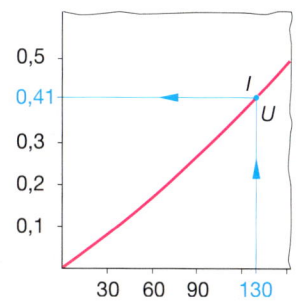

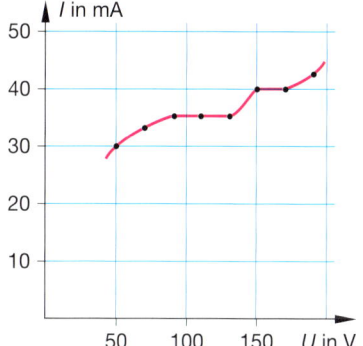

Die Kennlinie erlaubt Aussagen über das Verhalten von Bauteilen oder Elektrogeräten in unterschiedlichen Betriebszuständen, weil es für jedes Bauteil oder Gerät einen ganz bestimmten Zusammenhang zwischen Spannung und Stromstärke gibt.

Aufgaben

1 Übertrage die Tabelle in dein Heft. Lies die fehlenden Werte aus der Grafik ab

U	I
100 V	0,1 A
110 V	?
120 V	0,25 A
130 V	?
?	0,40 A
150 V	0,47 A
?	0,55 A

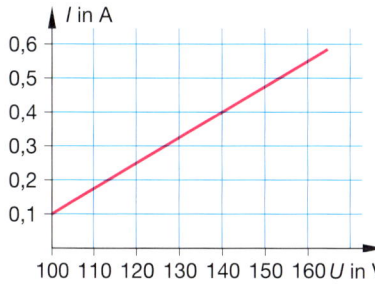

2 Bei einem Wasserkocher wurden folgende Spannungen und Stromstärken gemessen. Zeichne die Kennlinie und erläutere sie.

U	20 V	40 V	60 V	80 V	100 V	120 V	160 V	215 V
I	0,14 A	0,26 A	0,40 A	0,54 A	0,68 A	0,8 A	1,08 A	1,4 A

3 Für eine Leuchtdiode wurden die in der Tabelle angegebenen U-I-Werte gemessen.
a) Zeichne die Kennlinie der Diode.
b) Interpretiere die Kennlinie.

U	1,7 V	1,8 V	1,9 V	2,0 V	2,1 V	2,2 V	2,3 V
I	0 mA	0,5 mA	5 mA	10 mA	20 mA	30 mA	50 mA

Das Ohm'sche Gesetz

Eine genaue Betrachtung der Kennlinien von Metallfaden- und Kohlefadenlampe zeigt, dass keine einen linearen Verlauf hat. Bestenfalls der obere Teil der Kennlinie der Metallfadenlampe ließe sich als linear bezeichnen. Gibt es keine Stoffe, die einen mathematisch einfach zu erfassenden Zusammenhang zwischen Spannung und Stromstärke haben?

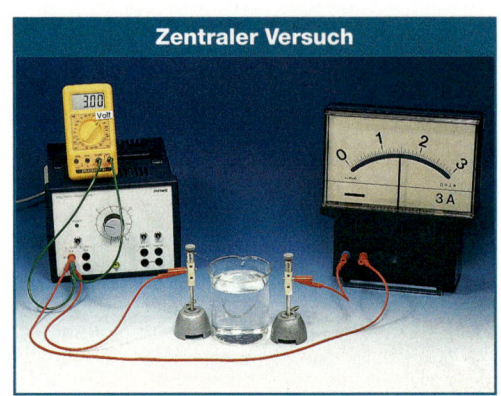

Zentraler Versuch

wissenschaftlichen Abhandlungen dargestellt. Ihm zu Ehren wird dieser Zusammenhang **Ohm'sches Gesetz** genannt. Es kann in drei Formen angegeben werden:

- U n-fach $\Rightarrow I$ n-fach
- $\frac{U}{I}$ = konstant
- In einem U-I-Diagramm liegen alle Messpunkte auf einer Ursprungsgeraden.

Die Tabelle zeigt Messwerte für verschiedene Drähte. Sie kann auf dreierlei Weise ausgewertet werden:

- Die Stromstärke beim Konstantandraht und beim Eisendraht in Wasser steigt im gleichen Maße wie die Spannung. Wird die Spannung verdoppelt, verdoppelt sich auch die Stromstärke; wird die Spannung verdreifacht, verdreifacht sich auch die Stromstärke. *Allgemein:* Wird die Spannung auf das n-Fache vergrößert, erhöht sich auch die Stromstärke auf das n-Fache – ein Kennzeichen für die Proportionalität $I \sim U$.
- Die Quotienten aus zusammengehörigen Werten für Spannung und Stromstärke haben für Konstantan immer etwa den gleichen Wert 7,1 $\frac{V}{A}$. Diese *Quotientengleichheit* $\frac{U}{I}$ = konstant ist ein weiteres Kennzeichen dafür, dass I und U proportional sind.
- Die grafische Darstellung der Messwerte ist für Konstantan und Eisen in Wasser eine *Ursprungsgerade* – ebenfalls ein Zeichen für die Proportionalität zwischen I und U.

Die Proportionalität zwischen Spannung und Stromstärke hat GEORG SIMON OHM (1789–1854) 1826 durch viele Experimente an verschiedenen Drähten erkannt und in

	U	I	$\frac{U}{I}$
Konstantan 1 m lang 0,3 mm Ø	0,5 V	0,071 A	7,0 $\frac{V}{A}$
	1,0 V	0,14 A	7,1 $\frac{V}{A}$
	2,0 V	0,28 A	7,1 $\frac{V}{A}$
	3,0 V	0,42 A	7,1 $\frac{V}{A}$
	4,0 V	0,56 A	7,1 $\frac{V}{A}$
Eisen in Luft 1 m lang 0,3 mm Ø	0,5 V	0,23 A	2,2 $\frac{V}{A}$
	1,0 V	0,42 A	2,4 $\frac{V}{A}$
	2,0 V	0,70 A	2,9 $\frac{V}{A}$
	3,0 V	0,90 A	3,3 $\frac{V}{A}$
	4,0 V	1,10 A	3,6 $\frac{V}{A}$
Eisen in Wasser 1 m lang 0,3 mm Ø	0,5 V	0,23 A	2,2 $\frac{V}{A}$
	1,0 V	0,49 A	2,0 $\frac{V}{A}$
	2,0 V	0,98 A	2,0 $\frac{V}{A}$
	3,0 V	1,50 A	2,0 $\frac{V}{A}$
	4,0 V	2,00 A	2,0 $\frac{V}{A}$

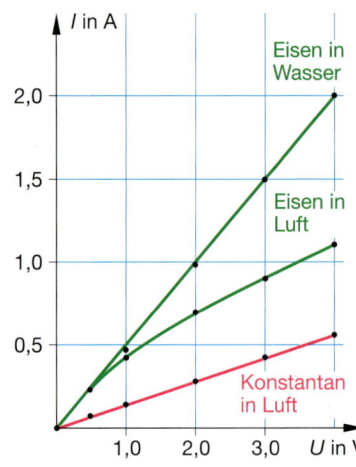

Die Kennlinien der Kohle- und der Metallfadenlampe verlaufen im Bereich oberhalb von etwa 90 V nahezu linear, aber es sind keine Ursprungsgeraden; also sind Spannung und Stromstärke nicht proportional, das Ohm'sche Gesetz gilt nicht für die Lampen.

Worauf das Abflachen der Metallfaden-Kennlinie zurückzuführen ist, zeigt ein Vergleich der Kennlinien für Eisen in destilliertem Wasser und in Luft: Durch den Elektronenfluss wird der Eisendraht erwärmt; seine innere Energie wird an das Wasser abgegeben. Dadurch bleibt die Draht-Temperatur nahezu konstant, es besteht Proportionalität zwischen I und U. An Luft wird die Energie nicht so gut abgegeben; die Draht-Temperatur steigt, das Ohm'sche Gesetz gilt nicht.

Für Metalle gilt die Proportionalität zwischen Spannung und Stromstärke also nur, wenn ihre Temperatur konstant bleibt. Konstantan und einige andere Stoffe machen eine Ausnahme. Für sie gilt das Ohm'sche Gesetz immer.

> Für Metalldrähte gilt:
> Bei konstanter Temperatur ist die elektrische Stromstärke I der angelegten Spannung U proportional: $I \sim U$.

Der elektrische Widerstand

Werden verschiedene Bauteile immer an die gleiche elektrische Quelle angeschlossen, so ergeben sich in der Regel unterschiedliche Stromstärken. Der Fluss der Elektronen wird in den verschiedenen Bauteilen also unterschiedlich stark gehemmt.

Diese Eigenschaft von Bauteilen oder Geräten, den Elektronenstrom zu hemmen, wird mit einer neuen physikalischen Größe beschrieben, dem **elektrischen Widerstand** mit dem Formelzeichen **R**. Lässt sich der Widerstand eines Bauteils oder Gerätes messen oder gar berechnen?

Elektrischer Widerstand

Das Formelzeichen ist R.
Die Einheit ist 1 Ω (Ohm): $1\,\Omega = 1\,\frac{V}{A}$.

Weitere Einheiten:

Milliohm: $1\,m\Omega = \frac{1}{1000}\,\Omega$
Kiloohm: $1\,k\Omega = 1000\,\Omega$

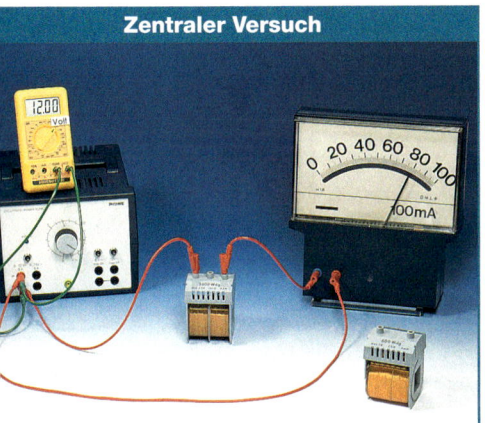

Zentraler Versuch

Werden zwei verschiedene Spulen nacheinander an die gleiche Quelle angeschlossen, so ergibt sich z. B. für Spule ① $I = 1,5$ A, für Spule ② $I = 80$ mA. Der Elektronenstrom wird also in Spule ② deutlich stärker gehemmt als in Spule ①, der Widerstand von Spule ② ist somit größer als der von Spule ①. *Je kleiner die Stromstärke I bei gleicher Spannung U ist, desto größer ist der Widerstand des Bauteils.*

Möglicherweise könnte durch Erhöhen der Spannung U auch in Spule ② eine Stromstärke wie in der Spule ① aufrechterhalten werden. Das heißt: *Je größer die Spannung U ist, die gebraucht wird, um einen Elektronenstrom vorgegebener Stärke aufrecht zu erhalten, desto größer ist der Widerstand* Es ist daher sinnvoll, den Widerstand R eines Gerätes durch den Quotienten aus angelegter Spannung U und gemessener Stromstärke I festzulegen:

$R = \dfrac{U}{I}$ mit der Einheit $\dfrac{1\,V}{1\,A} = 1\,\dfrac{V}{A} = 1\,\Omega.$

Die Einheit des elektrischen Widerstandes wird OHM zu Ehren **Ohm** genannt und mit dem griechischen Buchstaben Ω (Omega) abgekürzt.

Mit dieser neuen Größe R vereinfacht sich das Ohm'sche Gesetz zu einer der bekanntesten Gleichungen der Physik:

$\dfrac{U}{I} = R$ oder $U = R \cdot I$ mit **R = konstant.**

Diese Gleichungen reichen aus, um das Verhalten von Bauteilen, für die das Ohm'sche Gesetz gilt, zu beschreiben; Kennlinien sind nicht nötig.
Anders sieht das bei der Metallfadenlampe bzw. bei der Kohlefadenlampe aus, deren Kennlinien auf Seite 74 dargestellt sind: Beim Metallfaden nimmt die Stromstärke in geringerem Maße zu wie die Spannung; der Widerstand wird mit zunehmender Stromstärke größer. Beim Kohlefaden ist es umgekehrt: Hier nimmt die Stromstärke in größerem Maße zu wie die Spannung, der Widerstand wird mit zunehmender Stromstärke geringer.

Die physikalische Größe elektrischer Widerstand gibt an, wie stark der Elektronenstrom von einem Bauteil gehemmt wird.

Aufgaben

1 Ein Bauteil genügt dem Ohm'schen Gesetz. Bei einer Spannung von 20 V wird eine Stromstärke von 100 mA gemessen. Berechne die Stromstärke, die beim Anlegen einer Spannung von 60 V gemessen wird.

2 Begründe, welche Bauteile mit den folgenden Kennlinien das Ohm'sche Gesetz erfüllen.

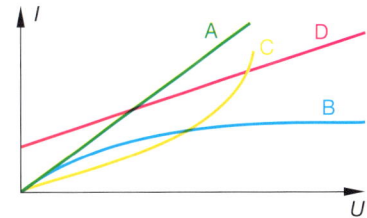

3 Bei einem Tischventilator (Betriebsspannung 230 V) wird eine Stromstärke von 80 mA gemessen. Berechne seinen Widerstand.

4 Für drei Bauteile wurden folgende Werte gemessen.

U	2 V	5 V	10 V	12 V	17 V
I	0,15 mA	0,25 mA	0,32 mA	0,34 mA	0,41 mA

U	1 V	2 V	3 V	4 V	5 V
I	0,25 mA	0,55 mA	0,8 mA	1,1 mA	1,3 mA

U	2 V	4 V	6 V	8 V	15 V
I	0,04 mA	0,15 mA	0,38 mA	0,65 mA	2,15 mA

a) Zeichne die U-I-Kennlinien.
b) Begründe, für welches Bauteil das Ohm'sche Gesetz gilt.
c) Beschreibe, wie sich der Widerstand der Bauteile bei steigender Spannung ändert.

Werkzeug — Von der Proportionalität zur Formel

x	0	1	2	3	4
y	0	1,5	3	4,5	6
$\frac{y}{x}$	–	1,5	1,5	1,5	1,5

1. Ergibt der Graph zweier Größen x und y eine Ursprungsgerade, so sind die beiden Größen zueinander direkt proportional: $x \sim y$ (gelesen: x direkt proportional y)
2. Proportionalität kann auch an den Werten in einer Wertetabelle erkannt werden: Verdoppelt sich der y-Wert bei der Verdopplung des x-Wertes, so ist dies ein Hinweis auf die Proportionalität von x und y. Ergeben die Quotienten $\frac{y}{x}$ immer den gleichen Wert (Quotientengleichheit), so liegt Proportionalität vor.
3. Der konstante Quotient $\frac{y}{x}$ heißt Proportionalitätsfaktor. Er wird üblicherweise mit k bezeichnet.
4. Mithilfe des Proportionalitätsfaktors k kann die Gleichung $\frac{y}{x} = k$ geschrieben werden. Durch Umformungen ergibt sich unmittelbar die Gleichung $y = k \cdot x$.
5. Tabellenkalkulationsprogramme helfen, die Überprüfung auf Quotientengleichheit sehr einfach durchzuführen.

Geoelektrik

Experten wollen wissen, wie der Erdboden unter uns beschaffen ist, z.B. wenn Energie aus tieferen Schichten gewonnen werden soll. Dazu stecken sie lange Metallstäbe in den Boden und schicken einen elektrischen Strom einer bekannten Stärke I hindurch. Zwischen zwei weiteren Metallstäben, die zwischen den stromführenden Stäben stehen, wird eine Spannung U gemessen. Aus beiden Messungen und einem Faktor k, der die Geometrie der Anordnung berücksichtigt, kann dann der Widerstand der Bodenschicht aus $R = k \cdot U / I$ berechnet werden.

Weil bekannt ist, wie gut oder schlecht unterschiedliche Erdschichten den Strom leiten, kann aus dem errechneten Widerstand auf die geologische Struktur unter der Messstelle geschlossen werden.

Vögel können problemlos auf den nicht isolierten Kabeln von Hochspannungsleitungen sitzen, da ihr Widerstand wesentlich höher ist als der des Kabelstücks zwischen ihren Krallen. Der Strom, der durch die Körper fließt, ist so gering, dass es nicht gefährlich ist.

ELEKTRISCHER WIDERSTAND

In elektrischen Schaltungen z.B. für Radios, für Fernseher, aber auch beim Experimentieren werden Leiter benötigt, deren elektrischer Widerstand einen fest vorgegebenen Wert hat. Solche Leiter oder spezielle Bauteile heißen Widerstände. Damit ist das Bauteil und nicht die physikalische Größe gemeint. Es gibt verschiedene technische Ausführungen:

Drahtwiderstand: Diese Widerstände werden aus Drähten aus Speziallegierungen (Konstantan, Manganin, Nickelin) hergestellt.

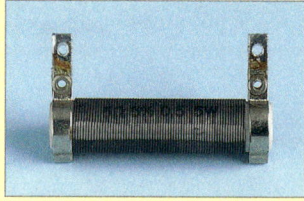

Schichtwiderstände: Leitfähige Schichten aus Kohle, Chrom-Nickel-Legierungen, Gold, Platin oder Zinnoxyd sind auf ein Keramikröhrchen aufgebracht. Einkerbungen zwingen die Elektronen, spiralförmig um das Röhrchen herumzulaufen, weshalb sie einen viel längeren Weg zurücklegen müssen. Nach außen werden Widerstände durch eine Lackschicht oder Glasur geschützt (siehe A4).

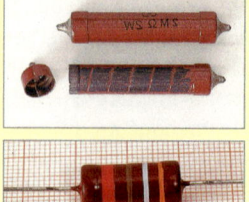

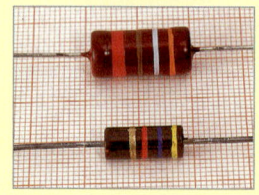

Widerstände

V1 Bleistiftminen leiten elektrischen Strom.
a) Überlege dir einen Versuchsaufbau zur Messung der Kennlinie einer Bleistiftmine und führe die Messung durch. (**Vorsicht:** Der Stromfluss erwärmt die Bleistiftmine; baue den Versuch deshalb auf einer feuerfesten Unterlage auf!)
b) Beurteile anhand der Kennlinie, ob für die Bleistiftmine das Ohm'sche Gesetz gilt.
c) Formuliere eine Aussage zur Größe des Widerstandes der Bleistiftmine bei zunehmender Stromstärke.

V2 In einem Stromkreis sind ein Eisendraht und ein Strommessgerät eingebaut. Wird der Stromkreis geschlossen, so schlägt der Zeiger zunächst weit aus und geht dann erst langsam auf den Endwert zurück.
a) Führe den Versuch durch und erkläre.
b) Wie verhält sich der Zeiger bei einem Konstantandraht? Stelle zunächst eine Vermutung auf, prüfe dann im Experiment.
c) Erkläre mithilfe von a), warum Glühlampen fast immer beim Einschalten, aber nicht im laufenden Betrieb durchbrennen.

V3 Der elektrische Widerstand von Glühlampen soll in Abhängigkeit von der Stromstärke untersucht werden. Nutze drei verschiedene Lampen mit gleicher Nennspannung, aber unterschiedlicher Helligkeit. Als Messgeräte stehen Strom- und Spannungsmessgeräte zur Verfügung.
a) Entwickle und begründe eine geeignete Versuchsanordnung.
b) Miss für jede Lampe U und I (Tabelle!) und berechne R in Abhängigkeit von I. Zeichne jeweils das zugehörige I-R-Diagramm.
c) Beschreibe den Verlauf der Graphen. Erkläre.
d) Nimm Stellung zu der folgenden Aufgabe in einem Physikbuch: „Der Widerstand einer Glühlampe beträgt $17{,}5\,\Omega$. Berechne die Stromstärke durch das Lämpchen bei einer Spannung von 2 V."

A4 In elektrischen Schaltungen sind die Widerstände oft so klein, dass eine lesbare Beschriftung unmöglich ist. Deshalb gibt es einen Farbcode.
a) Informiere dich über die Bedeutung der einzelnen Farben und der Ringe.
b) Bestimme die Größe des Widerstands mit der Farbreihenfolge: grün – gelb – blau – gold.
c) Zeichne den Farbcode für einen $220\,\Omega$-Widerstand mit einer Genauigkeit von 5 % auf.

V5 Es soll die Abhängigkeit des elektrischen Widerstands von der Konzentration einer Salzlösung untersucht werden. Dazu stehen Strom- und Spannungsmessgeräte zur Verfügung.
a) Skizziere und begründe eine geeignete Versuchsanordnung. Beschreibe die erforderliche Versuchsdurchführung.
b) Beginne mit destilliertem Wasser und erhöhe dann die Salzkonzentration durch portionsweises Zugeben von Kochsalz. (Umrühren nicht vergessen.) Bestimme für jede Konzentrationsstufe den Widerstand.
c) Stelle die Messergebnisse in einem geeigneten Diagramm dar und deute das Versuchsergebnis.
d) Neben dem Begriff „Widerstand" gibt es die „Leitfähigkeit". Überlege dir eine sinnvolle Definition; wie könnte sie mit dem „Widerstand" zusammenhängen?

A6 Multimeter zur Strom- und Spannungsmessung haben auch Messbereiche zur direkten Widerstandsmessung. Überlege und beschreibe, wie damit eine Widerstandsmessung funktionieren kann. (*Hinweis:* Ein solches Messgerät hat immer eine Batterie.)

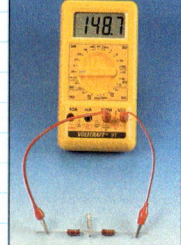

V7 a) Untersuche mithilfe mehrerer Messreihen, welchen Einfluss das Material, die Länge l und der Durchmesser d auf den Widerstand eines Drahts haben. Dokumentiere dein Vorgehen sorgfältig. (Achte darauf, dass du jeweils nur eine Größe veränderst, während die beiden anderen gleich bleiben.)
b) Informiere dich über den Begriff „spezifischer Widerstand".

V8 Der menschliche Körper ist ein vergleichsweise guter elektrischer Leiter.
a) Der Widerstand des Körperinneren beträgt ca. $100\,\Omega$, der Hautwiderstand ca. $500\,\Omega$. Erkläre die Unterschiede. Begründe, dass der Hautwiderstand keine fixe Größe sein kann.
b) Aus einem Lexikon: „Körperwiderstand für den Stromweg Hand–Hand ca. $1000\,\Omega$." Gib eine begründete Vermutung für diesen Wert.
c) Entwickle eine Schaltung, mit der mithilfe einer 9 V-Block-Batterie der Widerstand in b) experimentell überprüft werden kann. Führe die Messung nach Rücksprache mit der Lehrkraft durch. Beurteile dein Messergebnis.

Der Zusammenhang zwischen Stromstärke, Spannung und Widerstand

In jedem elektrischen Stromkreis ist die elektrische Quelle der Antrieb für die Bewegung der Elektronen, ein Elektrogerät dagegen hemmt die Elektronen. Aus dieser Elektronenbewegung erwachsen dann die Wirkungen des elektrischen Stroms. Wie aber beeinflussen die Spannung der Quelle und der elektrische Widerstand des Geräts die Stromstärke?

● Der Einfluss der Spannung auf die Stromstärke (bei ein und demselben Gerät) kann entsprechend dem oberen Bild bestimmt werden.
Die obere Messreihe zeigt: Je größer die Spannung U der elektrischen Quelle in diesem Stromkreis ist, desto größer ist die entstehende elektrische Stromstärke I.

● Der Einfluss des Widerstands kann wie im unteren Bild ermittelt werden. (Die Spannung der Quelle wird zu Beginn eingestellt und bleibt dann unverändert.)

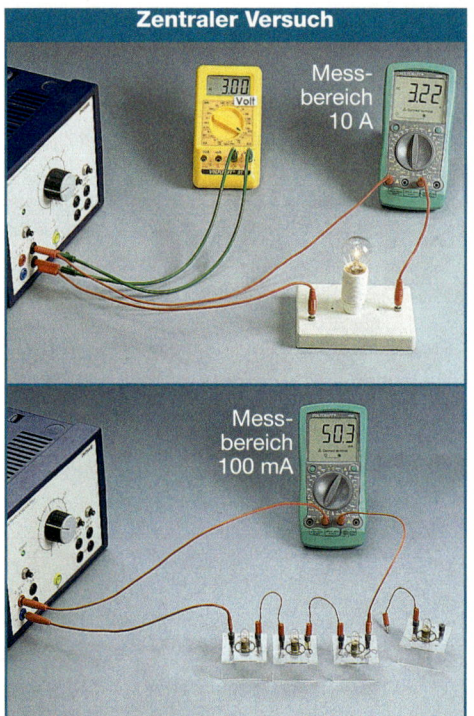

Zentraler Versuch

Mess-bereich 10 A

Mess-bereich 100 mA

Als Elektrogerät wird zunächst eine Glühlampe verwendet und die zugehörige Stromstärke gemessen. Um Elektrogeräte mit größeren Widerständen zu simulieren, werden nacheinander weitere baugleiche Lampen in Reihe geschaltet. Die untere Messreihe zeigt: Je mehr Lampen in Reihe geschaltet werden, je größer also der Widerstand R im Stromkreis ist, desto kleiner ist die sich einstellende Stromstärke I (bei gleicher Spannung U).

Werden die Größen Spannung und Widerstand in einem Stromkreis verändert, dann stellt sich die Stromstärke immer von selbst auf einen ganz bestimmten Wert ein. Stromkreise sind also gekennzeichnet durch die Spannung der Quelle und den Widerstand des eingeschalteten Geräts. Liegen mehrere Geräte in Reihe im Stromkreis, dann bewirkt der Strom durch die Geräte Teilspannungen in ihnen, deren Summe so groß ist wie die Nennspannung der Quelle.

Stromstärke und Spannung (die Lampe ist der Widerstand im Kreis)						
U	0	1,0 V	2,0 V	3,0 V	4,0 V	5,0 V
I	0	1,71 A	2,74 A	3,22 A	3,63 A	3,85 A

Stromstärke und Widerstand (Spannung konstant = 4 V)				
Glühlampen	1	2	3	4
I	88 mA	62 mA	50 mA	43 mA

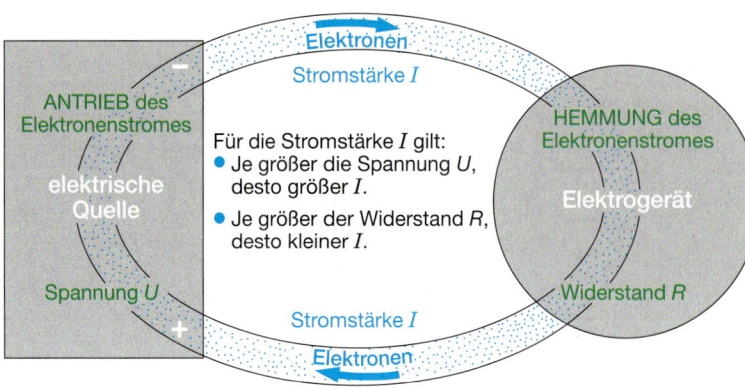

Elektronen
Stromstärke I

ANTRIEB des Elektronenstromes

elektrische Quelle

Spannung U

Für die Stromstärke I gilt:
● Je größer die Spannung U, desto größer I.
● Je größer der Widerstand R, desto kleiner I.

HEMMUNG des Elektronenstromes

Elektrogerät

Widerstand R

Stromstärke I
Elektronen

Im Zusammenspiel von Antrieb durch die Quelle (Spannung U) und Hemmung durch Geräte (mit dem Widerstand R) stellt sich in jedem Stromkreis eine ganz bestimmte Stromstärke I ein.

Aufgaben

1 Bei einer Taschenlampe beträgt die Stromstärke im Lämpchen 150 mA. Fließt ein Strom von 20 mA durch einen Menschen, besteht Lebensgefahr.
Die Pole einer Taschenlampenbatterie aber können trotzdem gefahrlos in die Hand genommen werden. Begründe.

Spannung ist mehr als Antrieb

Im Merksatz links steht: *Im Zusammenspiel von Antrieb durch die Quelle (Spannung U) und Hemmung durch Geräte (mit dem Widerstand R) stellt sich in jedem Stromkreis eine ganz bestimmte Stromstärke I ein.* Gehemmt werden kann ein Strom aber nur durch eine seiner Ursache (der Quellenspannung) entgegengesetzte, physikalisch gleichwertige Größe – also wieder eine Spannung und nicht durch eine das Bauteil oder das Gerät charakterisierende Größe wie den Widerstand!

Bei der Reihenschaltung von Lämpchen im Stromkreis (Seite 68/69) konnten an den Lämpchen Teilspannungen gemessen werden. Dies ist insofern erstaunlich, als die Lämpchen ja keine elektrischen Quellen (charakterisiert durch eine Quellenspannung U) sind und von daher zwischen den Anschlüssen auch keine Spannungen gemessen werden dürften.
Ein weiteres – zunächst verblüffendes – Phänomen zeigt sich, wenn die Versuchsanordnung etwas geändert wird, so dass sich die Lämpchen nun im Stromkreis „neben" der elektrischen Quelle befinden. Die Spannungsmessgeräte werden alle im gleichen Sinn geschaltet, d. h. der Eingang für den Pluspol ist rechts und der Eingang für den Minuspol links.

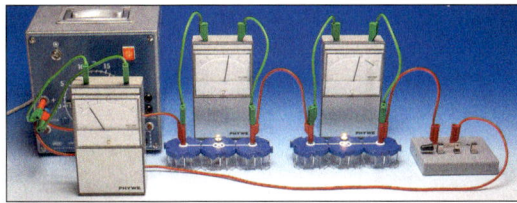

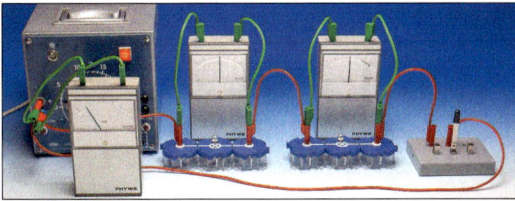

Der Versuch hat drei Ergebnisse:
- Die Summe der Teilspannungen ist genau so groß wie die Quellenspannung U_0 – das ist nichts Neues.
- Weil die Messgeräte alle gleich über Quelle und Lampen angeschlosssen sind, sagt die Zeigerstellung etwas aus über die Richtung, in die die Spannung die Elektronen treibt: Die Teilspannungen über den Lämpchen haben eine zur Quellenspannung entgegengesetzte Richtung. Daher heißen diese Spannungen auch *Gegenspannungen*. Mithilfe der Gleichung $U = R \cdot I$ kann berechnet wer-

den, wie groß die Gegenspannung in einem Gerät ist: Fließt durch eine Lampe mit dem Widerstand $R = 60\,\Omega$ ein Strom der Stärke $I = 0,05\,A$, so wird über dem Gerät eine Spannung $U = 60\,\Omega \cdot 0,05\,A = 3$ V gemessen.
- Sobald der Schalter S geöffnet wird, gehen die Zeiger der Messgeräte über den Lämpchen auf null zurück – die Spannungen „brechen zusammen". Nicht so die Quellenspannung, die konstant bleibt. Das bedeutet: Die Stromstärke I ist die Ursache für die Teilspannungen U_1 und U_2 über den Lämpchen. Ist nämlich $I = 0$, dann ist auch $U_1 = U_2 = 0$.

Der Versuch bestätigt eine andere Formulierung der bekannten *Maschenregel*:
Die Summe aller Spannungen bei einem Umlauf durch eine Masche (= geschlossener Stromkreis) ist null.

Das Entstehen der Gegenspannungen ist vergleichbar mit den Verhältnissen beim Radfahren: Mit der Kraft der Beine (≙ Antrieb) werden Rad und Fahrer in Bewegung gesetzt. Die Bewegung ihrerseits ruft einen geschwindigkeitsabhängigen Luftwiderstand (≙ Hemmung) hervor, der die Bewegung bremst. Im Zusammenspiel von Antrieb (≙ Quellenspannung) und Luftwiderstand (≙ Gegenspannung) stellt sich eine bestimmte Geschwindigkeit (≙ Stromstärke) ein.

Fahrt aufnehmen durch die Kraft der Beine

Kraft gegen die Bewegung, hervorgerufen durch den Luftwiderstand

Die Bewegung hat also mit dem Luftwiderstand eine Kraft gegen die Bewegungsrichtung hervorgerufen, so wie die Bewegung der Elektronen (Strom) eine Gegenspannung im Gerät hervorruft.

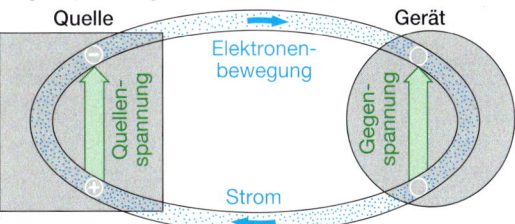

Antrieb der Elektronen durch die Quellenspannung ergibt einen Elektronenstrom

Gegenspannung im Gerät hemmt ihre Ursache, den Elektronenstrom

Widerstände in Parallel- und Reihenschaltungen

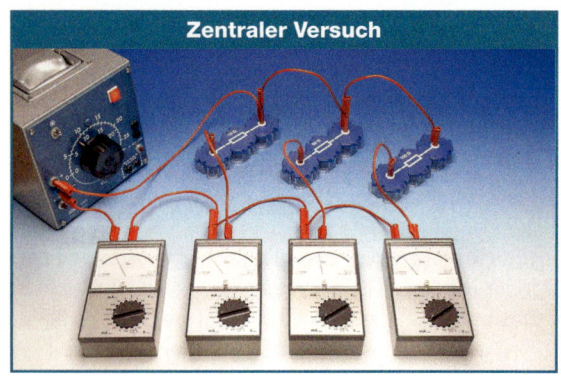

Zentraler Versuch

Zentraler Versuch

Schaltzeichen für das Bauteil Widerstand:

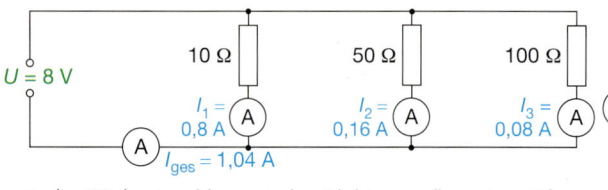

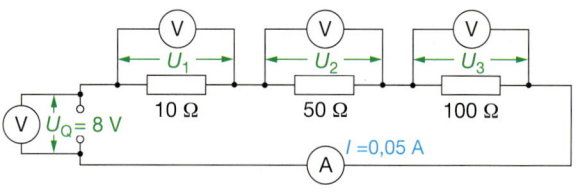

Jeder Widerstand hemmt den Elektronenfluss. Je größer der Widerstand eines Bauteils ist, desto geringer ist bei gleicher Spannung die Stromstärke durch dieses Bauteil. Die Messwerte zeigen, dass der Widerstand R und die zugehörige Teilstromstärke I antiproportional zueinander sind, weil in einer Parallelschaltung an jedem Widerstand dieselbe Spannung, nämlich die Quellenspannung anliegt. Die Teilstromstärken addieren sich zur Gesamtstromstärke: $I_1 + I_2 + I_3 = 0{,}8\,A + 0{,}16\,A + 0{,}08\,A = 1{,}04\,A = I_{ges}$. Das ist die *Knotenregel*.

Die Gesamtstromstärke ist größer als jede einzelne Teilstromstärke. Deshalb muss der Gesamtwiderstand der Parallelschaltung kleiner sein als jeder einzelne Widerstand.

Für den Gesamtwiderstand der Parallelschaltung im Beispiel folgt:

$$R_{ges} = \frac{U}{I_{ges}} = \frac{8\,V}{1{,}04\,A} = 7{,}7\,\Omega$$

In einer Parallelschaltung verhalten sich die Teilströme umgekehrt wie die Widerstände: I und R sind antiproportional zueinander.

Die Messwerte bei der Reihenschaltung zeigen, dass die Spannung U_R an einem Bauteil proportional zum Widerstand R dieses Bauteils ist: $U_1 = 0{,}5\,V$, $U_2 = 2{,}5\,V$, $U_3 = 5\,V$. Dies ist verständlich: Bei einem größeren Widerstand ist für die Aufrechterhaltung derselben Elektronenstromstärke eine größere Energiestromstärke nötig als bei einem kleineren Widerstand. Alle Teilspannungen addieren sich zur angelegten Quellenspannung: $U_1 + U_2 + U_3 = 0{,}5\,V + 2{,}5\,V + 5\,V = 8\,V = U_Q$. Das ist die schon bekannte *Maschenregel*.

Die Gesamtspannung teilt sich im Verhältnis der Einzelwiderstände auf die verschiedenen Geräte auf. Der Gesamtwiderstand einer Reihenschaltung ergibt sich als Summe der Einzelwiderstände.

Für den Gesamtwiderstand der Reihenschaltung im Beispiel folgt:

$$R_{ges} = \frac{U_Q}{I} = \frac{8\,V}{0{,}05\,A} = 160\,\Omega = 10\,\Omega + 50\,\Omega + 100\,\Omega$$

In einer Reihenschaltung ist jede Teilspannung U_R proportional zum Widerstand R: Am k-fachen Widerstand wird auch die k-fache Spannung gemessen.

Im Haushalt würde es wenig Sinn machen, mehrere Elektrogeräte in Reihe zu schalten. Die zur Verfügung stehende Netzspannung von 230 V würde sich entsprechend den Widerständen der Geräte aufteilen und jedes Gerät bekäme eine zu geringe Spannung. Die Geräte würden nicht funktionieren – ganz abgesehen davon, dass alle in Betrieb sein müssten, da sonst der Stromkreis unterbrochen wäre. Alle Steckdosen und Lampenanschlüsse in einem Haus sind deshalb parallelgeschaltet. Reihenschaltungen von elektrischen Bauteilen gibt es innerhalb von Elektrogeräten, Reihenschaltungen von Geräten dagegen sind selten; Beispiele sind LED-Lichterschnüre oder Weihnachtsbaum-Lichterketten.

Aufgaben

1 a) Bestimme die Anzeige aller Messgeräte und den Wert des nicht angegebenen Widerstandes (mit Begründung).
b) Welche Spannung ist angelegt? Begründe.

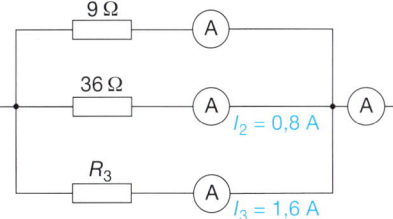

2 Gib an, welche Spannungen die Messgeräte anzeigen. Begründe.

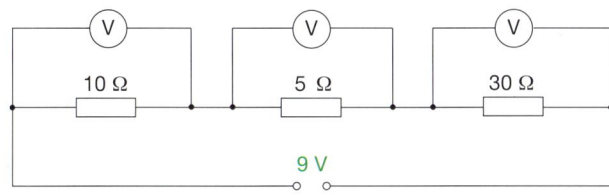

3 L$_1$, L$_2$, L$_3$ und L$_4$ sind vier völlig gleiche Glühlampen. Die Spannung U wird langsam erhöht. Beschreibe und begründe, in welcher Reihenfolge die Lampen dabei durchbrennen. (Falls L$_4$ durchbrennen sollte, wird sie durch ein Kabel überbrückt, da sonst kein Strom fließt.)

4 Sicherungen im Haushalt unterbrechen den Stromkreis bei 16 A oder 25 A. In einer Küche sollen ein Warmwasserspeicher (2 kW), eine Geschirrspülmaschine (2700 W) und eine Mikrowelle mit Grill (1950 W) zusätzlich zu weiteren Elektrokleingeräten angeschlossen werden. Beschreibe die erforderliche Elektroinstallation.

Rechenbeispiel

1. Messgerät ① zeigt $I_1 = 0,4\,A$ an. Ermittle die Anzeigen der beiden anderen Messgeräte. Begründe.

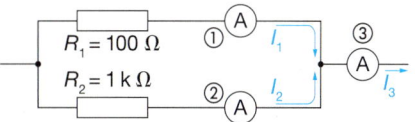

Lösung: Widerstand R_2 (1 kΩ) ist zehnmal so groß wie Widerstand R_1 (100 Ω). Deshalb ist der Teilstrom durch R_2 nur ein Zehntel des Stromes durch R_1, also $I_2 = 0,04\,A$. Für I_3 folgt: $I_3 = I_1 + I_2 = 0,44\,A$.

2. Die Spannung der Quelle beträgt $U_Q = 6\,V$. Berechne die Anzeigen der beiden Spannungsmessgeräte.

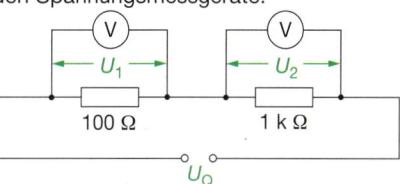

Lösung: Am 10-fachen Widerstand wird auch die 10-fache Spannung gemessen. Die Summe der Teilspannungen ist so groß wie die Quellenspannung. Aus
$$U_Q = U_1 + U_2 = U_1 + 10\,U_1 = 6\,V$$
folgt
$U_1 = 6\,V/11 \approx 0,55\,V$ und $U_2 \approx 5,5\,V$.

Parallel- und Reihenschaltungen Versuche und Aufträge

V1 Schalte mindestens drei gleiche Glühlampen in Reihe an ein Netzgerät. Erhöhe die Spannung soweit, dass die Lampen mit mittlerer Stärke leuchten. Überbrücke dann eine Lampe mithilfe eines Kabels. Beschreibe und erkläre deine Beobachtung.

V2 Schließe eine (6 V|2,4 W)-Vorderlicht- und eine (6 V|0,6 W)-Rücklicht-Fahrradlampe in Reihe an einen Dynamo oder ein 6 V-Netzgerät. Miss auch die Teilspannung an jeder Glühlampe. Beschreibe und erkläre deine Beobachtungen.

V3 Verdrille die Enden dreier gleich langer und gleich dicker Drähte aus Kupfer, Eisen und Konstantan derart, dass du eine Reihenschaltung dieser Drähte erhältst. Schließe sie an eine elektrische Quelle an und miss nacheinander die Spannung zwischen den Enden jedes Drahtes sowie die Quellenspannung. Du kannst zusätzlich in der Mitte jedes Drahtes ein Wachskügelchen befestigen. Beschreibe und erkläre deine Beobachtungen.

V4 Verbinde mehrere lange Kabel zu einer möglichst langen Anschlussleitung für eine 6 V-Lampe. Regele die Stromquelle so, dass du an der Lampe eine Spannung von 6 V misst. Miss nun auch die Spannung der Quelle. Beschreibe und erkläre die Messergebnisse.

Durchblick
Durchblick   **Wasserstromkreis – elektrischer Stromkreis**

Eine Analogie mit Grenzen

Die Vorgänge in einem elektrischen Stromkreis sind nicht sichtbar, da die Bewegung der Elektronen in den Leitern auch mit dem besten Mikroskop nicht direkt beobachtet werden kann. Das Fließen der Elektronen in den Leitungen eines Stromkreises ist vergleichbar mit dem Strömen von Wasser in den Rohren eines Wasserkreises. Mithilfe dieser Analogie lassen sich Phänomene im elektrischen Stromkreis verständlich darstellen.

Wasserstromkreis	Elektrischer Stromkreis
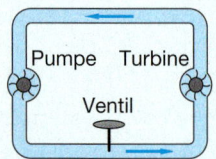 Wird das Ventil geöffnet, so fließt das Wasser durch die Rohrleitungen im Kreis und bringt dabei die Turbine zum Laufen.	 Wird der Schalter geschlossen, so fließen Elektronen vom Minuspol der Quelle (Elektronenüberschuss) zum Pluspol und bringen dabei die Lampe zum Leuchten.
Antrieb: Der Wasserkreislauf wird durch die Pumpe angetrieben. Je größer die Drehgeschwindigkeit der Pumpe ist, desto mehr Wasser pumpt sie im Kreis herum.	**Spannung:** Die Spannung zwischen den Polen der Batterie treibt die Elektronen durch den Stromkreis. Die Elektronen werden um so stärker angetrieben, je höher die Spannung ist.
Strömungswiderstand: Die Turbine, aber auch das Wasserrohr selbst hemmen den Wasserfluss. Jedes Teil hat einen bestimmten Widerstand. Zusammen mit der Pumpe bestimmen Turbine und Rohr die Wasserstromstärke.	**Elektrischer Widerstand:** Die Lampe, aber auch der Zuleitungsdraht selbst hemmen den Elektronenfluss. Jedes Teil hat einen bestimmten Widerstand. Zusammen mit der Quelle bestimmen Lampe und Zuleitung die elektrische Stromstärke.
Wasserstromstärke: Die Stromstärke gibt die Anzahl der Wassermoleküle an, die sich pro Zeiteinheit an einer Stelle des Rohrsystems vorbeibewegen. Es bietet sich an, das Volumen des Wassers als Maß für diese Anzahl zu verwenden: $I = \frac{V}{t}$, Einheit: $1\,\frac{\ell}{s}$	**Elektrische Stromstärke:** Sie gibt die Gesamtladung der Elektronen an, die sich pro Zeiteinheit an einer Stelle des Kreises vorbei bewegen: $I = \frac{Q}{t}$, Einheit: $1\,A = 1\,\frac{C}{s}$
Insel im Strom: 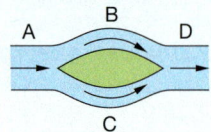 Die Wassermenge, die an der Stelle A vorbeifließt, teilt sich auf in die Wassermengen, die an B und C vorbeifließen. Es gilt: $I_A = I_D = I_B + I_C$	**Parallelschaltung:** 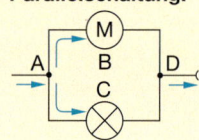 Der Elektronenstrom an der Stelle A verteilt sich auf die Elektronenströme durch die Geräte B und C. Es gilt: $I_A = I_D = I_B + I_C$

Grenzen der Analogie

Unterbrochene Leitung:  Wasser fließt aus einem aufgeschnittenen Rohr heraus.	**Unterbrochene Leitung:** 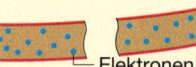 Elektronen fließen nicht aus einem durchgeschnittenen Kabel heraus.

Der Wasserstromkreis und der elektrische Stromkreis haben viele Gemeinsamkeiten, sodass die analoge Betrachtungsweise viele Gesetzmäßigkeiten im Stromkreis verständlicher macht. Zudem werden durch die Übertragung neue Fragen aufgeworfen, die noch untersucht werden müssen.
Allerdings hat die Analogie auch Grenzen, wie das unterschiedliche Verhalten von Wasser und Elektronen bei unterbrochener Leitung zeigt.

Widerstände in Anwendungen   Versuche und Aufträge

V1 Informiere dich über Heckscheiben-Heizungen von Personenkraftwagen.
a) Besonderheiten, Unterschiede?
b) Erläutere das Funktionsprinzip.
c) Skizziere und beschreibe mit möglichst einfachen Mitteln ein vergleichbares physikalisches Experiment. Worauf kommt es dabei an?

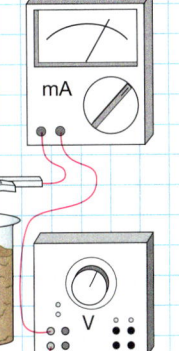

V2 Untersuche die Leitfähigkeit von Erde.
a) Fülle dazu ein Becherglas zunächst mit möglichst trockener Erde. Erläutere die links dargestellte Versuchsanordnung.
b) Erstelle eine Messreihe, wobei der Erde fortgesetzt annähernd gleiche kleine Wassermengen (z. B. jeweils 1 Esslöffel) zugegeben werden.
c) Erläutere und deute die Messreihe.

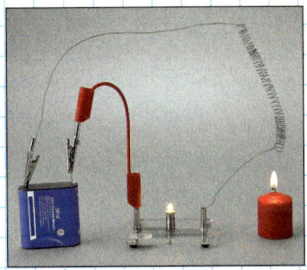

V3 Ein Glühlämpchen ist in Reihe mit einer Drahtwendel aus Eisen an eine Batterie angeschlossen.
a) Untersuche und beschreibe was geschieht, wenn du die Wendel mit einer brennenden Kerze erhitzt.
b) Miss die Stromstärke vor, während und nach dem Erhitzen. Erkläre die Beobachtung aus a).
c) Anstelle der Drahtwendel aus Eisen soll eine Bleistiftmine verwendet werden. Welche Beobachtung erwartest du, wenn sie vorsichtig mit der Kerzenflamme erwärmt wird? Begründe.
d) Erläutere, worauf bei der Durchführung des Experimentes in c) zu achten ist.
e) Nenne mögliche technische Anwendungen der beiden Versuchsvarianten.

A4 Historisch bedeutsam waren Kohlekörnermikrofone. Sie wurden bis etwa 1970 standardmäßig in Telefonen verwendet.
a) Informiere dich über Aufbau und Funktionsweise eines solchen Mikrofons.
b) Entwirf eine Versuchsanordnung, mit der das Funktionsprinzip gezeigt werden kann.

V5 Der abgebildete Schiebewiderstand mit der Aufschrift 100 Ω besitzt drei

Anschlüsse. Untersuche und erkläre, wie mit ihm ein beliebiger Widerstand zwischen 0 und 100 Ω eingestellt werden kann.

V6 Zur sehr genauen Messung unbekannter Widerstände wurde früher die Wheatstone-Brücke benutzt. Die Skizze rechts

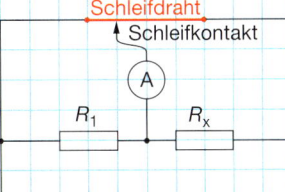

zeigt eine mögliche Schaltung. Der Widerstand R_1 sei genau bekannt. Zur Bestimmung des unbekannten Widerstands R_x wird der Schleifkontakt so eingestellt, dass der „Brückenstrom" genau 0 A beträgt.
a) Zeichne die Schaltskizze neu, wobei du den Schleifdraht durch Widerstandsymbole ersetzt.
b) Gib eine Formel zur Berechnung des unbekannten Widerstands R_x an und begründe sie.

V7 In Haushalten werden stets alle Elektrogeräte parallel geschaltet. Nimm stellvertretend für Elektrogeräte übliche Widerstände aus der Physiksammlung.

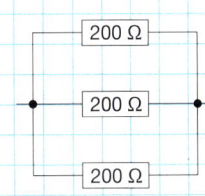

a) Schalte zwei, drei bzw. vier gleich große Widerstände parallel zueinander und finde durch geeignete Messungen heraus, wie der Gesamtwiderstand der Schaltung von der Anzahl der Widerstände abhängt.
b) Schalte nun verschieden große Widerstände parallel zueinander und ermittelt auch hier den Gesamtwiderstand durch geeignete Messungen. Informiere dich mithilfe einer Formelsammlung über die Berechnung des Gesamtwiderstands (auch **Ersatzwiderstand** genannt) einer Parallelschaltung. Überprüfe deine Ergebnisse mithilfe der Formel.
c) Untersuche die Abhängigkeit des Gesamtwiderstands einer Reihenschaltung gleichartiger Glühlampen von der Anzahl der Glühlampen und erkläre dein Ergebnis. (*Tipp:* Denke an die U-I-Kennlinie einer Glühlampe.)
d) Erforsche mithilfe von mindestens drei gleichgroßen Widerständen auch Kombinationen aus Reihen- und Parallelschaltungen.

Werkzeug — Auswertung von Messergebnissen

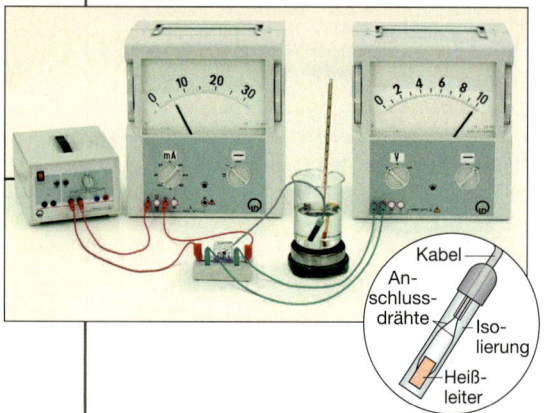

Kabel

Anschlussdrähte

Isolierung

Heißleiter

In einem Versuch soll die Abhängigkeit des Widerstandes von der Temperatur für einen temperaturabhängigen Widerstand (Heißleiter) untersucht werden. Dazu wird der Heißleiter im Wasserbad erhitzt. Neben seiner Temperatur werden gleichzeitig die an ihm anliegende Spannung und die Stromstärke gemessen.

Die Auswertung dieses Versuches wird nun auf drei verschiedenen Wegen vorgenommen:
- mit „Papier und Stift" (und einem Taschenrechner)
- mit einem Tabellenkalkulationsprogramm
- mit automatischer Messwerterfassung

Mit Papier und Stift

Die in der Tabelle rechts angegebenen Werte wurden ermittelt.
Die Widerstände für jede Messung werden mit der Gleichung $R = \frac{U}{I}$ berechnet. Zum Schluss muss noch das Temperatur-Widerstands-Diagramm gezeichnet werden.

ϑ	U	I	R
25 °C	10 V	2,5 mA	5,0 kΩ
30°C	10 V	2,6 mA	3,8 kΩ
35 °C	10 V	3,2 mA	3,1 kΩ
40 °C	10 V	4,0 mA	2,5 kΩ
45 °C	10 V	5,0 mA	2,0 kΩ
50 °C	10 V	6,2 mA	1,6 kΩ
Messgrößen			berechnet

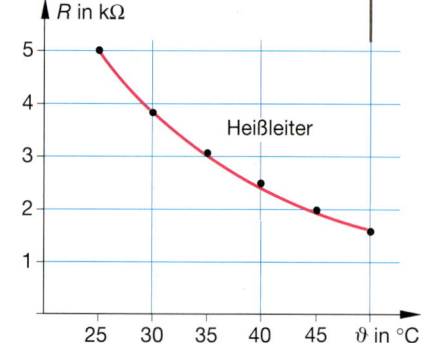

Mit dem Tabellenkalkulationsprogramm

Die Messwerte werden mit den Messgeräten ermittelt und in die drei Spalten für Temperatur, Spannung und Stromstärke eingegeben. Durch Eingeben der Formel für den Widerstand berechnet der Computer die Widerstände automatisch für die 4. Spalte. Nun kann vom Rechner das Diagramm gezeichnet werden.
Dieses Verfahren spart also den Aufwand für die einzelnen Rechnungen und die Diagrammzeichnung.

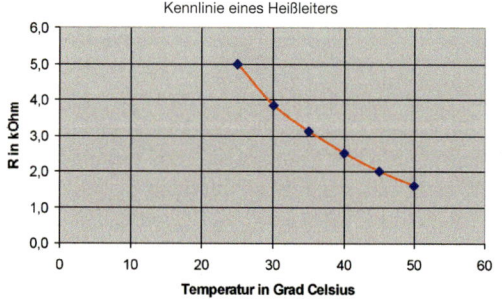

Mit automatischer Messwerterfassung

Noch schneller wird das Versuchsergebnis dargestellt, wenn zur Messwerterfassung und -auswertung ein Computer mit einem entsprechenden Programm verwendet werden kann. Sensoren liefern jetzt die Messwerte an eine dem Computer vorgeschaltete spezielle Schnittstelle, die die analogen Messwerte in für den Computer verständliche digitale Signale umwandelt.
Das Diagramm wird bei entsprechender Einstellung des Programms sofort angezeigt. Ein Ausdruck von Messwerten und Diagramm ist meist ebenfalls möglich.

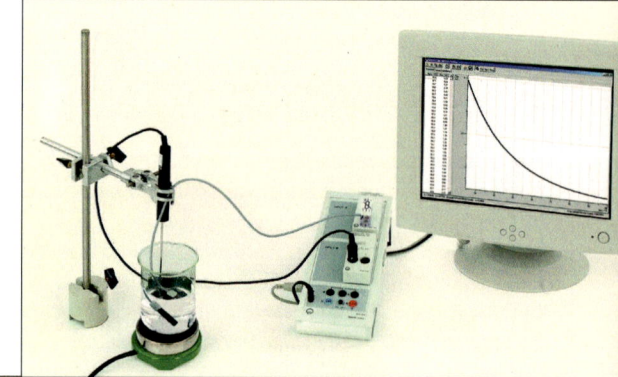

Supraleitung

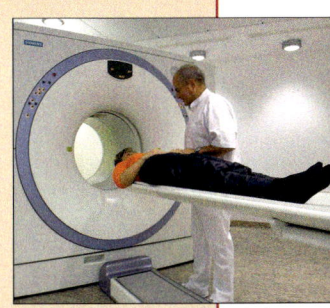

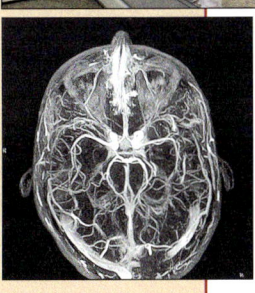

Aus der Zunahme des elektrischen Widerstands bei Temperaturerhöhung des Leiters lässt sich umgekehrt schließen, dass der Widerstand bei Abkühlung immer geringer werden sollte. 1908 gelang HEIKE KAMMER-LINGH-ONNES in Leiden (Holland) die Verflüssigung von Helium bei –270,55 °C (Normaldruck). Damit konnte untersucht werden, wie groß der elektrische Widerstand bei sehr tiefen Temperaturen ist. Die erwartete Abnahme des Widerstands mit sinkender Temperatur wurde beobachtet. Aber 1911 fand ONNES etwas Besonderes: Bei Quecksilber sank der Widerstand bei –268,8 °C sprunghaft auf null. ONNES taufte diese Erscheinung **Supraleitung,** die Temperatur **Sprungtemperatur.** Bei anderen Stoffen tritt Supraleitung bei anderen Sprungtemperaturen auf. 1986 gelang es dem Deutschen BEDNORZ und dem Schweizer MÜLLER, die Supraleitung an keramischen Stoffen bei Temperaturen über –196 °C nachzuweisen. Beide erhielten 1987 dafür den Nobelpreis. Bisheriger Rekord 1999: –140 °C.

Supraleitende Stoffe mit einer Sprungtemperatur oberhalb –196 °C sind deshalb interessant, weil –195,75 °C die Siedetemperatur von flüssigem Stickstoff ist. Derartige Stoffe könnten mit flüssigem Stickstoff unter ihre Sprungtemperatur gekühlt, also supraleitend gemacht werden. Allerdings lassen sich diese supraleitenden keramischen Stoffe nicht zu Drähten üblicher Form und Elastizität verarbeiten.

Aber durch die Entwicklung leistungsfähiger Heliumverflüssiger mit geringem Raumbedarf finden supraleitende Magnete zur Erzeugung starker Magnetfelder immer weitere Verbreitung. Denn die Leistungsfähigkeit von supraleitenden Elektromagneten ist immens, weil ja die Bewegung der Elektronen nicht mehr behindert wird. Supraleitende Magnete finden in der medizinischen Diagnostik, z. B. bei Kernspintomografen zur Untersuchung des Gehirns, Verwendung. Aber auch die großen Beschleuniger zur Untersuchung atomarer Prozesse, z. B. beim DESY in Hamburg, wären ohne supraleitende Magnete nicht denkbar.

Kontrolle des Körperfetts

Das richtige Gewicht ist eine wesentliche Voraussetzung für die Gesundheit. Dabei spielt das im Körper angelegte Fett eine besondere Rolle: Es darf nicht zu viel, aber auch nicht zu wenig sein bezogen auf das Gesamtgewicht eines Menschen. Bei Fettleibigkeit können Krankheiten entstehen oder einen komplizierten Verlauf nehmen. So sind Erkrankungen der Herzkranzgefäße, des Herz-Kreislauf-Systems (hoher Blutdruck) und Zuckerkrankheit (Diabetes) davon abhängig, wo und wie viel Fett im Körper angelagert ist.

Die Menge des Körperfetts wird bestimmt durch Messung der Hautfaltendicke, durch Unterwassermessungen und durch Röntgenuntersuchungen. Dies sind sehr aufwändige Methoden. Eine einfache Bestimmung des Körperfettgehalts basiert auf der Messung des elektrischen Widerstands des Körpers. Denn Fett leitet den elektrischen Strom nur sehr schlecht, das gut durchblutete Muskelgewebe dagegen recht gut.

Zur Messung steigt der Mensch auf eine Waage, die sein Gewicht misst. Gleichzeitig wird durch Elektroden ein Strom durch den Körper geschickt. Elektronisch wird daraus der Widerstand des Körpers bestimmt. Ein eingebauter Computer verarbeitet beide Messwerte und die vorher eingegebenen Angaben über Geschlecht, Alter und Größe und errechnet daraus den Körperfettanteil.

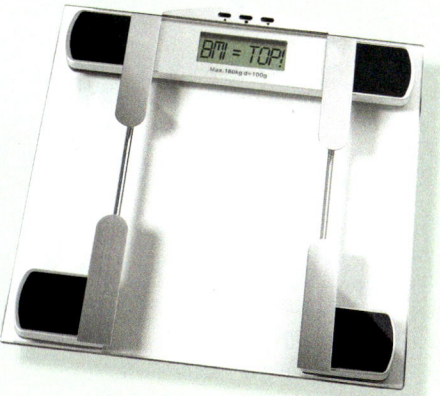

Elektronenstrom und Energiestrom

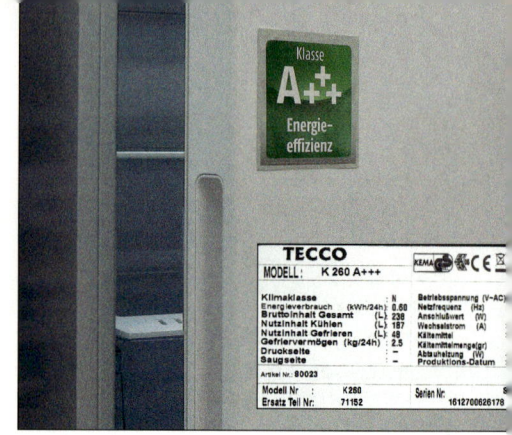

Ob Handy, Laptop, Lampe oder Kühlschrank – alle diese Geräte benötigen zu ihrem Betrieb elektrische Energie. Von welchen Größen ist der Energiestrom abhängig, der von einem Akku oder von der Steckdose ins Gerät fließt? Was bedeuten Angaben wie „40 W" bzw. „100 kWh pro Jahr"? Was wird eigentlich mit der „Stromrechnung" bezahlt?

Elektrische Energiestromstärke

Unabhängig von der Energieart, die strömt, beschreibt die Energiestromstärke P, wie viel Energie pro Sekunde übertragen bzw. gewandelt wird. Sie wird in der Einheit 1 W (Watt) gemessen: $1\,W = 1\,\frac{J}{s}$.
Wie hängt die elektrische Energiestromstärke P mit den elektrischen Größen I und U zusammen?

Glühlampen sind geeignet, Energieströme zu vergleichen. Die Helligkeit einer Lampe wird dabei als Maß für die Stärke des Energiestroms aufgefasst, den die Lampe aus der zufließenden elektrischen Energie in Lichtenergie (und innere Energie des Glühdrahts, die als „Verlust" in die Umgebung abgegeben wird) wandelt. Durch Helligkeitsvergleiche lassen sich dann Rückschlüsse auf die Energiestromstärken ziehen.

Parallelschaltung U = konstant

①, ② Zwei verschiedene Lampen mit der gleichen Nennspannung 6 V leuchten unterschiedlich hell: Zur größeren Energiestromstärke (größere Helligkeit der rechten Lampe ②) gehört die größere elektrische Stromstärke I.

③ Zwei gleiche, parallel geschaltete Lampen leuchten an derselben Quelle genauso hell wie eine allein. Der Energiestrom von der Quelle zu den beiden Lampen ist damit doppelt so groß wie bei einer Lampe. Doppelt so groß ist auch die elektrische Stromstärke I in der Zuleitung, nämlich 0,8 A (bei gleicher Spannung von 6 V). Eine dritte Lampe verdreifachte die Energiestromstärke P und die Stromstärke I. Es gilt also:
$P \sim I$ wenn U = konstant.

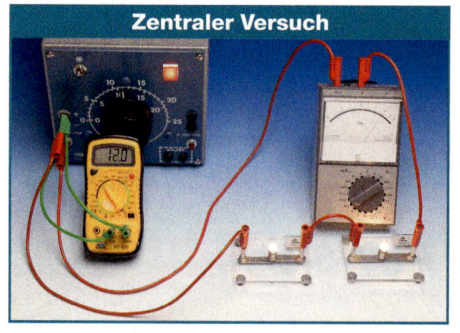

Reihenschaltung I = konstant

Die beiden gleichen Glühlampen werden in Reihe geschaltet. Sollen dabei beide so hell leuchten wie eine Lampe allein, muss die Spannung auf den doppelten Wert 12 V erhöht werden. Dann fließt durch jede Lampe ein Strom von 0,4 A. Die Quelle liefert insgesamt die doppelte Energiestromstärke. Soll noch eine dritte Lampe – in Reihe geschaltet – gleich hell leuchten, müssen 18 V anliegen. Es gilt also:
$P \sim U$ wenn I = konstant.

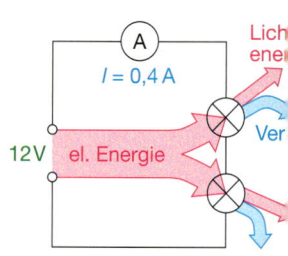

Die beiden gefundenen Proportionalitäten lassen sich zu einer zusammenfassen:
$P \sim U \cdot I$.
Also gibt es eine Proportionalitätskonstante k, sodass gilt $P = k \cdot U \cdot I$. Die Einheiten Watt, Volt und Ampere sind so festgelegt worden, dass $1\,W = 1\,V \cdot 1\,A$ gilt und die dimensionslose Konstante k den Wert 1 hat. Damit ergibt sich P zu
$P = U \cdot I$.

Wird eine 40 W-Glühlampe an 230 V angeschlossen, so zeigt ein Stromstärkemessgerät nur knapp 0,2 A, also eine deutlich geringere Stromstärke als im zentralen Versuch. Trotzdem ist die Energiestromstärke erheblich höher. Der Unterschied liegt in der Spannung U der benutzten Quellen.

Die elektrische Quelle ist der Antrieb für den Elektronenstrom. Eine Quelle mit höherer Spannung treibt die Elektronen im Stromkreis stärker an. Bei doppelter Spannung transportiert ein Elektronenstrom gleicher Größe auch doppelt so viel Energie. Dadurch können im zentralen Versuch zwei in Reihe geschaltete Lampen hell zum Leuchten gebracht werden, obgleich sich die elektrische Stromstärke nicht geändert hat.

> Die Energiestromstärke P der in einem Stromkreis transportierten Energie ist durch das Produkt aus der Spannung U der Quelle und der im Stromkreis vorhandenen Stromstärke I bestimmt: $P = U \cdot I$.

Energiestromstärke

Das Formelzeichen ist P.
Die Einheit ist 1 Watt (Watt):
$1\,W = 1\,VA = 1\,\frac{J}{s}$

Weitere Einheiten:
Kilowatt: 1 kW = 1000 W
Megawatt: 1 MW = 1000 kW
= 1 Mio W

Rechenbeispiel

Eine Steckdose ist mit 16 A abgesichert. An die Steckdose soll eine Dreifach-Steckerleiste und an diese ein Heizlüfter (2000 W), ein Bügeleisen (1700 W) und eine Stehlampe (300 W) angeschlossen werden. Beurteile, ob dies sinnvoll ist.

Lösung:
Da alle Geräte parallel geschaltet sind, addieren sich die Teilstromstärken zur Gesamtstromstärke. Diese darf 16 A aber nicht übersteigen. Aus $P = U \cdot I$ folgt die Stromstärke durch jedes einzelne Gerät:

Heizlüfter: $I_1 = \frac{P_1}{U} = \frac{2000\,W}{230\,V} = 8{,}7\,A$

Bügeleisen: $I_2 = \frac{P_2}{U} = \frac{1700\,W}{230\,V} = 7{,}4\,A$

Stehlampe: $I_3 = \frac{P_3}{U} = \frac{300\,W}{230\,V} = 1{,}3\,A$

Alle zusammen: $I_g = I_1 + I_2 + I_3 = 17{,}4\,A$

Alternativ kann folgendermaßen gerechnet werden:
Die Energiestromstärke aller drei Geräte beträgt zusammen $P = P_1 + P_2 + P_3 = 4000\,W$.
Mit $I = \frac{P}{U}$ folgt $I = \frac{4000\,W}{230\,V} = 17{,}4\,A$.

Die drei Geräte können nicht gleichzeitig betrieben werden. Es können höchstens Heizlüfter und Stehlampe oder Bügeleisen und Stehlampe gleichzeitig betrieben werden.

Aufgaben

1 Berechne jeweils die elektrische Stromstärke, die sich bei Betrieb einer 11 W-Energiesparlampe bzw. eines 1000 W-Toasters einstellt.

2 Normale 230 V -Steckdosen im Haushalt sind häufig durch 16 A-Sicherungen abgesichert.
a) Beurteile, ob ein 5,7 kW-Durchlauferhitzer an eine solche Steckdose angeschlossen werden darf.
b) Berechne, welche Energiestromstärke eine solche Steckdose im Höchstfall liefern kann.

3 Vier gleiche Glühlampen (12 V | 0,5 A) sind in Reihe geschaltet und leuchten normal hell. Berechne die Stromstärke der dabei transportierten Energie. Begründe.

4 Ein Tauchsieder trägt die Aufschrift 230 V | 300 W, ein zweiter Tauchsieder, der sich über den Zigarettenanzünder an die Batterie eines Autos anschließen lässt, die Angabe 12 V | 150 W. Erkläre anhand dieser Geräte, dass Angaben wie 230 V | x A bzw. 12 V | y A für elektrische Geräte nicht immer hilfreich sind.

5 In einer Küche sollen ein Warmwasserspeicher (2 kW), eine Geschirrspülmaschine (2700 W) und eine Mikrowelle mit Grill (1950 W) zusätzlich zu weiteren Elektrokleingeräten angeschlossen werden. Beschreibe die erforderliche Elektroinstallation. Die Stromkreise können über 16 A- oder 25 A-Sicherungen abgesichert sein.

Elektrische Energie

Die Energiestromstärke P gibt die in der Zeit t geflossene oder gewandelte Energie an: $P = \frac{E}{t}$.

Wird diese Formel nach E umgestellt und $P = U \cdot I$ eingesetzt, ergibt sich **$E = P \cdot t = U \cdot I \cdot t$.**

Für die Einheit gilt:

$1\,J = 1\,Ws = 1\,V \cdot 1\,A \cdot 1\,s = 1\,VAs$.

Der Versuch bestätigt die Formel für E. Nach drei Minuten zeigt das Energiemessgerät 0,05 kWh an. Mithilfe der Formel und der Umrechnung $3\,min = \frac{3}{60}\,h$ folgt für die umgesetzte Energie:

$E = 230\,V \cdot 4,35\,A \cdot 3\,min$

$ = 50\,Wh = 0,05\,kWh$

> Für die elektrische Energie, die in einem Gerät in der Zeit t gewandelt wird, gilt:
> $E = U \cdot I \cdot t$.

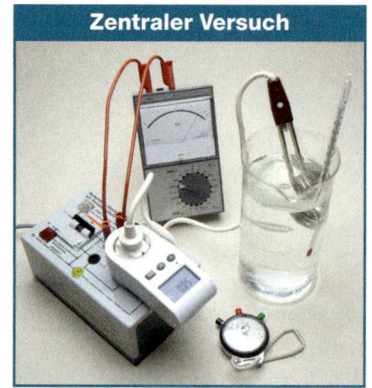

Zentraler Versuch

Aus $E = U \cdot I \cdot t$ folgt durch Umstellen und Umformen

$$U = \frac{E}{I \cdot t} = \frac{E}{Q}.$$

Die Formel $U = \frac{E}{Q}$ bedeutet:

> Die Spannung U gibt an, wie viel Energie E pro Ladung Q eine Quelle zur Verfügung stellt: $U = \frac{E}{Q}$.

Elektrische Energie

Das Formelzeichen ist E.
Die Einheit ist 1 J (Joule)
bzw. 1 kWh (Kilowattstunde).

Es gilt: $1\,J = 1\,Ws = 1\,VAs$
$1\,kWh = 1\,kW \cdot 1\,h = 1000\,W \cdot 3600\,s$
$ = 3,6\,Mio\,J$

Aufgaben

1 **a)** Berechne (in J und kWh), wie viel Energie in einer halbstündigen Fahrradfahrt in Vorder- und Rücklicht ((6 V | 0,5 A) bzw. (6 V | 0,1 A)) gewandelt wird.
b) Berechne, wie lange jeweils eine Fahrradlampe (6 V | 0,5 A) und eine Energiesparlampe (230 V | 11 W) leuchten müssten, bis in ihnen eine Energie von insgesamt 1 kWh gewandelt wurde.

Durchblick   Spannung – neu verstanden

Im Merksatz oben steht: Die Spannung gibt an, wie viel Energie pro Ladung eine Quelle zur Verfügung stellt:

$U = \frac{E}{Q}$; als Einheit ergibt sich daraus **$1\,V = \frac{1\,J}{1\,C}$.**

Die elektrische Spannung gibt an, welcher Energiebetrag pro Ladungsmenge auf Abruf verfügbar ist. Diese Energie muss irgendwann einmal in die Quelle hineingesteckt worden sein. Diese gespeicherte Energie kann von Elektrogeräten in andere Energieformen gewandelt werden.

In einem Stromkreis wird ständig Energie von der Quelle zum Nutzer/Gerät transportiert. Dieser Transport von elektrischer Energie ist an das Fließen von Elektronen, also an das Verschieben von Ladung gebunden. Für die in der Zeit t transportierte Ladung Q, also für die Stromstärke, gilt $I = Q/t$. Die Stromstärke I ist also eine zeitabhängige Größe, während die Spannung $U = E/Q$ eine zeitunabhängige Größe ist.

Durch Einsetzen von $Q = I \cdot t$ und Umformen ergibt sich jedoch eine andere Sichtweise:

$$U = \frac{E}{Q} = \frac{E}{I \cdot t} = \frac{1}{I} \cdot \frac{E}{t}.$$

Das kann so interpretiert werden: Die elektrische Spannung gibt an, welcher Energiestrom in einem Stromkreis von einem Elektronenstrom bewirkt wird. Damit ist die Spannung keine zeitunabhängige Eigenschaft der Quelle mehr, sondern ein Maß für einen Energiestrom, also eine Eigenschaft des Stromkreises.

Damit gibt es also zwei Deutungsmöglichkeiten für den Begriff „Spannung" – einen *statischen* (zeitlich unveränderlichen), der die Spannung als Eigenschaft der Quelle beschreibt, und einen *dynamischen* (zeitlich veränderlichen), der die Spannung als Eigenschaft des Stromkreises beschreibt:

- *statisch* $U = \frac{E}{Q}$: **Die Spannung gibt an, welchen Energiebetrag eine Quelle pro Ladung zur Verfügung stellt.**
- *dynamisch* $U = \frac{E}{t} \cdot \frac{1}{I}$. **Die Spannung gibt an, welcher Energiestrom in einem Stromkreis von einem Elektronenstrom hervorgerufen wird.**

„Stromrechnung" | Streifzug

Der umgangssprachliche Begriff „Stromrechnung" ist nicht ganz exakt, da der Kunde keinen Strom kauft. Auch die elektrische Ladung behält der Kunde nicht; sie fließt in einem geschlossenen Stromkreis dahin zurück, wo sie herkam. Was bezahlt der Kunde also, wenn er seine „Stromrechnung" begleicht?

Der Kunde bezahlt bei seinem Energieversorgungsunternehmen (EVU) die gelieferte elektrische Energie. Ein „Stromzähler" (besser „Energiezähler") misst die dem Haushalt gelieferte elektrische Energie (in kWh) und zeigt den „Verbrauch" auf dem Zählwerk an. (Natürlich wird die elektrische Energie nicht „verbraucht" und verschwindet spurlos, sondern wird in andere Energieformen gewandelt.)

Die Rechnung des EVU hat im Prinzip folgenden Aufbau:

Jahresrechnung 2014

Rechnungsdatum: 15.01.2015
Kundennummer: 012.345.678901.2

Marlis Muster
Energiepfad 4
34999 Stromdorf

Bankverbindung
IBAN DE 07 1234 5678 9012 3456 78
BIC   SPKHDE0WXYZ

Verbrauchsermittlung: Zählernummer 951357

Zählerstände		Verbrauch	
Ablesung	Stand	kWh	Tage
02.01.14	16365		
31.01.14	16793	428	29
02.01.15	20636	3843	336

Der „Verbrauch" wird über die Differenz der Zählerstände berechnet.
Daneben erfolgt die Berechnung des Abrechnungszeitraums in Tagen.
Dies ist wichtig, falls sich im Abrechnungszeitraum Änderunen in den Tarifen ergeben oder Sonderabgaben dazukommen.

Abrechnung

Abrechnungszeitraum		Verbrauch	Tarif	Arbeitspreis	Arbeitsbetrag	Bereitstellung
von	bis	kWh		Cent/kWh	€	€/Jahr
02.01.14	02.01.15	4271	Haushalt 1	23,30	995,14	58,51

Summe   1053,65 €
Umsatzsteuer 19%   200,19 €
zu zahlender Betrag: 1253,84 €

Ihre Abschlagszahlung für 2014 betrug monatlich   94,00 €
Jahresvorauszahlung   1128,00 €

Unsere Restforderung   125,84 €
Dieser Betrag wird am 31.01.2015 abgebucht

Monatliche Abschlagszahlung ab Januar 2015   105 €

Der errechnete „Verbrauch" wird mit dem tarifabhängigen Arbeitspreis multipliziert; das ergibt den Arbeitsbetrag. Der Bereitstellungspreis ist der Mietpreis für den zur Verfügung gestellten Stromzähler.
Der Arbeitspreis enthält eine Stromsteuer von 2,05 Cent (pro kWh) sowie Netzentgelte für die Nutzung der Stromleitungen und Umlagen gemäß dem Erneuerbare-Energie-Gesetz (EEG).
Arbeitspreis und Bereitstellungspreis werden addiert und ergeben mit der Umsatzsteuer den zu zahlenden Betrag.

Die monatliche Abschlagszahlung ist $\frac{1}{12}$ des zu zahlenden Betrages des Vorjahres.
Der Kunde bezahlt monatlich einen festgelegten Betrag, der ihm am Ende gutgeschrieben wird. Im Normalfall entsteht eine Restforderung, die vom Konto des Kunden abgebucht wird.
Aus dem zu zahlenden Betrag wird dann wieder die monatliche Vorauszahlung für das kommende Jahr ermittelt. Diese Vorauszahlung wird dann monatlich vom Konto abgebucht.

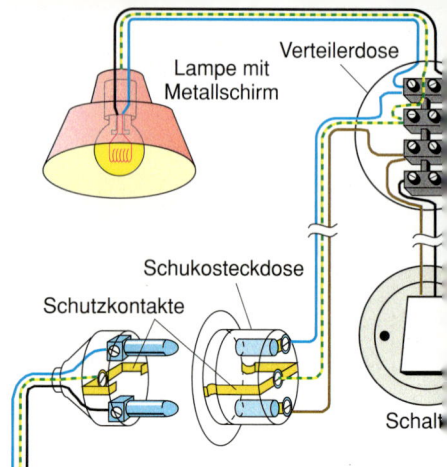

Lampe mit Metallschirm
Verteilerdose
Schukosteckdose
Schutzkontakte
Schalt

Gefahren und Schutzmaßnahmen

Der bedenkenlose Umgang mit elektrischem Strom birgt Gefahren. Für die Elektrizitätsanlage in einem Haus gibt es zahlreiche Vorschriften, die ein Elektriker zu beachten hat. Alle ausgedehnten metallischen Leiter (Heizungsrohre, Wasserleitungsrohre, Gasrohre, Dachrinne, Badewanne, Duschwanne etc.) müssen mit der Hauserdung verbunden sein. Ebenso unterliegen elektrische Geräte gesetzlichen Schutzvorschriften. Wie funktioniert das Haushaltsstromnetz und wie verlaufen die Stromkreise?

Erdschluss und Schutzerdung

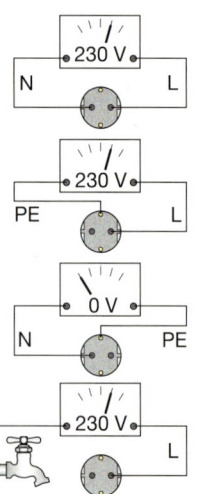

Die genaue Überprüfung der Anschlüsse einer Steckdose mithilfe eines Spannungsmessgerätes (nur durch einen Fachmann) zeigt, dass immer nur bei Verbindung mit einer Leitung bzw. einem Pol der Steckdose eine Spannung von 230 V gemessen wird. Diese Leitung heißt L-Leiter (engl. leader, braune oder schwarze Ummantelung). Zwischen den anderen Leitern, dem N-Leiter (Null-Leiter, blaue Ummantelung) und dem Schutzleiter (PE, engl. protection earth, gelbgrüne Ummantelung), liegt keine Spannung – ebenso nicht zwischen einer Wasserleitung und N-Leiter oder PE. Denn die Wasserleitung ist in der Erde verlegt, der PE-Leiter ist am Hausanschluss mit einem in der Erde verlegten nichtisolierten „Ring-Erder" verbunden, der N-Leiter ist in der Trafostation „geerdet" und damit mit den Wasserrohren leitend verbunden. Deshalb kann zwischen ihnen keine Spannung liegen, wohl aber zwischen den drei geerdeten Leitern und dem L-Leiter.

Elektrische Großgeräte (Waschmaschine, Herd, PC) haben metallische Gehäuse, sind also nicht schutzisoliert. Berührt ein Mensch ein solches Elektrogerät, dessen L-Kabel Kontakt mit dem metallischen Gehäuse hat, dann wird ein Stromkreis über den Körper und die Erde geschlossen. Ein solcher **Erdschluss** ist – ohne Vorhandensein eines Schutzleiters – lebensgefährlich, denn die Stromstärke ist für den Menschen zu hoch, aber für die Sicherung zu klein: sie spricht nicht an.

Der Schutzleiter und die **Schutzkontakte** in den Schukosteckern und -dosen haben die Aufgabe, einen solchen Erdschluss durch Isolationsschäden in den Geräten unschädlich zu machen. Die Zuleitungskabel der Geräte sind deshalb genauso wie das Haushaltsnetz dreiadrig: Metallische Gehäuseteile sind über Schutzleiter und Schutzkontakte direkt mit der Erde verbunden. Im Falle einer Berührung des L-Leiters mit dem Gehäuse kommt es zu einem Kurzschluss und die Sicherung unterbricht sofort den Stromkreis. Deshalb darf jedes Elektrogerät, das nicht schutzisoliert werden kann, nur über einen Schuko-Stecker an eine Schuko-Steckdose angeschlossen werden.

> Die Schuko-Steckdose und der Schuko-Stecker mit den dreiadrigen Kabelverbindungen verhindern in den meisten Fällen einen Erdschluss über den Menschen.

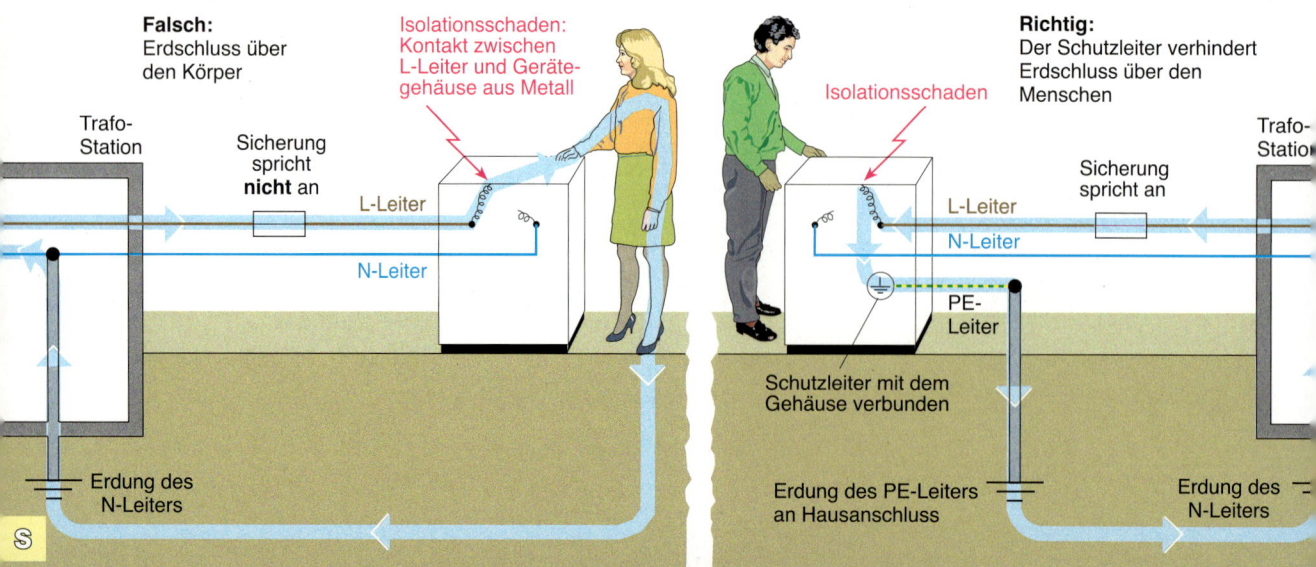

Falsch: Erdschluss über den Körper

Isolationsschaden: Kontakt zwischen L-Leiter und Gerätegehäuse aus Metall

Richtig: Der Schutzleiter verhindert Erdschluss über den Menschen

Isolationsschaden

Trafo-Station

Sicherung spricht **nicht** an

L-Leiter

N-Leiter

Erdung des N-Leiters

Sicherung spricht an

L-Leiter

N-Leiter

PE-Leiter

Schutzleiter mit dem Gehäuse verbunden

Erdung des PE-Leiters an Hausanschluss

Trafo-Station

Erdung des N-Leiters

Sicherheit im Haushalt | Streifzug

Der FI-Schalter – technische Lösung für optimalen Schutz

Trotz einwandfreiem Drei-Leiter-System mit Schuko-steckdosen kam es früher besonders in den Feuchträumen zu tödlichen Unfällen.

Beispielhafte Situation: Beim Aufdrehen eines Wasserhahns und gleichzeitigem Abstützen auf eine Waschmaschine bekam der bedienende Mensch einen Stromschlag, obwohl die Maschine über einen Schuko-Stecker ans Netz angeschlossen war.

Warum war der Stromkreis nicht über den Schutzkontakt durch die Sicherung unterbrochen worden?

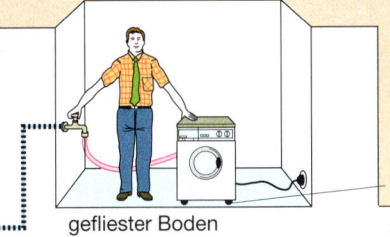

gefliester Boden — Kunststoffrollen

Genaue Untersuchungen ergaben, dass die Waschmaschine fehlerhaft verkabelt war:

Der Schutzleiter der Waschmaschine war an einen Polstecker angeschlossen, dafür ein Kabel des Motors an den Schutzkontakt. Beim Anschluss der Maschine über den Schuko-Stecker wurde das Gehäuse über den Schutzleiter mit dem spannungsführenden Leiter (L) verbunden – zwischen Metallgehäu-

Gehäuse — M — Rolle — Fußboden

se und Erde lag eine Spannung von 230 V. Da die Maschine auf Kunststoffrollen stand, ergab sich zwischen dem Gehäuse und dem gefliesten Boden ein Widerstand von 730 Ω. So floss zwar ein Strom zur Erde, die Stromstärke betrug aber nur $\frac{230\,V}{730\,\Omega}$ = 0,315 A. Von so einer geringen Stromstärke wird eine 16 A-Sicherung natürlich nicht ausgelöst.

Im Körper des Menschen floss über den Stromweg Gehäuse–Hand–Herz–Hand– Wasserleitung (Gesamtwiderstand ≈ 3,0 kΩ) bei 230 V ein Strom von $\frac{230\,V}{3000\,\Omega}$ = 76,7 mA – lebensgefährlich viel!

Um derartige Unfälle zu vermeiden, muss bei einem Erdschluss in sehr kurzer Zeit (< 0,2 s) der Stromkreis unterbrochen werden, damit der Herzschlag nicht aus dem Takt kommt. Der **FI-Schalter** (F steht für Fehler, I für Strom(stärke)) leistet das:

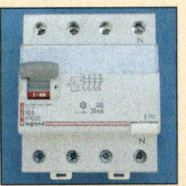 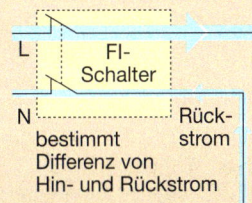

L — FI-Schalter
N — Rück-bestimmt strom Differenz von Hin- und Rückstrom
Hin-strom

Durch den FI-Schalter werden der Hin- und der Rückstrom durch L- und N-Leiter gemessen. Tritt ein **Erdschluss** auf, so kommt es zu einer Verzweigung. Der Rückstrom ist um den Erdschlussstrom geringer als der Hinstrom. Diese Differenz wird vom FI-Schalter erfasst; bei mehr als 20 – 30 mA werden in weniger als 0,2 s Hin- und Rückleitung des Geräts vom Netz getrennt.

Erde

Fehler-strom

Eurostecker

Elektrokleingeräte wie Radio, Rasierapparat oder das Ladegerät für ein Handy, deren Gehäuse aus nichtleitenden Stoffen bestehen und somit gegenüber elektrischem Strom isoliert sind, müssen nicht mit einem Schuko-Stecker ausgestattet sein. Der bei diesen Geräten verwendete Eurostecker kann wegen der Isolierung des Gehäuses auf einen

Schutzkontakt verzichten. In den meisten europäischen Ländern passen die Stecker in die Steckdosen, da innerhalb der EU gemeinsame Standards gelten. Der Kauf von Adaptern, wie er noch vor Jahrzehnten nötig war, um eigene Elektrogeräte im Ausland betreiben zu können, entfällt. Vor einer Reise in Nicht-EU-Länder ist es allerdings ratsam, sich zu erkundigen, ob der Anschluss

von Elektrokleingeräten an die im Reiseland vorhandenen Steckdosen möglich ist.

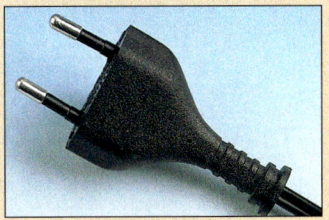

Streifzug — Wirkungen des elektrischen Stroms auf den Menschen

Wenn der menschliche Körper Teil eines Stromkreises ist, kann dies schreckliche Folgen haben: Verbrennungen oder Schock bis hin zum Tod.
Was geschieht im menschlichen Körper, wenn er Teil eines elektrischen Stromkreises wird?

Körperflüssigkeiten sind gute elektrische Leiter. Besonders gut leitet die Haut den elektrischen Strom, wenn sie feucht ist. Ist der menschliche Körper Teil eines Stromkreises, so kann das zu Verbrennungen der Haut, zu einem krampfartigen Zusammenziehen der Muskeln und zur Störung des Nervensystems führen. Bei hohen Stromstärken kommt es zu

- Herzkammerflimmern;
- Verkrampfungen der Brustmuskulatur, was zum Erstickungstod führen kann;
- Verbrennungen der inneren Organe, was zu Nierenversagen führen kann;
- schweren Verletzungen durch ruckartige Bewegungen beim Erschrecken.

Die häufigste Todesursache ist auf das Auftreten von *Herzkammerflimmern* zurückzuführen. Bei dieser Störung des Herzleitungssystems kommt der geordnete Rhythmus der Herztätigkeit, die kräftige Kontraktion der Herzkammern, aus dem Takt. Der Blutdruck sinkt ab und die Blutzirkulation kommt zum Erliegen. Schon nach wenigen Minuten sterben empfindliche Körperstellen durch den auftretenden Sauerstoffmangel ab.

Die Wirkung des elektrischen Stroms ist abhängig von der Größe der Stromstärke durch den Menschen und der Zeit ihres Einwirkens.

- Stromstärken bis etwa **20 mA** haben auch bei längerer Einwirkung keine negativen Folgen, allerdings besteht Verletzungsgefahr durch Stürze – ausgelöst durch Muskelverkrampfungen.
- Stromstärken von **20–80 mA** führen zu Herzunregelmäßigkeiten, erhöhtem Blutdruck, kurzzeitigem Herzstillstand. Bei längerer Einwirkungszeit von Stromstärken über **50 mA** kann Bewusstlosigkeit auftreten.
- Stromstärken über **80 mA** lösen Herzkammerflimmern aus (meist mit Todesfolge), falls die Einwirkungszeit länger als eine Herzperiode dauert.

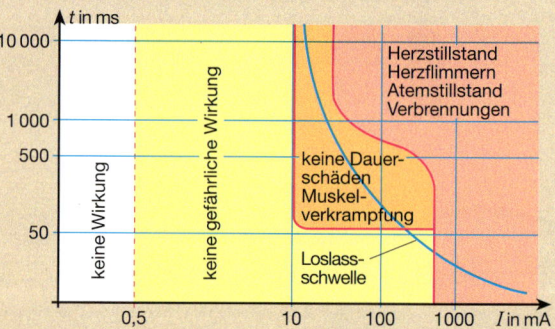

Für die notwendigen Schutzmaßnahmen zur Vermeidung von Stromunfällen sind zwei Gesichtspunkte zu beachten:

- die Größe der auslösenden Stromstärke
- die Ansprechzeit des Trennschalters

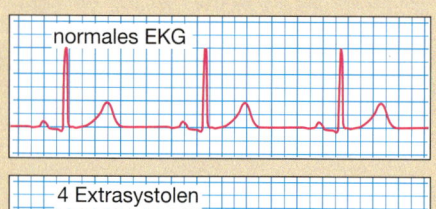

normales EKG

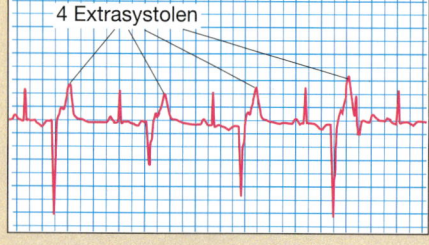

4 Extrasystolen

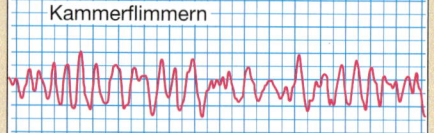

Kammerflimmern

Was muss bei einem Stromunfall beachtet werden?

In der Schule:

1. Den dafür vorgesehenen roten Notausschalter (Pilzdruckschalter) betätigen, um den Stromkreis zu unterbrechen.
2. Den Verunglückten nicht berühren, solange der Stromkreis nicht sicher unterbrochen ist
3. Sofort Hilfe holen
4. Erste-Hilfe-Maßnahmen einleiten

Im Haushalt:

1. Den Stromkreis, in dem sich der Geschädigte befindet, mithilfe der Sicherung ausschalten
2. Sofort Hilfe rufen: Notruf 112
3. Erste-Hilfe-Maßnahmen einleiten, z. B. Herzdruckmassage und Atemspende

Erkundige dich, wo in eurem Haushalt der Sicherungskasten ist und welche der Sicherungen zu welchem Stromkreis gehört.

Die Väter der Elektrik   Streifzug

GEORG SIMON OHM
(1789–1854)
deutscher
Physiker

ALESSANDRO VOLTA
(1745–1827)
italienischer
Naturwissen-
schaftler

ANDRÉ AMPÈRE
(1775–1836)
französischer
Physiker und
Mathematiker

Ohm nahm mit 22 Jahren sein Studium in seiner Geburtsstadt Erlangen auf. Mit seiner Arbeit über „Licht und Farben" erwarb er 1811 den Doktortitel und arbeitete als Lehrer in Bamberg und in Köln. Seine Neugier galt dem Zusammenhang von elektrischen Größen. Im Jahr 1821 gelang es OHM, der neben seinem Lehramt wissenschaftlich experimentierte, einen Zusammenhang von Spannung, Stromstärke und Widerstand zu formulieren. Trotz vieler Veröffentlichungen der Ergebnisse seiner Arbeit fand OHM keine wissenschaftliche Anerkennung.

Erst im Jahr 1833, OHM war zu diesem Zeitpunkt schon 43 Jahre alt, bekam er eine Professur für Physik in Nürnberg. König Ludwig I. von Bayern berief ihn zum Ministerialreferenten für das Telegrafenwesen. 1848 wurde OHM Professor für Physik an der Universtät München. Diese Anerkennung beflügelte seine wissenschaftliche Arbeit. An der Universität waren seine Vorlesungen überfüllt. Er schrieb für seine Studenten das Lehrbuch „Grundzüge der Physik als Copendium für meine Vorlesung".

OHM starb am 6. Juli 1854. Seine wohl größte Auszeichnung wurde ihm posthum verliehen: Der Kongress der Elektrotechniker benannte nach ihm die Einheit des elektrischen Widerstandes „Ohm" (Ω).

VOLTA besuchte die städtische Jesuitenschule in Como. Er studierte zunächst Philosophie und dann Naturwissenschaften. Schon als Schüler trat er mit Physikern in Briefwechsel und veröffentlichte 1769 und 1771 seine ersten wissenschaftlichen Arbeiten. VOLTA forschte hauptsächlich in der Elektrizitätslehre. 1774 wurde er Physiklehrer am Gymnasium in Como. Im darauf folgenden Jahr erfand er den Elektrophor, eine Metallplatte mit isoliertem Griff, die in der Lage ist, die von einem negativ geladenen Gegenstand an der Plattenunterseite erzeugte positive Ladung zu speichern.

1779 wurde er zum Professor für Physik an die Universität Pavia berufen, wo für ihn ein neuer Vorlesungssaal, die Aula Voltiana, gebaut wurde. 1791 wurde Volta in die Londoner Royal Scociety aufgenommen. 1792 hörte er von den Froschschenkelexperimenten des LUIGI GALVANI (1737–1798) und fand hier sein künftiges Arbeitsgebiet. Schon in seinen ersten Publikationen 1792 beseitigte VOLTA unrichtige Vorstellungen GALVANIs und gab klare Bedingungen für das Zustandekommen einer galvanischen Aktion. Um 1794 entwickelte VOLTA den ersten Vorgänger einer Batterie. Er starb am 5. März 1827. Ihm zu Ehren wird die Einheit der Spannung „Volt" (V) genannt.

AMPÈREs Kindheit wurde von der Französischen Revolution stark überschattet. Sein Vater starb unter der Guillotine. Als Achtzehnjähriger befasste er sich mit den Lehrbüchern des Mathematikers LEONHARD EULER und der Mechanik von JOSEPH-LOUIS LAGRANGE. Er wandte sich zunächst der Botanik, der Metaphysik und der Psychologie zu, ehe er Mathematik und Physik studierte. Im Jahre 1802 verfasste AMPÈRE ein mathematisches Werk zur Spieltheorie.

AMPÈRE hatte eine Professur an der Pariser École Polytechnique und im Collège de France. Er konnte 1820 in Versuchen nachweisen, dass zwei stromdurchflossene Leiter eine Anziehungskraft aufeinander ausüben, wenn in beiden Leitern die Stromrichtung gleich ist, und dass sie eine Abstoßungskraft aufeinander ausüben, wenn die Stromrichtung entgegengesetzt ist. AMPÈRE konstruierte ein Gerät zur Messung des Stroms, das er Galvanometer nannte. Er erkannte, dass die fließende Elektrizität die eigentliche Ursache des Magnetismus ist. AMPÈRE erklärte den Begriff der elektrischen Spannung und des elektrischen Stromes und setzte die Stromrichtung fest.

1836 starb AMPÈRE. Zu seinen Ehren ist die Einheit des elektrischen Stromes mit „Ampere" (A) bezeichnet worden.

$$R \quad = \quad U \quad : \quad I$$
$$1\,\Omega \quad = \quad 1\,V \quad : \quad 1\,A$$

Grundwissen — Strom – Spannung – Widerstand

SYSTEM

Größen des Stromkreises

Messgerät:
parallel zu Quelle oder Gerät

Die **Spannung U** (in V) ist ein Maß für die Größe des Antriebs, den die Quelle den Elektronen gibt.

Die **Stromstärke I** (in A) ist ein Maß für die pro Zeitdauer Δt geflossene Anzahl an Elektronen bzw. Ladungen: $I = \dfrac{Q}{t}$

Messgerät:
in Reihe zu Quelle und Gerät

Im Zusammenspiel von Antrieb durch die Quelle (Spannung U) und Hemmung durch die Geräte (Widerstand R) stellt sich eine ganz bestimmte **Stromstärke I** ein:

$$I = \frac{1}{R} \cdot U.$$

Der Strom durch ein Gerät (**Widerstand R** in Ω) bewirkt eine Spannung, die der Quellenspannung entgegen gerichtet ist. Sie hemmt den Elektronenstrom.

QUELLE · Spannung U treibt den Elektronenstrom an · Elektronen · Stromstärke I · ELEKTROGERÄT · Gegenspannung hemmt den Elektronenstrom

Schaltungen

Parallelschaltung

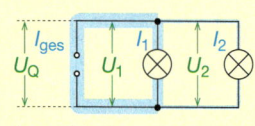

$I_{ges} = I_1 + I_2$
$U_Q = U_1 = U_2$

Knotenregel: Im verzweigten Stromkreis entspricht die Stromstärke vor und nach einem Knoten der Summe der Teilstromstärken.

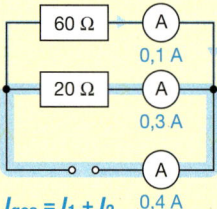

$I_{ges} = I_1 + I_2$

60 Ω — A — 0,1 A
20 Ω — A — 0,3 A
A — 0,4 A

Jede *Teilstromstärke* I_R ist um so größer, je kleiner der Widerstand ist: R und I sind antiproportional.

Reihenschaltung

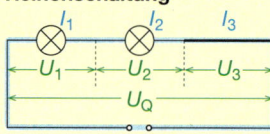

$U_Q = U_1 + U_2 + U_3$
$I_{ges} = I_1 = I_2 = I_3$

Maschenregel: Im unverzweigten Stromkreis ist die Summe der Teilspannungen über den Geräten so groß wie die Quellenspannung.

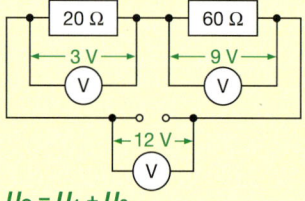

20 Ω — 3 V
60 Ω — 9 V
12 V

$U_Q = U_1 + U_2$

Jede *Teilspannung* U_R ist proportional zum Widerstand R: Am k-fachen Widerstand wird auch die k-fache Spannung gemessen.

Quellenspannung – Teilspannungen

Die Spannung der Quelle und die Widerstände der Geräte und der Zuleitungen bestimmen in einer Reihenschaltung die Größe der Teilspannungen über den Geräten. Die Summe der Teilspannungen entspricht der Quellenspannung.

Gefahren und Schutzmaßnahmen

- Nur mit Spannungen bis 25 V experimentieren!
- Stromstärken bis etwa 10 mA durch den menschlichen Körper sind ungefährlich, Stromstärken über 50 mA meist tödlich.
- Im Haushalt sorgen geerdete Null- und Schutzleiter sowie Sicherungen für Sicherheit für den Menschen und Schutz vor Bränden.

Atombau und Ladung

Körper bestehen aus Atomen oder Molekülen, die aus Atomen zusammengesetzt sind.

Atome bestehen aus einem Atomkern mit positiver **Ladung** und einer Hülle, die von negativ geladenen Elektronen gebildet wird. Die positive Ladung des Kerns und die negative Ladung der Hülle sind gleich groß, das Atom ist nach außen elektrisch neutral.

Es gilt ein **Erhaltungssatz:** Ladungen entstehen nicht und verschwinden nicht; sie können aber verschoben werden.

Elektronen-mangel Elektronen-überschuss

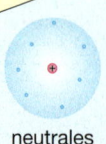

neutrales Atom

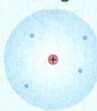

positives Ion

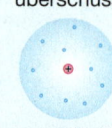

negatives Ion

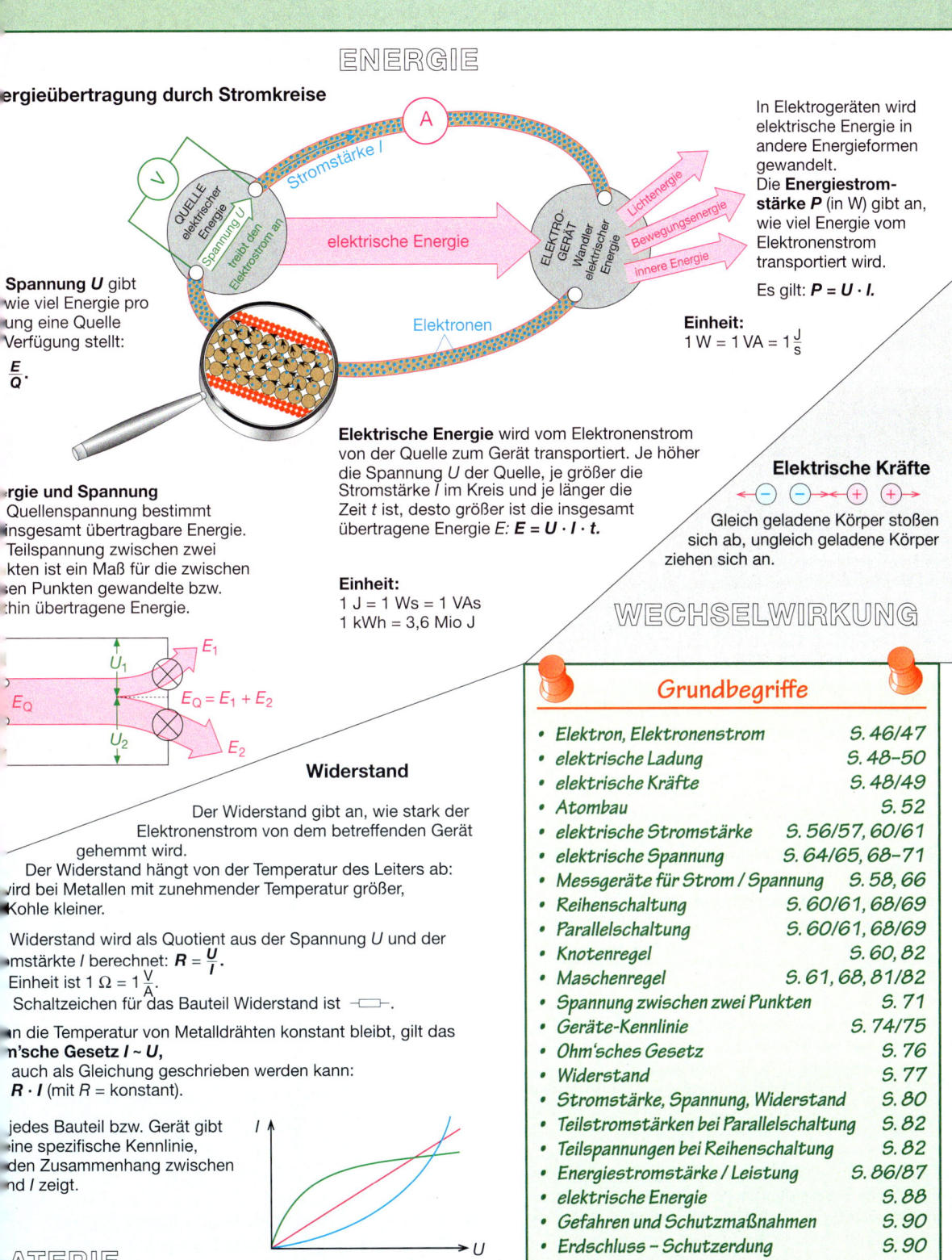

ENERGIE

...rgieübertragung durch Stromkreise

Stromstärke *I*

QUELLE elektrischer Energie · Spannung *U* · treibt den Elektrostrom an

elektrische Energie

ELEKTRO-GERÄT Wandler elektrischer Energie

Lichtenergie

Bewegungsenergie

innere Energie

Elektronen

In Elektrogeräten wird elektrische Energie in andere Energieformen gewandelt.
Die **Energiestromstärke *P*** (in W) gibt an, wie viel Energie vom Elektronenstrom transportiert wird.

Es gilt: $P = U \cdot I$.

Einheit:
$1\ \text{W} = 1\ \text{VA} = 1\ \frac{\text{J}}{\text{s}}$

Spannung *U* gibt ...wie viel Energie pro ...ung eine Quelle ...Verfügung stellt:

$\frac{E}{Q}$.

Elektrische Energie wird vom Elektronenstrom von der Quelle zum Gerät transportiert. Je höher die Spannung *U* der Quelle, je größer die Stromstärke *I* im Kreis und je länger die Zeit *t* ist, desto größer ist die insgesamt übertragene Energie *E*: $E = U \cdot I \cdot t$.

Einheit:
$1\ \text{J} = 1\ \text{Ws} = 1\ \text{VAs}$
$1\ \text{kWh} = 3{,}6\ \text{Mio J}$

...rgie und Spannung
...Quellenspannung bestimmt ...insgesamt übertragbare Energie. ...Teilspannung zwischen zwei ...kten ist ein Maß für die zwischen ...en Punkten gewandelte bzw. ...hin übertragene Energie.

U_1 E_1
E_Q $E_Q = E_1 + E_2$
U_2 E_2

Elektrische Kräfte

⊖ ⊖ ←→ ⊕ ⊕

Gleich geladene Körper stoßen sich ab, ungleich geladene Körper ziehen sich an.

WECHSELWIRKUNG

Widerstand

Der Widerstand gibt an, wie stark der Elektronenstrom von dem betreffenden Gerät gehemmt wird.

Der Widerstand hängt von der Temperatur des Leiters ab: ...ird bei Metallen mit zunehmender Temperatur größer, ...Kohle kleiner.

...Widerstand wird als Quotient aus der Spannung *U* und der ...mstärke *I* berechnet: $R = \frac{U}{I}$.

...Einheit ist $1\ \Omega = 1\ \frac{\text{V}}{\text{A}}$.

...Schaltzeichen für das Bauteil Widerstand ist ▭.

...n die Temperatur von Metalldrähten konstant bleibt, gilt das ...m'sche Gesetz *I ~ U*,
...auch als Gleichung geschrieben werden kann:
$R \cdot I$ (mit *R* = konstant).

...jedes Bauteil bzw. Gerät gibt ...ine spezifische Kennlinie, ...den Zusammenhang zwischen ...nd *I* zeigt.

...ATERIE

Grundwissen   Strom – Spannung – Widerstand

A1 a) Fertige mit den Grundbegriffen der Seite 96/97 Karteikarten an. Notiere den Begriff auf der Vorderseite und erläutere ihn auf der Rückseite, eventuell mit sonstigen Besonderheiten. Anstelle der Karteikarten kannst du auch eine elektronische Datenbank anlegen.
b) Erstelle eine Mindmap für das ganze Kapitel. Die Grundbegriffe helfen dir dabei.

A2 Nicht jede der folgenden drei Zeichnungen zeigt die richtige Vorstellung vom Elektronenstrom in Metallen. Entscheide für jede Zeichnung, ob die Darstellung richtig ist. begründe deine Aussagen jeweils.

①   ②   ③

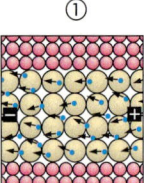   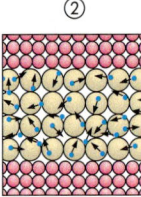   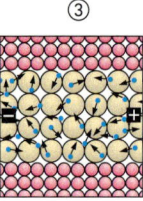

A3 Zwei aufgeblasene Luftballons wurden an einem Wollpullover gerieben. Werden die beiden Ballons nebeneinander aufgehängt, so stoßen sie sich ab. Werden die geriebenen Luftballons an den Pullover gebracht, so bleiben sie an ihm „kleben".
a) Gib eine Erklärung für diese Beobachtungen.
b) Begründe, dass „Kleben" das falsche Wort für diesen Sachverhalt ist.
c) Erläutere mithilfe der Elektronenvorstellung: Beim Reiben eines Glasstabs mit einem Wolltuch wird der Glasstab positiv geladen.

A4 Ein elektrisch neutrales Atom hat in seiner Hülle 6 Elektronen.
a) Gib die Ladung des Atomkerns an.
b) Es werden 2 Elektronen aus der Hülle entfernt. Gib an, welche Ladung das Atom jetzt hat und begründe deine Antwort.

A5 Max kauft in einem Bastelgeschäft eine 230 V-Lichterkette mit 20 Lampen und eine weitere mit 30 Lampen. Er möchte gleich noch eine Ersatzglühlampe mitnehmen. Die Verkäuferin fragt: „Für welche?". Max schaut sie verwundert an. Erläutere.

A6 Wandle zuerst in die in Klammern angegebene Einheit um. Runde dann auf zwei geltende Ziffern.
a) 32,5 mA (A);   4670 V (kV)   35 W (kW)
b) 0,0685 kV (V);   9,5 A (mA)   1,5 kWh (J)
c) 0,255 mA (A);   230 V (kV)   45 000 J (kWh)

A7 Ein Elektriker misst an einer Verteilerdose die Stromstärken der zu- und abgehenden Kabel. Am zugehenden Kabel misst er 9,7 A, am abgehenden Kabel zur Steckdose, an die ein Heizgerät angeschlossen ist, 8,7 A und in dem Kabel zur Deckenleuchte 0,9 A.
a) Er misst auch die elektrische Stromstärke am Abgangskabel für die zweite Steckdose, an der das Radio angeschlossen ist. Berechne die Stromstärke.
b) Fertige eine Schaltskizze für diese Verteilerdose und die angeschlossenen Geräte an. Kennzeichne in deiner Skizze die unterschiedlichen Stromstärken durch unterschiedlich dicke farbliche Unterlegungen unter die Kabel.
c) Erläutere anhand dieses Beispiels die Knotenregel.

A8 a) Begründe, weshalb unterschiedliche Geräte, die die gleiche Nennspannung haben, stets parallel an eine Spannungsquelle angeschlossen werden können.
b) Erläutere am Beispiel eines (6 V|0,5 A)- und eines (6 V|0,1 A)-Lämpchens, weshalb es nicht sinnvoll (eventuell sogar schädigend) ist, die ungleichen Lämpchen in Reihe zu schalten.

A9 a) Vergleiche Elektronenstromstärke und Energiestromstärke beim Betrieb einer (230 V|11 W)-Energiesparlampe und einer (6 V|5 A)-Optiklampe.
b) Erläutere in diesem Zusammenhang den Begriff „Spannung".

A10 Drei gleiche Fahrradglühlampen (6 V|2,4 W) werden ① alle in Reihe bzw. ② alle parallel an ein regelbares Netzgerät angeschlossen und zwar so, dass jeweils alle drei Lämpchen mit normaler Helligkeit leuchten.
a) Fertige jeweils eine Schaltskizze an.
b) Gib an und begründe, auf welche Spannung das Netzgerät jeweils eingestellt werden muss.
c) Berechne für beide Stromkreise, welche (Gesamt-)Stromstärke sich einstellt und wie viel elektrische Energie (in J) jeweils pro Sekunde in dem Stromkreis gewandelt wird.
d) Die Spannungen der Quellen und die Gesamtstromstärken sollen gemessen werden. Zeichne die Messgeräte mit in die Schaltskizzen aus a) und erläutere wesentliche Unterschiede bei der Strom- und Spannungsmessung.

A11 Entscheide begründet, ob die folgende Aussage richtig ist: Elektronenstromstärke und Energiestromstärke sind stets zueinander proportional.

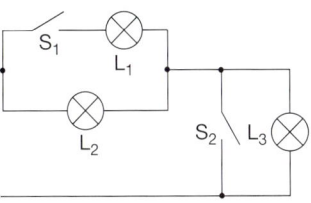

A12 Drei gleiche Lampen sind wie in der Abbildung geschaltet. Die Quellenspannung entspricht der Nennspannung jeder Lampe.

a) Lege eine Tabelle nach folgendem Schema an und fülle sie aus.

Schalter-stellungen	Welche Lampen leuchten mit welcher Helligkeit? Begründe.
S_1 auf, S_2 auf	
S_1 zu, S_2 auf	
S_1 zu, S_2 zu	
S_1 auf, S_2 zu	

Vergleiche dabei die Helligkeit der Lampen, mit der Helligkeit einer Lampe, wenn sie einzeln an die Quelle angeschlossen ist. Begründe ausführlich.
b) Zeichne einen dritten Schalter so ein, dass bei einer bestimmten Schalterstellung ein Kurzschluss auftritt. Begründe.
c) Es gibt eine weitere Schaltung der drei Lampen, so dass eine Mischung aus Parallel- und Reihenschaltung vorliegt. Fertige eine Schaltskizze an (ohne Schalter). Beschreibe und begründe, mit welcher Helligkeit die Lampen leuchten werden.

A13 Bei einem Tischventilator wurden folgende Elektronenstromstärken in Abhängigkeit von der anliegenden Spannung gemessen.

U	50 V	90 V	130 V	170 V	215 V	230 V
I	0,30 A	0,60 A	0,84 A	1,11 A	1,40 A	1,75 A

a) Beschreibe die Energiewandlungen und nenne den eigentlichen Energiewandler.
b) Zeichne und deute die U-I-Kennlinie.
c) Bestimme Widerstand und Energiestromstärke bei 110 V.

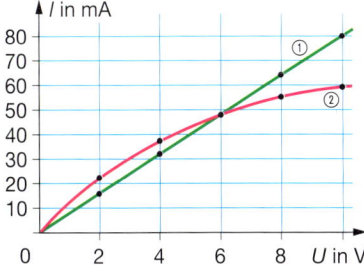

A14 a) Vergleiche die Widerstände der beiden Bauteile anhand ihrer U-I-Kennlinien.
b) Mache eine begründete Aussage zur Stromstärke bei $U = 16$ V.

A15 Bestimme begründet die Anzeige aller vier Messgeräte in der Schaltung rechts ($U = 12$ V).

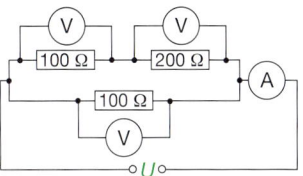

A16 Zum Aufbau eines Stromkreises stehen Batterien mit 4,5 V und 9 V Nennspannung sowie Glühlämpchen mit 50 Ω und 75 Ω zur Verfügung.
a) Welches Glühlämpchen muss mit welcher Batterie betrieben werden, damit die Stromstärke möglichst groß bzw. klein wird? Begründe ohne zu rechnen mit den Begriffen „Antrieb" und „Hemmung".
b) Berechne die jeweils auftretenden Stromstärken.

A17 a) Nimm begründet Stellung zu folgender Aussage: Der Widerstand einer (6 V | 0,4 A)-Glühlampe beträgt stets 15 Ω.
b) Erläutere dabei auch den Zusammenhang zum Ohm'schen Gesetz.

A18 Bei einer Taschenlampe beträgt die Stromstärke durch das Lämpchen 200 mA. Fließt ein Strom von 30 mA durch einen Menschen, besteht Lebensgefahr. Erkläre, warum es trotzdem gefahrlos möglich ist, die Pole einer Taschenlampenbatterie anzufassen.

Taschenlampe	ca. 60 Ω
Mensch bei trockener Haut	ca. 1000 Ω
Mensch bei nasser Haut	ca. 750 Ω

A19 a) Nenne Geräte im Haushalt bzw. in der Schule, die eine Schutzleitung mit Schuko-Stecker bzw. keine solche haben.
b) Erläutere Unterschiede im Bau bzw. in der Konstruktion der Geräte, die die unterschiedlichen Zuleitungen begründen.

A20 Zwei Widerstände $R_1 = 20$ Ω und $R_2 = 40$ Ω werden nacheinander erst einzeln, dann parallel und schließlich in Reihe an eine Quelle mit der Spannung 6 V angeschlossen.
a) Fertige Schaltskizzen an und berechne jeweils die Elektronenstromstärke.
b) Entscheide ohne Rechnung, aber mit Begründung, in welcher der vier Schaltungen die Energiestromstärke am kleinsten bzw. am größten ist.
c) Berechne die Energiestromstärke für die Parallelschaltung.

Staubfilter

Staub ist eine Umweltbelastung, die bei Menschen unter anderem Asthma auslösen kann. Deshalb werden Abgase von Industrieanlagen (z.B. Kraftwerke) durch **elektrostatische Staubfilter** von Staub gereinigt.

1 Informiert euch über Aufbau und Wirkungsweise eines elektrostatischen Staubfilters.

2 Ein Modellversuch zur elektrostatischen Staubfilterung kann mithilfe eines elektrisch geladenen Kunststoffstabes an einem Wasserstrahl demonstriert werden.
a) Ladet einen Kunststoffstab durch Reibung und nähert diesen einem dünnen Wasserstrahl. Dokumentiert eure Beobachtung.
b) Wiederholt den Versuch mit einem Stab, der die entgegengesetzte Ladung trägt. Vergewissert euch, dass der Stab auch bestimmt entgegengesetzt geladen ist.
c) Begründet eure Versuchsergebnisse genau.
(*Hinweis:* Wasser ist ein **Dipol**.)

3 Überlegt, wie ihr mithilfe eines verzinkten Regenfallrohres einen Staubfilter selbst bauen könnt.

4 Vergleicht den nebenstehenden Haushalts-Staubwischer mit einem elektrostatischen Staubfilter.

5 Fertigt ein Plakat rund um den Staubfilter an, das auch eure Experimente umfasst.

Veränderliche Widerstände

Ein Widerstand mit veränderlichem Abgriff lässt sich leicht mithilfe eines Konstantandrahtes bauen.

1 Schaltet einen solchen Widerstand in Reihe mit einer Glühlampe. Untersucht und begründet die Wirkungsweise dieses Widerstandes.

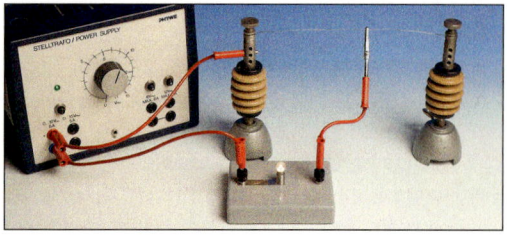

2 Schaltet nun euren Widerstand parallel zum Netzgerät und die Glühlampe zwischen Mittenanschluss und rechtem oder linken Anschluss des Drahtes. Untersucht die Wirkungsweise dieser Schaltung, **Potentiometer** genannt.

3 Vergleicht die beiden Schaltungen. Überlegt euch Anwendungsbeispiele.

4 Steuert die Drehzahl eines Kleinmotors mit dieser Potentiometerschaltung. Verwendet den Motor eines Ventilators oder eines Spielzeugautos.

Batterien und Akkus

In Batterien wird Energie in Form von chemischer Energie gespeichert. Akkus können nach Gebrauch sogar wieder mit Energie geladen werden.

1 Ihr benötigt: mehrere Kartoffeln, mehrere 5 Ct-Münzen und Zink-Unterlegscheiben, eine rote Leuchtdiode (LED), Kabel mit Krokodilklemmen, ein Küchenmesser.
a) Präpariert jede Kartoffel wie abgebildet. Schließt die LED zunächst an eine „Kartoffelzelle" an. Achtet dabei auf den richtigen Anschluss der LED.

LED
Zinkscheibe
Die 5 Ct-Münze an den kurze Draht der LE anschließen

b) Bildet dann Reihenschaltungen bzw. Parallelschaltungen mehrerer Kartoffelzellen und prüft die Wirkung der verschiedenen Kartoffelbatterien auf die LED. Erklärt eure Beobachtungen.
c) Vergleicht die Kartoffelbatterie mit ALESSANDRO VOLTAS galvanischem Element (S. 67)

2 Verschafft euch eine Übersicht über die häufigsten **Batterie- und Akku-Typen**. Klärt insbesondere, welche Besonderheiten es bei jedem Typ gibt und wo die jeweiligen Vor- und Nachteile liegen.

3 Baut selber Batterien mit Hilfe von Platten aus verschiedenen Metallen, die in einer säurehaltigen Flüssigkeit stehen. Überzeugt euch mithilfe einer LED bzw. Glühlampe, dass Strom fließt, und messt die von eurer Batterie gelieferte Spannung.

A1 Eine Stahlstricknadel lässt sich sowohl magnetisieren als auch negativ aufladen.
a) Beschreibe mögliche Maßnahmen, die zum Magnetisieren bzw. Aufladen der Stricknadel führen und wie sich die Magnetisierung bzw. Aufladung experimentell nachweisen lässt.
Begründe, weshalb beim Aufladen die Stricknadel z. B. mit einer Plastikwäscheklammer gehalten werden muss.
b) Erläutere die Vorgänge im Innern der Stricknadel, die zur Magnetisierung bzw. zur Aufladung führen.
c) Nenne wesentliche Unterschiede zwischen magnetisierten Körpern und geladenen Körpern

A2 Die Nennspannung eines elektrischen Bauteils entspricht häufig nicht der vom Netzteil oder der Batterie zu Verfügung gestellten Spannung. Mithilfe eines Widerstandes geeigneter Größe kann das Bauteil dennoch an die vorhandene Spannungsquelle angeschlossen werden. Gerät und Widerstand werden dabei in Reihe geschaltet.
a) Fertige für eine (6 V | 0,4 A)-Lampe, für die nur eine 9 V-Blockbatterie zur Verfügung steht, eine entsprechende Schaltskizze an und berechne die Größe des erforderlichen Widerstandes. Erläutere deine Rechnung.
b) Ein Elektromotor mit der Aufschrift (16 V | 0,1 A) soll mit einer 24 V-Quelle betrieben werden. Berechne auch hier den erforderlichen Widerstand.
c) Ein wie in a) oder b) verwendeter Widerstand wird häufig als „Vorwiderstand" bezeichnet. Beurteile diese Namensgebung.

A3 a) Ein Widerstand ($R = 150\,\Omega$) wird zunächst an eine Spannung von 12 V, dann an eine Spannung von 24 V angeschlossen. Berechne jeweils die Energiestromstärke und beurteile das Ergebnis.
b) Weise die Gültigkeit der folgenden Formeln für ein Bauteil mit dem Widerstand R nach. Nenne auch die Voraussetzungen, unter der sie gelten.
$P = R \cdot I^2$ bzw. $P = U^2/R$

A4 Im Prospekt für eine moderne, energieeffiziente Geschirrspülmaschine wird ein jährlicher Energiebedarf von 237 kWh angegeben. Dabei werden wöchentlich fünf Spülgänge im Eco-Modus (Zeitdauer 150 min) zugrunde gelegt.
a) Berechne den Energiebedarf pro Spülgang sowie die durchschnittliche Energiestromstärke und die durchschnittliche elektrische Stromstärke.

b) Die Geräteleistung wird mit 2 400 W angegeben. Erkläre den Unterschied zu dem in a) berechneten Wert.

A5 Akkus speichern elektrische Energie in Form von chemischer Energie. Ihre „Kapazität" wird in der Einheit 1 Ah angegeben. Ein Akku der Kapazität 1 Ah kann 1 Stunde lang einen Strom der Stärke 1 A fließen lassen, alternativ 2 Stunden lang einen Strom der Stärke 0,5 A usw.
a) Berechne die Energie (in J und kWh), die ein Akku (1,2 V | 2100 mAh) gespeichert hat, wenn er voll aufgeladen ist.
b) Eine Taschenlampe wird mit zwei Akkus aus Aufgabe a) betrieben. Berechne, wie lange eine Glühlampe (2,4 V | 0,2 A) damit leuchten kann.
c) Berechne, wie lange es dauert, einen Handy-Akku (5 V | 1200 mAh) mithilfe einer kleinen Solarzelle zu laden, wenn diese (bei einer Spannung von 5 V) eine Energiestromstärke von 0,4 W liefert. Beurteile dein Ergebnis.

A6 Das Foto rechts zeigt zwei Glühlampen (4 V | 0,4 W) bzw. (230 V | 25 W), die in Reihe an 230 V angeschlossen sind. Beide Lampen leuchten normal hell, obgleich die kleine Glüh-

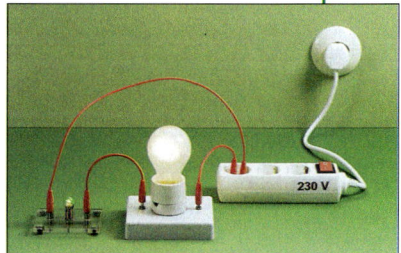

lampe doch gar nicht an 230 V angeschlossen werden dürfte.
a) Zeige, dass beide Lampen (etwa) für dieselbe Stromstärke ausgelegt sind.
b) Im Versuch wird die Spannung an beiden Lampen gemessen, für die kleine 4 V, für die große 226 V. Erkläre.

A7 Das Herz eines Menschen hat eine durchschnittliche Leistung von 1,5 W.
a) Berechne die Energiemenge, die dem Herz mindestens zugeführt werden muss, damit es 80 Jahre schlagen kann.
b) Vergleiche diese Energiemenge mit der, die ein Wäschetrockner bei einem Durchlauf benötigt.

A8 a) Auf einem „Stromzähler" steht 600 U/kWh. Erläutere diese Angabe.
b) Berechne die elektrische Leistung eines angeschlossenen Elektrogeräts, wenn die Scheibe des Stromzählers in drei Minuten 10 Umdrehungen macht.
c) Beurteile, ob du sicher sagen kannst, dass die in b) berechnete Leistung die Leistung des Elektrogeräts ist.

Bewegungen

Autos, Busse, Straßenbahnen, Motorräder, Fahrräder und Fußgänger und vieles mehr prägen das Bild einer Stadt. Vögel und Insekten fliegen in der Luft umher, Flugzeuge starten und landen und durchkreuzen den Himmel. Überall sind Bewegungen zu sehen – bei manchen ändert sich die Geschwindigkeit nicht, bei manchen wird beschleunigt oder abgebremst (z. B. bei Ampeln). Zu schnell fahrende Autos gefährden andere Verkehrsteilnehmer.

Daher gelten beispielsweise in der Nähe von Schulen oder Kindergärten und in Wohngebieten Geschwindigkeitsbeschränkungen.

In diesem Kapitel lernst du, wie Geschwindigkeiten und ihre Veränderungen auch ohne Tacho – nur mit Bandmaß und Stoppuhr – gemessen werden können und welche nützlichen Darstellungsformen es für Bewegungen gibt.

■ **Autounfall:** Ein kurzer Moment der Unaufmerksamkeit oder zu hohe Geschwindigkeit führen schnell zu einem Unfall, der neben erheblichen Blechschaden natürlich auch Menschen schädigen kann. Wenn die Polizei im Nachhinein den Unfallhergang rekonstruieren muss, sind die Bremsspuren ein erster Hinweis. Die Länge der sichtbaren Bremsspur und der Schaden am PKW können Aufschluss auf die vor dem Zusammenstoß gefahrene Geschwindigkeit geben.
Wie groß ist der Bremsweg bei einer bestimmten Geschwindigkeit? Wovon hängt er ab?

Geschwindigkeitskontrolle im Straßenverkehr:

An einigen Straßen befinden sich automatische Geschwindigkeits-Überwachungsanlagen. Einige davon erstellen bei Überschreitung der zulässigen Geschwindigkeit ein Foto des Autofahrers, andere zeigen ihm „nur" die momentan gefahrene Geschwindigkeit an, sodass er selbst überprüfen kann, ob er sich regelgerecht verhält. Oft werden auch Geschwindigkeitskontrollen von der Polizei durchgeführt, wozu Laserpistolen eingesetzt werden.

Geschwindigkeiten und Beschleunigungen

Weinbergschnecke	0,003 km/h	Schneeflocke	0,2 m/s
Fliege	8 km/h	Regentropfen	6 m/s
Biene	29 km/h	Wachstum Haar	0,3 mm/d
Hai	36 km/h		
Hase	65 km/h		
Schwertfisch	90 km/h		
Gepard	120 km/h		
Wanderfalke	180 km/h		
ICE	280 km/h		
Verkehrsflugzeug	1 000 km/h		
Satellit	28 500 km/h		

Manche Beschleunigungen in Natur und Technik sind einfach atemberaubend. Hier sind einige aufgeführt. Zum Vergleich: Ein Personenwagen benötigt ca. 10 s, um von 0 auf 100 $\frac{km}{h}$ zu beschleunigen.

	Von 0 auf 100 $\frac{km}{h}$
Tennisball	0,003 s
Schleudersitz	0,19 s
Startende Rakete	0,46 s
Gepard	2,53 s

Eine der schnellsten bekannten Bewegungen im Tierreich ist der Ausstoß der Nesselkapseln bei Feuerquallen: In 700 Nanosekunden (= 0,000 000 7 s) von 0 auf 125 $\frac{km}{h}$!

Transrapid:

Der Transrapid Shanghai ist ein Hochgeschwindigkeitszug auf der 30 km langen Strecke von einem Außenbezirk Shanghais (VR China) zum Flughafen Pudong.
Er benötigt für die 30 km lange Strecke 8 Minuten. Nach $3\frac{1}{2}$ Minuten (zurückgelegte Strecke: 12,5 km) ist die Betriebsgeschwindigkeit von 430 $\frac{km}{h}$ erreicht. Sie wird für 50 Sekunden gehalten, bevor die Verzögerungsphase (wiederum 12,5 km) beginnt. 2003 erzielte der Transrapid in Shanghai mit 501 $\frac{km}{h}$ einen neuen Rekord als schnellste kommerzielle Magnetschwebebahn. 2004 wurde der Regelbetrieb als fahrplanmäßig schnellstes spurgebundenes Fahrzeug der Welt aufgenommen.

Vorbereitung

1 Lies die Texte dieser beiden Seiten durch und betrachte die zugehörigen Bilder. Schreibe zu den einzelnen Themen Fragen auf, die du dazu hast.

2 Blättere das folgende Kapitel durch, lies die Überschriften und betrachte die Bilder. Notiere neben den Fragen aus **1** die Seitenzahlen, die deiner Meinung nach Antworten zu deinen Fragen liefern könnten.

3 Überlege und schreibe auf, was du in Experimenten untersuchen möchtest. Vielleicht hast du ja schon Ideen, wie die Versuche aussehen könnten.

Projekt — Geschwindigkeitsmessung

P1 Immer öfter werden in Städten Geschwindigkeitsmessungen durchgeführt, die der Information der Autofahrer dienen.
a) Überlegt, was diese Anlagen bewirken sollen.
b) Führt Befragungen durch, um herauszufinden, ob Autofahrer auch so verantwortungsbewusst sind und sich danach richten.

P2 a) Entwickelt ein Verfahren, mit dem ihr die Geschwindigkeit von Fahrzeugen mit Bandmaß und Stoppuhr oder mit einer Digital- bzw. Videokamera messen könnt.
Notiert die gefahrenen Geschwindigkeiten und erstellt eine Tabelle mit verschiedenen Geschwindigkeitsintervallen, z. B. $60-55 \frac{km}{h}$, $55-50 \frac{km}{h}$, $50-45 \frac{km}{h}$, $45-40 \frac{km}{h}$, ...
b) Stellt die Ergebnisse mithilfe von geeigneten Diagrammen dar.
b) Führt eine Langzeitstudie durch und schreibt einen Zeitungsartikel darüber.

Projekt — Bremswege

P1 Sucht einen geeigneten Platz (z. B. den Schulhof), an dem ihr ungefährdet Geschwindigkeiten und Bremswege für Fahrräder messen könnt.
a) Entwickelt ein Verfahren, mit dem ihr die gefahrene Geschwindigkeit v mit Bandmaß und Stoppuhr oder mit einer Digital- oder Videokamera messen könnt, falls das Fahrrad keinen Tacho hat.
b) Wenn der Radfahrer den Beginn der Bremsstrecke erreicht hat, bremst er seine Fahrt so stark wie möglich ab. Die Längen der Bremswege s werden gemessen und in eine Tabelle (wie rechts) eingetragen.
c) Entwickelt aus der Tabelle ein aussagekräftiges Diagramm. Setzt die Bremswege auch in Beziehung zu den ungefähren Massen („Kilos") der Fahrräder (samt Fahrer).

P2 Beantwortet folgende Fragen:
a) Wie lässt sich eine einheitliche Bremswirkung bei allen Versuchen verwirklichen?
b) Welche Rolle spielt es, wie schwer Fahrrad plus Fahrer sind?
c) Aus den Messungen ergibt sich die Geschwindigkeit in $\frac{m}{s}$. Wie lässt sich das in $\frac{km}{h}$ umrechnen?

P3 Präsentiert eure Ergebnisse vor der Klasse und formuliert Merkregeln.

v in $\frac{m}{s}$	2	3	4	5	6	7
v in $\frac{km}{h}$						
s in m						

Projekt — Grafische Darstellung von Bewegungen

P1 Es gibt im täglichen Leben viele Situationen, die mit „Bewegung" und „Geschwindigkeit" zu tun haben, aber meistens völlig unbeobachtet oder unbewusst ablaufen.
a) Überlegt euch solche möglichst interessanten Situationen und macht Voraussagen über die Ergebnisse, die ihr erwartet.
b) Führt zu solchen Situationen geeignete Versuchsreihen durch und stellt die Ergebnisse in entsprechenden Diagrammen dar.

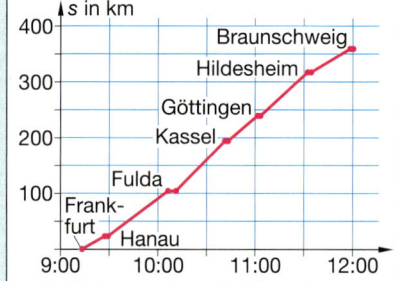

P2 a) Recherchiert, was ein **grafischer Fahrplan** ist.
b) Erstellt einen grafischen Fahrplan für die Verkehrsmittel, die ihr auf eurem Schulweg verwendet.

Bewegungen in Sport, Alltag und Natur Projekt

Für die folgenden Versuchsreihen benötigt ihr Stoppuhren und eine Videokamera. Die Auswertung der aufgezeichneten Bewegungsabläufe könnt ihr am Fernseher oder am Computer mit einer geeigneten Software durchführen. Auch im Fernsehen gibt es viele Sendungen mit „messbaren" Bewegungen, die auswertbar sind.

Videoanalyse: Mithilfe spezieller Programme lassen sich Videoaufnahmen von Bewegungen nachträglich mathematisch und physikalisch analysieren, indem die Bilder des beobachteten Bewegungsablaufs in Einzelschritten markiert werden. Solche Programme habt ihr möglicherweise in der Schule oder ihr findet sie auch kostenfrei im Internet.

P1 Untersucht unterschiedliche Bewegungsabläufe
a) von verschiedenen Fahrzeugen;
b) von Tieren (Vögel, Hunde, usw.);
c) von Sportlern in verschiedenen Sportarten.

P2 Stellt eure Ergebnisse in geeigneter Form (Bildfolgen, PowerPoint usw.) dar.

Windgeschwindigkeiten Projekt

Die **Beaufortskala** ist eine Skala, mit der Winde nach ihrer Geschwindigkeit in verschiedene **Windstärken** eingestuft werden.

Wind-stärke	Bezeich-nung	Ereignis	Geschwindig-keit bis
0	Stille	Rauch steigt senkrecht auf	unter $1 \frac{km}{h}$
1	Leiser Zug	Rauchablenkung sichtbar	$5 \frac{km}{h}$
2	Leichte Brise	im Gesicht spürbar	$11 \frac{km}{h}$
3	Schwache Brise	dünne Zweige bewegen sich	$19 \frac{km}{h}$
4	Mäßiger Wind	loses Papier fliegt	$28 \frac{km}{h}$
5	Frischer Wind	größere Zweige bewegen sich	$38 \frac{km}{h}$
6	Starker Wind	starke Äste bewegen sich	$49 \frac{km}{h}$
7	Steifer Wind	ganze Bäume bewegen sich	$61 \frac{km}{h}$
8	Stürmischer Wind	Autos geraten ins Schleudern	$74 \frac{km}{h}$
9	Sturm	leichte Beschädigungen	$88 \frac{km}{h}$
10	Schwerer Sturm	entwurzelte Bäume	$102 \frac{km}{h}$
11	Orkanartiger Sturm	schwere Zerstörungen	$117 \frac{km}{h}$
12	Orkan	Verwüstungen	über $117 \frac{km}{h}$

P1 a) Professionell werden Windgeschwindigkeiten mit dem unten fotografierten Gerät **(Anemometer)** gemessen.
Informiert Euch über die Wirkungsweise dieses Gerätes.

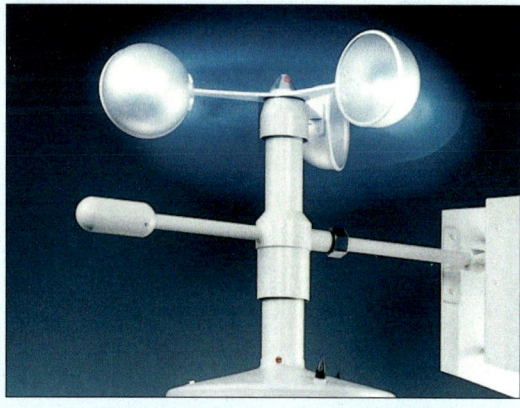

b) Sucht im Internet Bauanleitungen für einen Windgeschwindigkeitsmesser, baut ihn auf und messt dann Windgeschwindigkeiten bei verschiedenen Wetterlagen. Überprüft so die Angaben der Tabelle links.
Um genauer auswerten zu können, müsst ihr möglicherweise die Drehbewegungen eures Windrades mit einer Videokamera aufzeichnen. *Hinweis:* Jedes der Windräder dreht sich auf einer Kreisbahn mit dem Umfang $U = 2 \times 3{,}14 \times$ Radius des Windrades.

Bewegungen

Start · Länge 1220 m
Kurven 15
Höhenunterschied 114 m

Start 2 Rodel Damen
Rodel Doppel

Kreisel

Labyrinth

Ziel

Auslauf

Drei-Zwei-Eins – Go! Go! Go!
Ein Bobschlitten führt eine sehr komplizierte Bewegung aus.
Am Start wird er von den Sportlern hin- und hergeschoben.
Nach dem Start fährt er einen geraden Abschnitt, bevor
er in eine der vielen Kurven rast. Dabei erreicht er
eine Geschwindigkeit bis zu 150 $\frac{km}{h}$! Nach etwa einer
Minute ist die Fahrt vorbei.
Wie wird eine solche Bewegung beschrieben? Woher ist bekannt,
wie schnell die Bobfahrer waren?

Geradlinige Bewegung

Bei einer geradlinigen Bewegung hat der Weg, den der Körper zurücklegt, die Form einer Geraden. Bei dieser Bewegung ändert sich also die Richtung nicht, in die sich der Körper bewegt.
Der Bob bewegt sich geradlinig. Das macht beispielsweise auch ein Intercity, der durch einen geraden Streckenabschnitt fährt.

Krummlinige Bewegung

Wenn der Bob durch die Kurve donnert, ändert sich ständig seine Richtung. Seine Bewegung ist nicht geradlinig, sondern krumm.
Ein besonderer Fall der krummlinigen Bewegungen ist die **Kreisbewegung,** die z.B. der Sitz eines Kettenkarussells oder (näherungsweise) der Mond ausführen. Auch unsere Erde bewegt sich auf einer ähnlichen Bahn um die Sonne.

Hin- und Herbewegung

Das Kennzeichen einer Hin- und Herbewegung ist, dass der Körper ständig zwischen zwei Punkten hin- und herpendelt (wie der Bob unmittelbar vor dem Start). Der Weg, den der Körper dabei zurücklegt, kann gerade oder krumm sein.
Auch ein Uhrpendel oder eine Kinderschaukel führen eine solche Bewegung aus. Sie wird auch **Schwingung** genannt.

> Es gibt drei Bewegungsarten: geradlinige Bewegungen, krummlinige Bewegungen und Schwingungen.

Aufgaben

1 **a)** Beobachte in deiner Umwelt Bewegungen und teile sie in geradlinige Bewegungen, krummlinige Bewegungen und Schwingungen ein.
b) Nenne auch Bewegungen, die sich nicht eindeutig in diese drei Gruppen einordnen lassen.

2 Beim Bau von Autobahnen und Gleisen für Intercity-Züge werden die Kurven besonders großzügig geplant. Erläutere, warum dort auf scharfe Kurven verzichtet werden muss.

3 Beschreibe die Bewegung
a) einer Fähre über den Fluss,
b) eines Busses zwischen zwei Haltestellen,
c) einer Straßenbahn in der Wendeschleife.

4 Gib Strecken oder Längen an, die man am besten
a) in Metern,
b) in Millimetern,
c) in Kilometern,
d) in Mikrometern (1 µm = $\frac{1}{1000}$ mm) angibt.

5 Berechne, wie viele Stunden, Minuten bzw. Sekunden ein Jahr hat.

Beschreibung von Bewegungen

Zwischen dem Ort, an dem sich der Wagen auf dem oberen Bild befindet, und dem Ort, an dem er später ist, liegt eine bestimmte Strecke. Diese Strecke heißt in der Physik **Weg.** Er hat das Formelzeichen s und wird in der **Einheit Meter** angegeben.

Die physikalische Größe Weg gibt an, welche Strecke ein Körper insgesamt zurückgelegt hat. Geht jemand zur Schule und wieder zurück, so ist er am Ende wieder am Startort, hat aber eine Strecke von z. B. zwei Kilometern zurückgelegt. Der Weg zur Schule hin oder auch der Weg zurück ist dann ein Wegabschnitt. Dieser wird mit Δs bezeichnet.

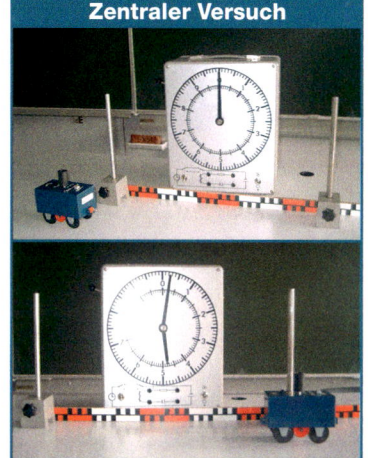

Zentraler Versuch

Für den Weg vom Anfangspunkt zum Endpunkt hat der Wagen im Versuch eine bestimmte Zeit benötigt, die von der Uhr angezeigt wird. Zur physikalischen Beschreibung der Bewegung wird also neben der zurückgelegten Strecke auch die dazu benötigte Zeit gebraucht.

Zuerst kannten die Menschen die Zeiteinheiten Tag, Monat und Jahr. Diese waren durch natürliche Vorgänge bestimmt. Als eine genauere Zeiteinteilung notwendig wurde, wurde der Tag in Stunden, Minuten und Sekunden geteilt.

Heute müssen noch viel kürzere Zeiten bzw. Zeitabschnitte gemessen werden. Daher kamen im Laufe der Zeit auch Unterteilungen der **Zeiteinheit Sekunde** dazu: Zehntel- und Hundertstelsekunden werden im Sport verwendet; die moderne Physik benötigt noch viel kleinere Zeiteinheiten. Diese kleinsten Zeiteinheiten (Milliardstel Sekunden und noch kleiner) können nur noch mit ganz speziellen Uhren – sogenannten *Atomuhren* – gemessen werden.

Nach diesen Uhren werden z. B. auch in Deutschland sämtliche Funkuhren beim Übergang von der Sommer- zur Winterzeit gestellt. Solche Atomuhren stehen z. B. in der Physikalisch-Technischen Bundesanstalt (PTB) in Braunschweig.

Weg

Das Formelzeichen ist s, für einen Wegabschnitt Δs. Die Einheit ist 1 m.

Weitere Einheiten:

Mikrometer:	$1\ \mu m = \frac{1}{1\,000\,000}\ m$
Millimeter:	$1\ mm = \frac{1}{1\,000}\ m$
Zentimeter:	$1\ cm = \frac{1}{100}\ m$
Dezimeter:	$1\ dm = \frac{1}{10}\ m$
Kilometer:	$1\ km = 1000\ m$

Zeit

Das Formelzeichen ist t, für einen Zeitabschnitt Δt. Die Einheit ist 1 s.

Weitere Einheiten:

Mikrosekunde:	$1\ \mu s = \frac{1}{1\,000\,000}\ s$
Millisekunde:	$1\ ms = \frac{1}{1\,000}\ s$
Minute:	$1\ min = 60\ s$
Stunde:	$1\ h = 60\ min = 3600\ s$
Tag:	$1\ d = 24\ h$
Jahr:	$1\ a = 365\ d$

Jede Bewegung wird beschrieben durch die Form des zurückgelegten Weges, die Länge des Weges und die dazu benötigte Zeit.

Bewegungen	**Versuche und Aufträge**

V1 Führe die folgenden Versuche mit einem Ball aus und beschreibe jeweils die Bewegung des Balles:

a) Der Ball wird gegen eine Hauswand geworfen und kommt zu dir zurück.

b) Der Ball wird hochgeworfen und von dir wieder aufgefangen.

c) Der Ball wird aus einer bestimmten Höhe einfach fallen gelassen und fällt zu Boden.

d) Ein Freund oder eine Freundin von dir wirft dir den Ball zu, sodass du ihn fangen kannst.

V2 Stelle dich mit deinem Fahrrad auf eine Anhöhe und lasse dich die Straße hinunterfahren. Beschreibe die Bewegung des Rades.

V3 Beobachte die Bewegung eines Skateboardfahrers in der Halfpipe. Beschreibe die Bewegung so genau wie möglich.

Die Geschwindigkeit

Bei jeder Bewegung wird ein Weg zurückgelegt, wofür eine bestimmte Zeit benötigt wird. Wenn die Strecke in einer kurzen Zeit zurückgelegt wird, ist der Körper schnell; braucht er für dieselbe Strecke lange, dann ist er langsam. Physikalisch beschreibt dies die Größe **Geschwindigkeit.**
Die Geschwindigkeit eines PKW kann direkt am Tachometer abgelesen werden. Wenn der Tacho $60 \frac{km}{h}$ anzeigt, bedeutet es, dass das Fahrzeug mit dieser Geschwindigkeit 60 km in einer Stunde zurücklegen würde – falls es solange mit dieser Geschwindigkeit fährt.

Die Geschwindigkeit kann auch über eine Messung von zurückgelegter Strecke und dazu benötigter Zeit ermittelt werden. Wenn die Lok im Foto oben in 5 s eine Strecke von 50 cm fährt, würde sie in einer Minute das 12-Fache, also $12 \cdot 0,5$ m = 6,0 m, fahren und in einer Stunde das 60-Fache davon, also $60 \cdot 6,0$ m = 360 m = 0,36 km. Die Lok hat also eine Geschwindigkeit von $0,36 \frac{km}{h}$.

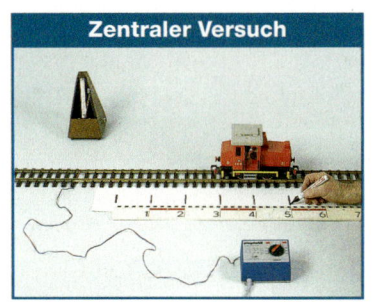
Zentraler Versuch

> ### Geschwindigkeit
>
> Das Formelzeichen ist v.
> Die Einheit ist $\frac{m}{s}$ oder $\frac{km}{h}$.

In einem ersten Versuch fährt die Lok langsam, in einem zweiten schnell; die zurückgelegten Wege werden wieder im Sekundentakt markiert. (Bei $t = 0$ s soll der Weg $s = 0$ cm sein). Die Tabelle zeigt die Messwerte. Bei beiden Bewegungen werden jeweils in der Zeitspanne von 1 s gleich lange Strecken zurückgelegt: Bei der ersten Bewegung jeweils 10 cm, bei der zweiten jeweils 13 cm. Eine Bewegung, bei der in gleichen Zeiten gleiche Strecken zurückgelegt werden, heißt **gleichförmig**.

Werden die Messwerte von Zeit und Weg für die Bewegung der Lok in ein Diagramm eintragen, so ergibt sich das **Zeit-Weg-Diagramm** dieser Bewegung. Bei beiden

Bewegungen liegen die Messpunkte auf Ursprungsgeraden. Aus dem Diagramm lässt sich ablesen: In der doppelten Zeit wird der doppelte Weg zurückgelegt, in der dreifachen Zeit der dreifache Weg usw. Der rechte Teil der Tabelle bestätigt, dass der Quotient aus Weg und Zeit bei jeder Bewegung konstant ist. Dieser Quotient $\frac{\Delta s}{\Delta t}$ ist bei der schnelleren Bewegung größer. Er ist deshalb ein Maß für die Geschwindigkeit v. Im Zeit-Weg-Diagramm gehört zur schnelleren Bewegung, also zur größeren Geschwindigkeit, die steilere Gerade.

Zur Berechnung der Geschwindigkeit können aber auch zwei beliebige Zeitpunkte t_1 und t_2 und die zugehörigen Strecken s_1 und s_2 verwendet werden. v ergibt sich dann als Quotient aus dem Wegunterschied $s_2 - s_1 = \Delta s$ und der Zeitspanne $t_2 - t_1 = \Delta t$ zu

$$v = \frac{s_2 - s_1}{t_2 - t_1} = \frac{\Delta s}{\Delta t}.$$

> Bei gleichförmigen Bewegungen werden in gleichen Zeitabständen gleiche Strecken zurückgelegt. Der Quotient aus zurückgelegtem Weg Δs und dafür benötigter Zeit Δt ist die Geschwindigkeit v: $v = \frac{\Delta s}{\Delta t}$.

> ### Rechenbeispiel
>
> 1. Ein PKW darf innerorts höchstens mit einer Geschwindigkeit von $50 \frac{km}{h}$ fahren. Gib diese Geschwindigkeit in $\frac{m}{s}$ an.
>
> $v = 50 \frac{km}{h} = 50 \cdot \frac{1000\,m}{3600\,s} = 14 \frac{m}{s}$
>
> 2. Ein Radfahrer benötigt für 400 m genau 2,0 min. Berechne seine Geschwindigkeit in $\frac{km}{h}$.
>
> $v = \frac{\Delta s}{\Delta t} = \frac{400\,m}{2,0\,min} = 200 \frac{m}{min} = 200 \cdot \frac{0,001\,km}{1/60\,h} = 12 \frac{km}{h}$

Lok	langsam	schnell	langsam	schnell
t	s	s	$\frac{\Delta s}{\Delta t}$	$\frac{\Delta s}{\Delta t}$
0 s	0 cm	0 cm	–	–
1,0 s	10 cm	13 cm	$10 \frac{cm}{s}$	$13 \frac{cm}{s}$
2,0 s	20 cm	26 cm	$10 \frac{cm}{s}$	$13 \frac{cm}{s}$
3,0 s	30 cm	39 cm	$10 \frac{cm}{s}$	$13 \frac{cm}{s}$
4,0 s	40 cm	52 cm	$10 \frac{cm}{s}$	$13 \frac{cm}{s}$
5,0 s	50 cm	65 cm	$10 \frac{cm}{s}$	$13 \frac{cm}{s}$

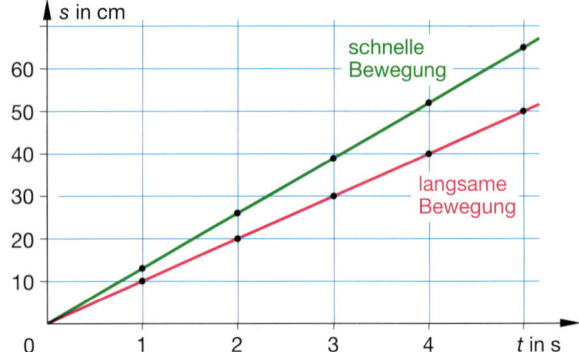

Aufgaben

1 Ein Fahrzeug fährt mit einer Geschwindigkeit von $20\,\frac{m}{s}$:
a) Berechne, welche Strecke das Auto in 14 s zurücklegt.
b) Berechne, wie lange das Fahrzeug braucht, um eine Strecke von 1000 m zurückzulegen.
c) Zeichne das t-s-Diagramm.

2 **a)** Bestimme aus dem rechts dargestellten t-s-Diagramm die Geschwindigkeit der Fahrzeuge ① und ②.
b) Beschreibe die Bewegung von Fahrzeug ③.
c) Bestimme näherungsweise den Zeitpunkt, an dem die Fahrzeuge ① und ③ bzw. ② und ③ die gleiche Geschwindigkeit haben.
d) Ermittle, wann Fahrzeug ③ das Fahrzeug ② einholt, wenn sie sich auf gleicher Strecke bewegen.

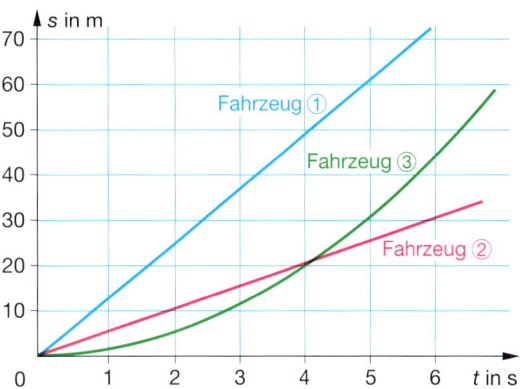

3 Bei einer Autofahrt zeigt der Tacho eine konstante Geschwindigkeit $v = 54\,\frac{km}{h}$ an. Außerhalb des Fahrzeugs wird gemessen, wie lange es für verschiedene Streckenabschnitte braucht. Die Streckenabschnitte liegen hintereinander, der Anfang des ersten Abschnittes kann als Wegmarke 0 gesetzt werden. Es ergeben sich die folgenden Messwerte:

s	150 m	300 m	750 m	450 m	1,2 km
t	10 s	20 s	50 s	30 s	80 s

a) Zeichne ein Zeit-Weg-Diagramm der Bewegung. Untersuche, ob das Fahrzeug tatsächlich mit konstanter Geschwindigkeit fährt.
b) Stimmt die Anzeige auf dem Tachometer des Fahrzeugs?

4 Ein Fahrzeug bewegt sich gleichförmig mit einer Geschwindigkeit von $72\,\frac{km}{h}$. Der Umfang der Reifen dieses Fahrzeugs beträgt 1,8 m. Während einer Umdrehung der Räder dreht sich die Tachowelle des Fahrzeugs achtmal. Berechne die Anzahl der Umdrehungen der Tachowelle in einer Sekunde.

5 Die Entfernung eines Gewitters kann mit der folgenden Faustregel abgeschätzt werden: Nach dem Beobachten eines Blitzes wird im Sekundentakt gezählt, bis der Donner zu hören ist. Dann wird die Sekundenzahl durch 3 dividiert; das Ergebnis ist die Entfernung des Gewitters in Kilometern.
Erläutere den physikalischen Hintergrund dieser Faustregel.

6 Licht bewegt sich mit einer Geschwindigkeit von $300\,000\,\frac{km}{s}$. Es benötigt von der Erde zum Mond 1,3 s. Berechne daraus die Entfernung Erde–Mond.
b) Die Erde hat am Äquator einen Umfang von 42 000 km. Berechne die Geschwindigkeit, mit der ein Punkt des Äquators umläuft.
c) Berechne die Geschwindigkeit, mit der sich die Erde um die Sonne bewegt, wenn die Umlaufbahn etwa 961 000 000 km lang ist.

Geschwindigkeit   Versuche und Aufträge

V1 Richte zusammen mit deinen Klassenkameraden eine Mess-Strecke von 50 Metern auf dem Schulhof ein. Alle 10 Meter sollte ein mit einer Stoppuhr ausgerüsteter Mitschüler stehen. Nimm 5 Meter Anlauf vor der Startlinie und versuche dann, die Strecke möglichst gleichförmig zu durchlaufen. Deine Mitschüler stoppen die Zeit, die du brauchst, um von der Startlinie zum jeweiligen Messpunkt zu gelangen. Fertigt ein Zeit-Weg-Diagramm und ein Zeit-Geschwindigkeits-Diagramm deines Laufes an und untersucht, ob dir eine gleichförmige Bewegung gelungen ist. Berechnet deine Geschwindigkeit.

V2 Lasst innerhalb des Physik-Fachraumes einen Messwagen und ein Spielzeugauto mit Friktionsmotor (Motor mit Schwungrad) eine Mess-Strecke durchfahren, die in einzelne Abschnitte der Länge 1 Meter eingeteilt ist. Stoppt die Zeiten bis zum Erreichen des jeweiligen Messpunktes und fertigt Zeit-Weg-Diagramme der Bewegungen an. Vergleicht die Bewegungen.
Wiederholt den Versuch mit einer rollenden Kugel und mit einem Spielzeugauto ohne Antrieb.

Von der Durchschittsgeschwindigkeit zur Momentangeschwindigkeit

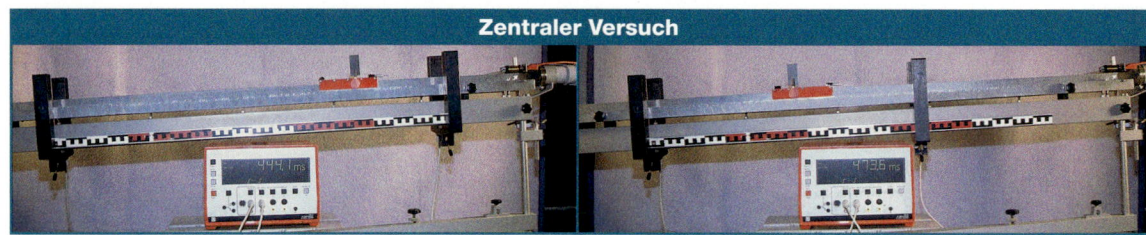

Zentraler Versuch

Für die 15,6 km lange Strecke von Delmenhorst nach Bremen benötigt ein PKW 17 Minuten. Nach der Formel für die Geschwindigkeit errechnet sich daraus

$$v = \frac{15,6 \text{ km}}{17 \text{ min}} = \frac{15,6 \text{ km}}{\frac{17}{60} \text{ h}} = 55,1 \frac{\text{km}}{\text{h}}.$$

Was sagt dieser Wert über die Bewegung aus?

Es ist klar, dass der PKW nicht die ganzen 17 Minuten mit dieser Geschwindigkeit gefahren ist: Mal musste er bei Rot vor einer Ampel halten, mal konnte der Fahrer auf einer Bundesstraße mit einer deutlich höheren Geschwindigkeit fahren. Der berechnete Wert ist also nur ein Durchschnittswert und sagt über die Geschwindigkeit in einem bestimmten Moment überhaupt nichts aus. Die meisten Bewegungen im Alltag sind solche **ungleichförmigen** Bewegungen (z. B. das Anfahren oder das Abbremsen eines Fahrzeugs).

Durchschnitts-geschwindigkeit

$\bar{v} = \frac{\Delta s}{\Delta t}$ mit großem Δs bzw. Δt heißt Durchschnittsgeschwindigkeit. Sie ist unabhängig von der Geschwindigkeit auf einzelnen Teilstrecken.

Das hat aber Konsequenzen für die *t-s*-Diagramme und vor allem für die Messung von Geschwindigkeiten. Die *t-s*-Diagramme sind im Regelfall keine Geraden mehr. Wenn die Geschwindigkeit eines Körpers mithilfe einer Strecken- und Zeitmessung bestimmt werden soll, muss Folgendes beachtet werden:

Das Zeit-Weg-Diagramm einer gleichförmigen Bewegung ist eine Gerade. Deshalb ist es bei einer solchen Bewegung im Prinzip egal, wie lang die Messstrecke (und damit die dazugehörige Zeit) ist, der Quotient $\frac{\Delta s}{\Delta t}$ ist immer gleich.

Bei ungleichförmigen Bewegungen aber gilt: Je länger eine Messstrecke ist, desto mehr Zeit vergeht, in der der Körper seine Geschwindigkeit ändern kann. Daher muss die Messstrecke (und somit das Zeitintervall) so klein wie möglich gewählt werden. Dazu werden häufig Lichtschranken benutzt, die die Zeit messen, in der ein Körper den Lichtstrahl zwischen Sender und Empfänger unterbricht (**Dunkelzeitmessung**).

Tachometer oder die Fahrtenschreiber in LKW zeigen die Momentangeschwindigkeit an. Bei ihnen wird keine Zeit gemessen. Die Geschwindigkeit wird dadurch ermittelt, dass die Anzahl der Umdrehungen eines Rades in einer Sekunde gezählt und mit dem Umfang des Rades multipliziert wird.

Momentangeschwindigke

$v = \frac{\Delta s}{\Delta t}$ mit möglichst kleine Δs bzw. Δt heißt Momenta geschwindigkeit.

Die Momentangeschwindigkeit gibt an, wie schnell sich ein Körper zu einem bestimmten Zeitpunkt bewegt.

V1 a) Stellt euch in Zweiergruppen entlang einer Messstrecke (50 m) auf. Die Abstände zwischen den Mitgliedern einer Gruppe (A, B, C) werden gemessen. Ein Mitschüler fährt mit seinem Rad die Strecke entlang. Gruppenmitglied ① gibt in dem Moment, in dem der Radfahrer vorbeikommt, Mitglied ② das Signal, die Stoppuhr zu starten. Abgestoppt wird die Zeit, die der Fahrer für die jeweilige Messstrecke braucht.
b) Vergleicht eure Ergebnisse.
c) Überlegt, ob es sich bei der Fahrt um eine gleichförmige Bewegung gehandelt hat.

V2 Stellt euch etwa alle 10 m entlang eines Bahnsteigs auf. Messt jeweils die Zeit, bis die bremsende Lok an euch vorbeigefahren ist und vergleicht die Zeiten. Welche Durchschnittsgeschwindigkeiten ergeben sich? Meldet Euch vorher bei der Aufsicht und sagt, was ihr vorhabt.

Aufgaben

1 Ein Radfahrer fährt eine ins-gesamt 30 Kilometer lange Bergstrecke. Zuerst muss er 12 Kilometer bergauf fahren, was mit einer Geschwindigkeit von 10 $\frac{km}{h}$ geschieht. Dann fährt er den Rest bergab mit einer Geschwindigkeit von 40 $\frac{km}{h}$. Berechne seine Durchschnitts-geschwindigkeit.

2 Ein LKW-Rad hat einen Umfang von 2,40 m. Während einer Fahrt dreht sich das Rad 3-mal in der Sekunde.
Berechne die Geschwindigkeit, die der Tacho anzeigt.

3 Für ein Fahrzeug wurden fol-gende Messwerte ermittelt:

t	0	0,5 s	1,9 s	1,99 s	2,0 s
s	10 m	15 m	24 m	39,83 m	40 m

a) Bestimme möglichst genau die Momentangeschwindigkeit zur Zeit $t = 2$ s.
b) Begründe deine Antwort.

4 Das folgende t-s-Diagramm zeigt die Bewegung eines Körpers. Schreibe zu dem Dia-gramm eine Geschichte.

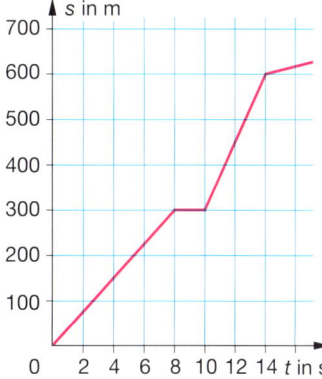

5 Erstelle ein t-s-Diagramm und ein t-v-Diagramm der folgenden Bewegung eines Fahrzeugs:
① Das Fahrzeug bewegt sich 10 Minuten mit der kon-stanten Geschwindigkeit $v = 60$ $\frac{km}{h}$.
② Dann erhöht es seine Geschwindigkeit und fährt 5 Minuten mit 80 $\frac{km}{h}$.
③ Anschließend macht der Fahrer eine Pause von 7 Minuten.
④ Im Anschluss fährt er eine Strecke von 30 km mit der konstanten Geschwindigkeit $v = 60$ $\frac{km}{h}$.
⑤ Die letzten 10 Kilometer kann er noch einmal schneller mit $v = 70$ $\frac{km}{h}$ fahren.

Bewegung ist relativ   Streifzug

Nena und Marius sitzen in Zügen, die auf nebeneinander liegenden Gleisen stehen, und warten auf die Abfahrt. Sie schauen aus dem Fenster und beobachten sich gegenseitig

① Nena fährt noch nicht. Marius Zug fährt gerade ab.

② Nenas Zug fährt nach links, der von Marius gleichzeitig nach rechts ab.

③ Nenas und Marius Züge setzen sich gleichzeitig gleich schnell in dieselbe Richtung in Bewegung.

Die unterschiedlichen Deutungen kommen dadurch zustande, dass es verschiedene Sichtweisen darüber gibt, wer sich in Ruhe und wer sich in Bewegung befindet.
Bewegung ist deshalb keine absolute Größe. Sie erfolgt immer nur relativ zwischen zwei Körpern.

Werkzeug　　　Erstellen und Interpretieren von Diagrammen

Peter und Simone fahren mit ihren Fahrrädern ins Schwimmbad. Diese Bewegung kann in einem *t-s*-Diagramm dargestellt werden. Angenommen Peter fährt mit der Geschwindigkeit $v = 18 \frac{km}{h} = 300 \frac{m}{min}$, dann legt er in 1 Minute 300 m, in 2 Minuten 600 m und in 3 Minuten 900 m

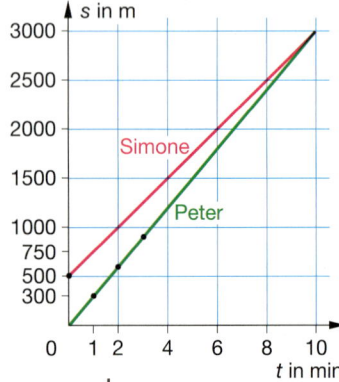

zurück. Im *t-s*-Diagramm können die Wertepaare (1 min | 300 m), (2 min | 600 m), (3 min | 900 m) eingetragen werden, die alle auf einer Ursprungsgeraden liegen.

Aus diesem Diagramm können bestimmte Sachverhalte abgelesen werden:
- Peter braucht z.B. 10 min bis zum Schwimmbad, da es 3 km entfernt ist.
- Simone wohnt nur 2,5 km vom Schwimmbad entfernt. Sie fährt zur gleichen Zeit wie Peter mit der Geschwindigkeit $v = 250 \frac{m}{min}$ los. Da sie 500 m Vorsprung hat, beginnt die Gerade, die ihre Bewegung beschreibt, im Punkt (0 min | 500 m). Weil sie langsamer als Peter ist, ist die Gerade zu ihrer Bewegung weniger steil. Es ist aber zu erkennen, dass sich die Geraden im Punkt (10 min | 3000 m) schneiden. Die beiden treffen sich also nach 10 Minuten am Schwimmbad.

Nach dem Verlassen des Schwimmbades schiebt Peter sein Fahrrad mit der Geschwindigkeit $v = 100 \frac{m}{min}$ nach Hause, weil Simone noch nicht am Ausgang ist. Sie fährt 3 Minuten später mit $v = 400 \frac{m}{min}$ hinter ihm her. Wann und wo trifft sie Peter?
Die Frage lässt sich mithilfe eines *t-s*-Diagramms für beide Bewegungen beantworten:

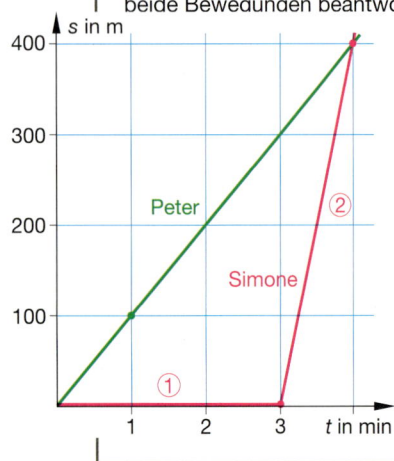

- Peters Bewegung ist eine Ursprungsgerade durch (1 min | 100 m).
- Simones Bewegung hat zwei Abschnitte: Im Bereich ① bewegt sie sich nicht, steht also bis zum Zeitpunkt $t = 3$ min. Dann bewegt sie sich im Bereich ② mit der Geschwindigkeit $v = 400 \frac{m}{min}$. Sie ist erkennbar schneller als Peter.

- Aus dem Schnittpunkt der beiden Geraden kann abgelesen werden, wann und wo sich die beiden treffen: Nach 4 Minuten sind beide 400 m vom Schwimmbad entfernt.

Peters Bruder David fährt mit der Geschwindigkeit $v = 500 \frac{m}{min}$ genau in dem Moment in Richtung Schwimmbad, als Peter vom Schwimmbad aus mit seinem Fahrrad nach Hause losläuft. Die beiden werden sich unterwegs treffen müssen. Die Frage ist auch hier nur wann und wo.
Zur Lösung soll wieder ein *t-s*-Diagramm benutzt werden, in dem beide Bewegungen dargestellt sind.

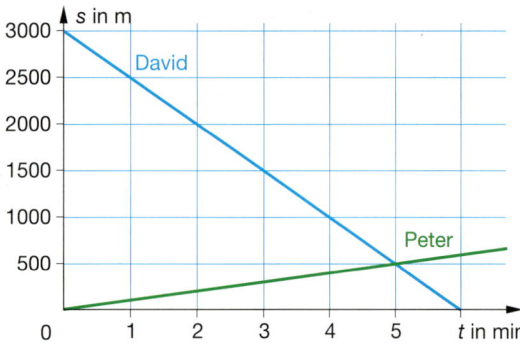

Peters Bewegung wird durch eine Ursprungsgerade dargestellt. Davids Bewegung sieht anders aus. Er startet genauso wie Peter zur Zeit $t = 0$ min. Da er da noch zuhause ist, befindet er sich bei $s = 3000$ m. Also ist (0 min | 3000 m) ein Punkt auf der Geraden, die Davids Bewegung beschreibt. Da er im Vergleich zu Peter in die entgegengesetzte Richtung fährt, beschreibt eine fallende Gerade seine Bewegung. Die beiden treffen sich nach 5 Minuten 500 m vom Schwimmbad entfernt.

Gleichförmige Bewegungen können mithilfe eines *t-s*-Diagramms dargestellt werden:
- **Je steiler die Gerade verläuft, desto größer ist die Geschwindigkeit des Körpers.**
- **Schneiden sich die Geraden zweier Bewegungen, so befinden sich die Körper zu diesem Zeitpunkt am selben Ort.**
- **Bewegt sich ein Körper rückwärts, so wird dies durch eine fallende Gerade im *t-s*-Diagramm erkennbar.**
- **Laufen die Geraden nicht durch den Ursprung, beginnt die Bewegung nicht zur Zeit $t = 0$ s oder nicht am Ort $x = 0$ m.**

Messen – Darstellen – Interpretieren | Werkzeug

Messen

Zeit *t*	Strecke *s*
0	0
2,2 s	10 m
4,0 s	20 m
5,7 s	30 m
8,2 s	40 m
9,8 s	50 m
12,3 s	60 m

Niklas fährt auf seinem Fahrrad eine gerade Straße entlang. Freunde wollen den Bewegungsablauf untersuchen. Sie stellen sich dazu an der Staße auf und stoppen bei fliegendem Start die Zeit, bis Niklas an ihnen vorbeifährt. Es ergibt sich nebenstehende Messwerttabelle.

Messen

In einem weiteren Versuch wird ein Papierkegel in Luft fallen gelassen. In Zeitabständen von 0,1 s wird er durch ein Stroboskop beleuchtet. Die durchfallene Gesamtstrecke kann mithilfe des Lineals abgelesen und anschließend in eine Messwerttabelle eingetragen werden.

Zeit *t*	Strecke *s*
0	0
0,1 s	3,5 cm
0,2 s	11,5 cm
0,3 s	22,5 cm
0,5 s	53 cm
0,6 s	69,5 cm
0,7 s	87 cm
0,8 s	105 cm
0,9 s	123 cm

Darstellen

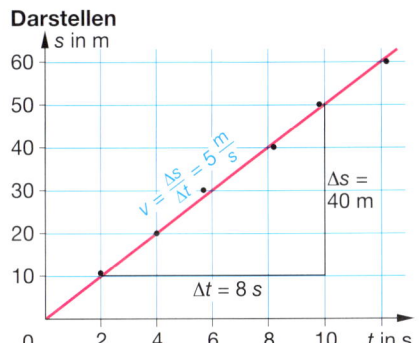

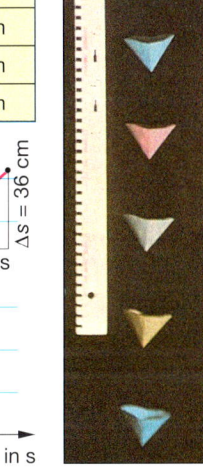

Darstellen

Die Punkte liegen zwar nicht exakt auf einer Geraden, aber es lässt sich durch sie eine **Ausgleichsgerade** zeichnen. Es ist aber darauf zu achten, dass der Abstand jedes einzelnen Punktes zur Ausgleichsgeraden nicht zu groß wird und einzelne Punkte oberhalb, andere unterhalb der Geraden liegen. Dieses Verfahren ist sinnvoll, weil bei der gewählten Messmethode von Messfehlern auszugehen ist. Darum ist es zulässig, von den tatsächlichen Werten abzuweichen, um eine Gerade durch die Messpunkte legen zu können.

Die Messpunkte liegen offensichtlich nicht auf einer Geraden. Denn es ist nicht möglich, eine Ausgleichsgerade durch die Messpunkte und durch den Nullpunkt zu legen – der aber unbedingt darauf liegen müsste – ohne dass sich die Lage der anderen Punkte deutlich „verschlechtern" würde. Da der Trichter weiter fällt, könnten weitere Messpunkte aufgenommen werden; sie würden aber den Verlauf der Ausgleichsgeraden verändern. Dies ist aber nicht zulässig, weil der Verlauf dieser Geraden für jeden Bewegungsabschnitt gleich sein muss.
Außerdem spricht gegen eine Ausgleichsgerade die Tatsache, dass die Geschwindigkeit $\Delta v = \Delta s/\Delta t$ in den einzelnen Abschnitten von $\frac{11,5 \text{ cm}}{0,2 \text{ s}} = 57,5 \frac{\text{cm}}{\text{s}}$ über $\Delta v = \frac{22,5 \text{ cm}}{0,2 \text{ s}} = 112,5 \frac{\text{cm}}{\text{s}}$ auf $\Delta v = \frac{36 \text{ cm}}{0,2 \text{ s}} = 180 \frac{\text{cm}}{\text{s}}$ zunimmt und dann konstant bleibt. Es muss also eine Kurve durch die Messpunkte gelegt werden.

Interpretieren

Aus dem Diagramm ist erkennbar, dass Niklas gleichförmig gefahren ist.
Die Steigung der Ausgleichsgeraden gibt die Geschwindigkeit des Fahrrades an.

Interpretieren

Im ersten Bewegungsabschnitt wird die Kurve steiler, also wird die Geschwindigkeit größer. Im zweiten Teil geht sie in eine Gerade über. Deshalb bewegt sich in diesem Teil der Trichter gleichförmig.

Bei beliebigen Messkurven muss genau geprüft werden, ob das Einzeichnen einer Ausgleichsgeraden zu Widersprüchen führt. Sonst ist eine „glatte" Kurve durch die Messpunkte zu zeichnen.
Es muss aber überlegt werden, ob sich durch Teilbereiche eine Ausgleichsgerade zeichnen lässt.

Die Beschleunigung

Der Countdown läuft: „4 – 3 – 2 – 1 – Ignition!"

Lift off: Feuerspeiend und unter ohrenbetäubendem Getöse erhebt sich der gewaltige Körper der Rakete von der Startrampe. Erst langsam und träge, dann immer schneller; nach 120 Sekunden fliegt sie mit $4650\ \frac{km}{h}$; nach 8 Minuten hat das Shuttle die Erdumlaufbahn in 270 km Höhe erreicht.

Wenn das Shuttle nach erfolgreichem Flug zur Erde zurückkehrt, tritt es mit $25\,898\ \frac{km}{h}$ in die Erdatmosphäre ein. Der Luftwiderstand bremst das Shuttle und bringt die Unterseite zum Glühen. 32 Sekunden vor der Landung werden die Landeklappen bei $546\ \frac{km}{h}$ ausgefahren; beim Aufsetzen auf den Boden hat das Shuttle immer noch eine Geschwindigkeit von $346\ \frac{km}{h}$ und wird von Bremsschirmen und Radbremsen zum Stehen gebracht.

Eine startende Rakete wird schneller. Dabei nimmt ihre Geschwindigkeit aber nicht gleichmäßig zu, sondern zu Beginn etwas weniger, später mehr, schließlich wieder weniger. Etwas Ähnliches geschieht, wenn ein vor einer Ampel stehendes Auto bei Grün losfährt

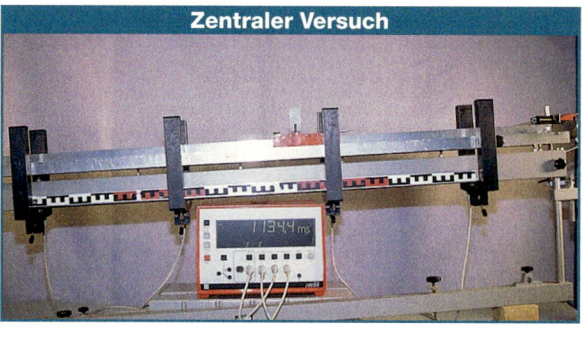

Zentraler Versuch

oder wenn ein Radfahrer aus dem Stand heraus anfährt. Dieser Vorgang des Schnellerwerdens eines Körpers, also der Veränderung seiner Geschwindigkeit, heißt in der Physik **Beschleunigung.**

Eine Beschleunigung kann aber nicht nur dazu führen, dass ein Körper schneller wird (positive Beschleunigung), er kann auch langsamer werden (negative Beschleunigung); dann heißt die Bewegung auch *verzögert.* Beim Auto- oder Radfahren geschieht das immer, wenn gebremst wird.

Eine typische beschleunigte Bewegung ist das Fallen eines Körpers. Bei doppelter Fallhöhe ist die Fallzeit nicht doppelt so groß, sondern nur etwa 1,4-fach, bei dreifacher Fallhöhe nicht dreifach, sondern 1,7-fach; der Körper muss also schneller geworden sein. Seine höchste Geschwindigkeit erreicht er im Moment des Aufpralls. Auch die Bewegung eines Körpers auf einer schiefen Ebene, z. B. die Bewegung eines Radfahrers auf einer abschüssigen Straße, ist eine beschleunigte Bewegung.

Beschleunigungen werden nicht direkt angezeigt, allerdings gibt es Möglichkeiten, sie indirekt zu bestimmen. Dabei wird – wie im zentralen Versuch – die Geschwindigkeit des beschleunigten Körpers gemessen und gleichzeitig die Zeit, die er gebraucht hat, um diese Geschwindigkeit zu erreichen.

> Veränderungen der Geschwindigkeit eines Körpers werden in der Physik als Beschleunigung bezeichnet. Eine Beschleunigung kann positiv (Körper wird schneller) oder negativ (Körper wird langsamer) sein.

Die im zentralen Versuch ermittelten Werte für die Geschwindigkeit v und die dafür benötigte Zeit t werden für verschiedene Neigungswinkel α der schiefen Ebene in ein Koordinatensystem eingetragen. Es ergibt sich das Diagramm rechts: Die Messpunkte für jeden Messdurchgang liegen jeweils auf einer Geraden. Bei einem größeren Neigungswinkel α der schiefen Ebene erreicht der Messwagen nach gleicher Zeit t eine höhere Geschwindigkeit v. Folglich verläuft die zugehörige Gerade steiler.

Die Steigung der Geraden $\frac{\Delta v}{\Delta t} = \frac{v_1 - v_2}{t_1 - t_2}$ ist eine geeignete Größe, die Änderung der Geschwindigkeit des Messwagens zu beschreiben. Dieser Quotient wird daher in der Physik zur Berechnung der Beschleunigung a (aus dem Englischen: *acceleration*) benutzt. Die **Einheit der Beschleunigung** ergibt sich zu $1\frac{m/s}{s} = 1\frac{m}{s^2}$.

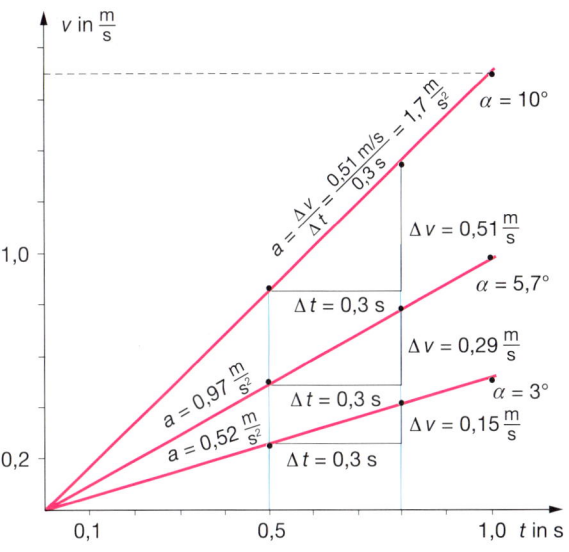

> **Beschleunigung**
>
> Das Formelzeichen ist a.
> Die Einheit ist $1\frac{m}{s^2}$.

Im Versuch war die Beschleunigung offenbar immer konstant. Alle derartigen Bewegungen heißen **gleichmäßig beschleunigt.** Die Zeit-Geschwindigkeits-Diagramme solcher Bewegungen sind Ursprungsgeraden, sofern es sich um eine beschleunigte Bewegung aus dem Stand heraus handelt. Bei verzögerten Bewegungen ist das Diagramm eine fallende Gerade.

Bei nicht konstanter Beschleunigung sind auch die Diagramme keine Geraden mehr. Oft ist es aber möglich, mit konstanten Beschleunigungen als Durchschnittswerten zu arbeiten. Wird etwa angegeben, dass ein Auto von $0\frac{km}{h}$ auf $100\frac{km}{h}$ in $11{,}2$ s beschleunigt, so ist seine durchschnittliche Beschleunigung

$$a = \frac{\Delta v}{\Delta t} = \frac{27{,}8\frac{m}{s}}{11{,}2\ s} = 2{,}49\frac{m}{s^2}.$$

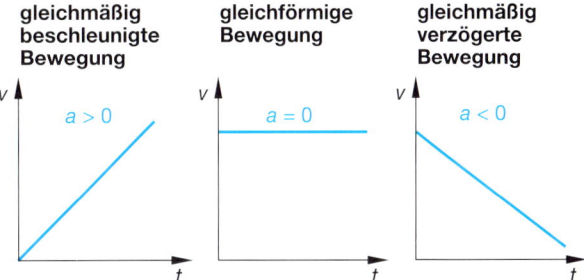

> Die Beschleunigung a eines Körpers wird berechnet als Quotient aus der Geschwindigkeitsänderung Δv und der dafür benötigten Zeit Δt: $a = \frac{\Delta v}{\Delta t}$.

Aufgaben

1 Ein Radfahrer beschleunigt aus dem Stand heraus innerhalb von 15 Sekunden auf $20\frac{km}{h}$. Berechne seine Beschleunigung, wenn sie als konstant angenommen wird.

2 **a)** Zeichne das t-v-Diagramm eines anfahrenden Autos, das innerhalb von 12 Sekunden aus dem Stand gleichmäßig auf $72\frac{km}{h}$ beschleunigt. Lies aus dem Diagramm die Geschwindigkeit des Autos nach 4 (8, 10) Sekunden ab.
b) Ein zweites Auto beschleunigt in der gleichen Zeit von $36\frac{km}{h}$ auf $64{,}8\frac{km}{h}$. Zeichne das zugehörige Diagramm in das gleiche Koordinatensystem ein. Ermittle aus dem Diagramm den Zeitpunkt, ab dem das erste Auto eine größere Geschwindigkeit hat als das zweite.

3 Die Bewegung zweier Fahrzeuge wird durch das t-v-Diagramm unten wiedergegeben:
a) Schreibe zu jedem der beiden Diagramme eine kurze Geschichte.
b) Ermittle die Beschleunigungen in den einzelnen Phasen der Bewegungen und fertige ein Zeit-Beschleunigungs-Diagramm der Bewegungen an.

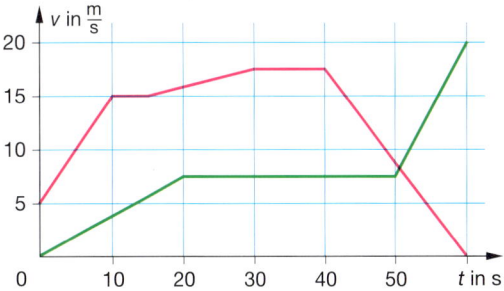

Bewegungsgleichungen

Geradlinig gleichförmige Bewegungen

Bei den *t-s*-Diagrammen der gleichförmigen Bewegung ergaben sich – wenn die Streckenmessung zum Zeitpunkt $t = 0$ begann – immer Ursprungsgeraden. Ursprungsgeraden sind Graphen, die zu proportionalen Zusammenhängen gehören. Das bedeutet, dass bei einer gleichförmigen Bewegung der zurückgelegte Weg s proportional zur dazu benötigten Zeit t ist: $s \sim t$.
Die Proportionalitätskonstante $\frac{s}{t}$ ist nichts anderes als die Geschwindigkeit v der Bewegung, denn wegen der gleichbleibenden Steigung gilt: $\frac{s}{t} = \frac{\Delta s}{\Delta t} = v$.

Daraus ergeben sich folgende Gesetze:
Zeit-Weg-Gesetz $\qquad s = v \cdot t$
Zeit-Geschwindigkeit-Gesetz: $v = $ konstant
Zeit-Beschleunigung-Gesetz: $a = 0$
Diese Gleichungen erlauben eine vollständige Beschreibung der gleichförmigen Bewegung.

Auch wenn sie im Alltag eine untergeordnete Rolle spielen, sind gleichförmige Bewegungen in der Physik doch sehr wichtig:
● Die Ausbreitung des Schalls in Luft ist eine gleichförmige Bewegung mit einer Geschwindigkeit von ca. $330 \frac{m}{s}$.
● Auch die Ausbreitung des Lichtes ist eine gleichförmige Bewegung – mit der unvorstellbaren Geschwindigkeit von $299\,792\,458 \frac{m}{s}$, also ca. $300\,000 \frac{km}{s}$.

> Bei der gleichförmigen Bewegung ist der zurückgelegte Weg s proportional zur Zeit t. Die Proportionalitätskonstante ist die Geschwindigkeit v.
> Zeit-Weg-Gesetz: $s = v \cdot t$
> Zeit-Geschwindigkeit-Gesetz: $v = $ konstant
> Zeit-Beschleunigung-Gesetz: $a = 0$

Gleichmäßig beschleunigte Bewegungen

Auch bei der gleichmäßig beschleunigten Bewegung aus dem Stand heraus ergibt sich unmittelbar aus den *t-v*-Diagrammen, die ebenfalls Ursprungsgeraden sind, dass die Geschwindigkeit v proportional zu der Zeit t ist, in der diese Geschwindigkeit erreicht wird: $v \sim t$.
Die Proportionalitätskonstante ist hier die Beschleunigung a, da wegen der Proportionalität gilt: $\frac{v}{t} = \frac{\Delta v}{\Delta t} = a$.

Daraus ergeben sich folgende Gesetze:
Zeit-Geschwindigkeit-Gesetz: $v = a \cdot t$
Zeit-Beschleunigung-Gesetz: $a = $ konstant $\neq 0$

Die Gleichungen erlauben – zusammen mit dem Zeit-Weg-Gesetz, das später hergeleitet wird – eine vollständige Beschreibung der gleichmäßig beschleunigten Bewegung aus dem Stand.

Gleichmäßig beschleunigte Bewegungen spielen im Alltag wie die gleichförmige Bewegung eine eher untergeordnete Rolle und sind dennoch für die Physik sehr wichtig:
● Eine Fallbewegung (senkrechter Fall) ist bei Vernachlässigung des Luftwiderstandes eine gleichmäßig beschleunigte Bewegung mit $a \approx 10 \frac{m}{s^2}$.
● Bewegungen mit sich ändernden Beschleunigungen können mithilfe einer durchschnittlichen Beschleunigung näherungsweise beschrieben werden.

> Bei der gleichmäßig beschleunigten Bewegung ist die Geschwindigkeit v proportional zur Zeit t. Die Proportionalitätskonstante ist die Beschleunigung a.
> Zeit-Geschwindigkeit-Gesetz: $v = a \cdot t$
> Zeit-Beschleunigung-Gesetz: $a = $ konstant $\neq 0$

Aufgaben

1 Ein Fahrzeug bewegt sich gleichförmig mit einer Geschwindigkeit $v = 72 \frac{km}{h}$.
a) Berechne die Strecke, die das Fahrzeug in ① 20 Minuten, ② 2,4 Stunden, ③ 3 Stunden 24 Minuten zurücklegt.
b) Ein zweites Fahrzeug legt in 45 Minuten eine Strecke von 55 Kilometern zurück. Ist dieses Fahrzeug schneller oder langsamer als das erste?

2 Innerhalb von drei Minuten erreicht eine Rakete eine Geschwindigkeit von Mach 3 (dreifache Schallgeschwindigkeit). Berechne die durchschnittliche Beschleunigung der Rakete.

3 Ein Stein fällt von einem 50 m hohen Turm. Die Tabelle gibt in etwa die Geschwindigkeit v des Steins und die Fallstrecke s nach der Zeit t wieder:
a) Berechne die Strecke, die der Stein ① in der zweiten und ② in der dritten Sekunde zurücklegt.
b) Zeichne ein *t-v*-und ein *t-s*-Diagramm.
c) Bestimme die Beschleunigung a des Steines aus dem *t-v*-Diagramm.

t	v	s
0,5 s	$5 \frac{m}{s}$	1,25 m
1,0 s	$10 \frac{m}{s}$	5 m
1,5 s	$15 \frac{m}{s}$	11,25 m
2,0 s	$20 \frac{m}{s}$	20 m
2,5 s	$25 \frac{m}{s}$	31,25 m
3,0 s	$30 \frac{m}{s}$	45 m

Die verräterische Bremsspur

„Aber ich bin wirklich nur 50 gefahren!" Solche Beteuerungen nach einem Unfall hört die Polizei nicht selten. Und doch werden immer wieder Fahrer der Falschaussage bezichtigt. Wie werden sie überführt, auch wenn es keine Zeugen gab?

Bei einer Vollbremsung blockieren häufig die Räder von Autos ohne ABS. Durch den Abrieb des Reifens auf der Straße bildet sich eine Bremsspur vom Beginn des Bremsvorgangs bis zum Stillstand des Fahrzeugs.

Da jeder PKW-Typ entsprechend seiner Masse und der Kraft seiner Bremsen eine ganz spezielle Bremsverzögerung hat, die der Hersteller angeben muss, kann aus dem Bremsweg (Länge der Bremsspur) und der Verzögerung die Mindestgeschwindigkeit des Fahrzeugs berechnet werden. Und dann zeigt sich, ob der Fahrer die Höchstgeschwindigkeit eingehalten hat … .

Bei Fahrzeugen mit ABS funktioniert dieses Verfahren zum Leidwesen der Polizei nicht mehr, weil die Räder von Autos mit ABS nicht mehr blockieren und folglich auch keine Bremsspur hinterlassen.

Beschleunigungen aus dem Stand

Güterzug	$0{,}08 \frac{m}{s^2}$
Personenzug	$0{,}12 \frac{m}{s^2}$
S-Bahn	$0{,}55 \frac{m}{s^2}$
Straßenbahn	$1{,}2 \frac{m}{s^2}$
Kleinwagen	$2{,}3 \frac{m}{s^2}$
Mittelklassewagen	$3{,}5 \frac{m}{s^2}$

Verzögerungen beim Abbremsen

Reifen auf	trocken	nass
Beton	$6{,}5 \frac{m}{s^2}$	$3{,}5 \frac{m}{s^2}$
Asphalt	$6{,}0 \frac{m}{s^2}$	$2{,}5 \frac{m}{s^2}$
Kopfstein	$6{,}0 \frac{m}{s^2}$	$3{,}0 \frac{m}{s^2}$
Feldweg	$5{,}0 \frac{m}{s^2}$	$2{,}0 \frac{m}{s^2}$
vereiste Fahrbahn	$0{,}6 \frac{m}{s^2} - 1{,}2 \frac{m}{s^2}$	

Rekordsprung aus der Stratosphäre
Felix Baumgartner übertrifft als erster frei fallender Mensch die Schallgeschwindigkeit

Am 14. Oktober 2012 gelang es dem österreichischem Extremsportler Felix Baumgartner, als erster Mensch im freien Fall schneller als der Schall zu sein.

Nachdem Baumgartner in 38 969,4 m Höhe die Druckkapsel seines Ballons verlassen hatte, beschleunigte er 25,2 Sekunden lang nahezu ungebremst ohne Stabilisierungsfallschirm, da in dieser Höhe der Luftwiderstand praktisch nicht existiert. Dabei erreichte er eine Geschwindigkeit von ca. $900 \frac{km}{h}$. Erst dann begann der Luftwiderstand, seine Beschleunigung zu verringern; seine Geschwindigkeit nahm aber weiter zu. Nach 34 Sekunden hatte er in einer Höhe von 33 446 m die Schallgeschwindigkeit ($1115 \frac{km}{h}$) erreicht, 16 Sekunden später die Höchstgeschwindigkeit von $1357{,}6 \frac{km}{h}$.

Erst dann wirkte der anwachsende Luftwiderstand als Bremse. 64 Sekunden nach Baumgartners Absprung sank seine Geschwindigkeit aufgrund des nun ständig größer werdenden Luftwiderstands auf $1043 \frac{km}{h}$ und verringerte sich dann immer weiter. Nach 180 Sekunden betrug sie in 7619,3 m Höhe „nur noch" $285 \frac{km}{h}$. 80 Sekunden später öffnete Baumgartner in 1585 m Höhe bei einer Geschwindigkeit von $191{,}5 \frac{km}{h}$ seinen Fallschirm, an dem er etwa 5 Minuten später sicher in der Wüste von New Mexico landete.

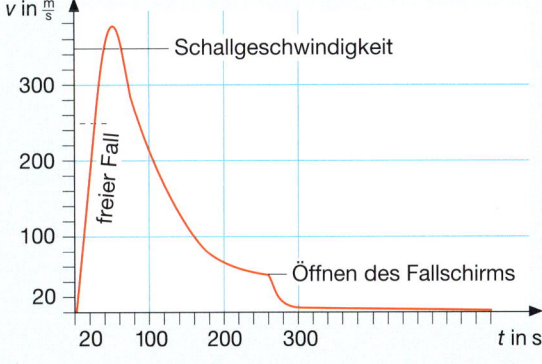

Versuche und Aufträge | Messen wie die Fledermäuse – das CBR

Das Messerfassungssystem CBR (Calculator Based Ranger) kann zusammen mit einem programmierbaren Taschenrechner benutzt werden. Das zugehörige Programm kann per Tastendruck auf den Rechner geladen werden.

Das Messverfahren des CBR beruht auf einem von den Fledermäusen kopierten Prinzip: Das Gerät sendet Ultraschallsignale aus, die auf das Hindernis (den bewegten Körper) treffen und von diesem reflektiert werden. Diese reflektierten Signale werden dann von dem Empfänger im CBR erfasst. Die Geschwindigkeit von Schall in Luft ist (nahezu) konstant; sie beträgt etwa 330 $\frac{m}{s}$. So kann die Laufzeit der Signale benutzt werden, um daraus den Abstand zwischen dem Sender und dem reflektierenden Körper zu berechnen. Das Programm überträgt die Messwerte dann automatisch in ein Diagramm, das den jeweiligen Abstand Sender-Reflektor angibt.

Allerdings darf die Laufzeit der Signale nicht zu kurz sein, denn dann ergeben sie Fehlmessungen. Daher wird ein Mindestabstand zwischen Messsystem und dem bewegten Körper gefordert. Er beträgt etwa 50 Zentimeter.

Übrigens: Auch die modernen Messgeräte der Polizei zum Ermitteln von Verkehrssündern arbeiten mit Signalen, die von bewegten Körpern reflektiert werden. Anders als beim CBR wird hierbei jedoch nicht die Laufzeit der Signale selbst berechnet, sondern meistens die durch die Bewegung des Autos geänderte Zwischenzeit zwischen zwei Signalen zur Umrechnung genutzt.

V1 Hüpfender Ball

Verbinde ein CBR (Calculator Based Ranger) mit dem Eingang deines Taschenrechners und übertrage das Programm auf deinen Taschenrechner. Montiere das CBR anschließend an das Ende einer langen Stativstange, sodass der Sensor nach unten zeigt. Halte einen Ball etwa 50 cm unterhalb des Sensors fest und starte deine Messung. Lass den Ball los, sodass er senkrecht nach unten fällt.

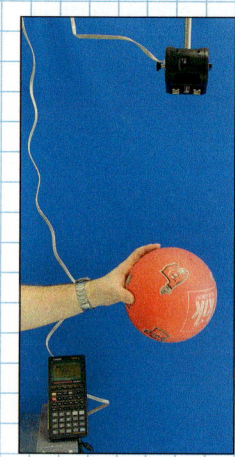

a) Betrachte das vom Rechner gezeichnete Diagramm und beschreibe es.

b) Bestimme die Zeitpunkte, in denen der Ball auf den Boden prallt und die Zeitpunkte, in denen der Ball jeweils seine größte Höhe über dem Erdboden erreicht.

c) Schätze anhand des gegebenen Diagramms die Höhen ab, die der Ball bei jedem Hochhüpfen erreicht.

d) Entwickle aus dem gegebenen Diagramm ein *t-s*-Diagramm.

V2 Gerollter Ball

Richte den Sensor eines CBR parallel zum Fußboden aus. In einem Abstand von 5 Metern legst du einen Ball hin. Starte die Messung und rolle den Ball in Richtung des Sensors. Ein Mitschüler fängt den Ball etwa 50 cm vor dem Sensor ab.

a) Beschreibe das von deinem Rechner gezeichnete Diagramm. Welche Art von Bewegung liegt vor?

b) Schreibe das angezeigte Diagramm in ein *t-s*-Diagramm um (*s* = 0 m am Startpunkt des Balles).

Beschleunigungen Versuche und Aufträge

V1 Markiere auf dem Schulhof eine Strecke von insgesamt 50 Metern. Alle 10 Meter wird ein Streckenposten mit Stoppuhr postiert, der Beginn der Strecke und ihr Ende wird jeweils deutlich sichtbar gekennzeichnet. Am Ende der Strecke steht ein zusätzlicher Posten.

Der Versuch ist in mehrere Phasen unterteilt:

① Beschleunige das Rad aus dem Stillstand auf den ersten 20 Metern der Strecke. Lies die Endgeschwindigkeit auf dem Tacho ab.

② Durchfahre danach mit gleich bleibender Geschwindigkeit die restliche Messstrecke. Die Streckenposten stoppen jeweils die Zeit, die du brauchst, um die Strecke vom Anfangspunkt bis zu ihnen zurückzulegen.

③ Nach Erreichen des Endes der Strecke bremse dein Fahrrad bis zum Stillstand ab. Der zusätzliche Posten misst die Bremszeit und anschließend die Strecke, die bis zum Stillstand benötigt wurde.

a) Tragt die gemessenen Werte für s = 10 m, 20 m, 30 m, 40 m, 50 m und die Endmarke (50 m + Bremsstrecke) zunächst in eine Tabelle ein und zeichnet dazu ein t-s-Diagramm.

b) Bestimmt mithilfe der Tachometeranzeige die durchschnittliche Beschleunigung auf den ersten 20 Metern der Teststrecke. Berechnet anschließend die durchschnittliche Bremsbeschleunigung.

c) Überprüft anhand der gemessenen Daten, ob die Geschwindigkeit auf den letzten 30 Metern tatsächlich konstant war.

d) Entwickelt ein t-v-Diagramm der Bewegung.

e) Wiederholt den Versuch mehrmals mit jeweils anderen Fahrer/innen und wertet auch diese Fahrten grafisch und rechnerisch aus.

V2 Für das folgende Experiment werden benötigt:

- eine Schnur aus einem leichten Material (ca. 3,50 m lang)
- 7 gleiche Münzen
- Klebestreifen
- eine Schere
- eine Blechplatte
- eine Stehleiter

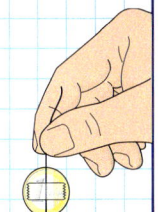

Die Münzen werden mithilfe des Klebebandes an der Schnur in gleichen Abständen befestigt; die erste Münze unmittelbar am Anfang der Schnur. Dann wird die Schnur so weit hochgehoben (Leiter benutzen), bis die unterste Münze gerade noch die auf dem Boden liegende Blechplatte berührt. Nach dem Loslassen fallen die an der Schnur befestigten Münzen mit deutlich hörbarem Geräusch auf die Platte. (Der Versuch sollte in einem hohen Raum oder zumindest an einer windgeschützten Stelle im Freien stattfinden.)

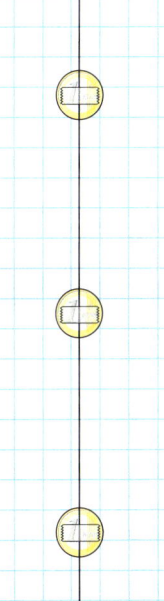

a) Protokolliert den Versuch und seine Durchführung. Achtet bei der Durchführung des Versuches auf den Zeittakt, mit dem die Münzen auf das Blech fallen.

b) Ist der Zeittakt deutlich unregelmäßig, so verschiebe die Münzen an der Schnur so lange, bis alle Münzen in gleichmäßigem Takt auf das Blech fallen.

c) Messt die Abstände zwischen den einzelnen Münzen, wenn diese (nach Gehör) im gleichen Zeittakt auf das Blech fallen. Ermittelt dazu einen (rechnerischen) Zusammenhang zwischen Fallstrecke und Zeit.

Streifzug · Geschwindigkeit im Straßenverkehr

Fast jeden Tag stehen in den Zeitungen Berichte über Verkehrsunfälle mit Personenschäden. Manchmal ist der Fahrer des PKW oder LKW schuld, weil er sich nicht verkehrsgerecht verhalten oder sich nicht auf das Verkehrsgeschehen konzentriert hat. Manchmal sind aber auch Fußgänger oder Radfahrer schuld, weil sie die Situation falsch eingeschätzt haben.

Welche Tatsachen sollte der Fahrer eines PKW oder eines LKW beim Fahren berücksichtigen und welche ein Fußgänger oder ein Fahrradfahrer? Warum gibt es in geschlossenen Ortschaften so unterschiedliche Geschwindigkeitsbeschränkungen für Fahrzeuge?

Kind gerettet– Auto kaputt!

Hannover: In der Kaiserstraße sprang ein Kind, das seinem Ball nachlief, vor ein Auto. Nur der Tatsache, dass der Fahrer die zulässige Höchstgeschwindigkeit eingehalten hatte und reaktionsschnell bremste, ist es zu verdanken, dass das Fahrzeug gerade noch rechtzeitig zum Stehen kam. Durch die Vollbremsung fuhr ein zweites Fahrzeug, das den Sicherheitsabstand nicht eingehalten hatte, auf das erste Fahrzeug auf. Es entstand erheblicher Sachschaden.

Aus der Sicht des Fahrzeugführers

Immer wieder kommt es vor, dass Fußgänger plötzlich zwischen zwei geparkten Autos auf die Straße laufen, um sie zu überqueren, oder spielende Kinder einem auf die Straße kullernden Ball hinterherlaufen, ohne auf den Verkehr zu achten.

All das muss der Fahrzeugführer während der Fahrt im Auge behalten und bedenken, dass er zwischen Erkennen der Gefahrensituation und Bremsen einen bestimmten Weg zurückgelegt hat.

Aus der Sicht des Fußgängers / Fahrradfahrers

Nach der Schule ganz schnell nach Hause, schnell über die Straße, weil die Straßenbahn oder der Bus sonst losfahren. Doch dabei muss unbedingt auf den Verkehr geachtet werden!

Wenn ein Fußgänger eine befahrene Straße überqueren will oder ein Radfahrer über eine Kreuzung ohne Ampeln fahren will, müssen sie abschätzen, ob ein herannahendes Fahrzeug weit genug entfernt ist, damit sie die Straße noch gefahrlos überqueren können.

Rechenbeispiel

Ein Autofahrer fährt mit einer Geschwindigkeit von $50\,\frac{km}{h}$ anstelle der erlaubten Geschwindigkeit von $30\,\frac{km}{h}$. Berechne die Verlängerung (in Meter) seiner Fahrstrecke, wenn er eine Reaktionszeit von 1,5 s hatte.

Geg.: erlaubt: $v_1 = 30\,\frac{km}{h} = 8{,}3\,\frac{m}{s}$

gefahren: $v_2 = 50\,\frac{km}{h} = 13{,}9\,\frac{m}{s}$

Reaktionszeit: $t = 1{,}5\,s$

Ges.: Streckenunterschied $s_2 - s_1$

Lösung: Das Fahrzeug legt in 1,5 s folgende Strecken zurück:

$s_2 = v_2 \cdot t = 13{,}9\,\frac{m}{s} \cdot 1{,}5\,s = 20{,}85\,m$

$s_1 = v_1 \cdot t = 8{,}3\,\frac{m}{s} \cdot 1{,}5\,s = 12{,}45\,m$

$s_2 - s_1 = 8{,}4\,m$

In der Reaktionszeit von 1,5 s legt das Auto 8,4 m mehr Wegstrecke zurück.

Rechenbeispiel

Ein Fußgänger, der mit $5\,\frac{km}{h}$ geht, möchte eine 8 m breite Straße überqueren. Berechne die Entfernung, die ein Fahrzeug, das sich mit $60\,\frac{km}{h}$ nähert, mindestens haben muss, damit der Fußgänger die andere Straßenseite erreicht hat, bevor das Auto seinen Weg kreuzt.

Geg.: Fußgänger $v_1 = 5\,\frac{km}{h} = 1{,}4\,\frac{m}{s}$; $s_1 = 8\,m$

Fahrzeug $v_2 = 60\,\frac{km}{h} = 16{,}7\,\frac{m}{s}$

Straßenbreite $b = 8\,m$

Ges.: Entfernung s

Lösung: Der Fußgänger benötigt für das Überqueren der Straße

$t = \frac{b}{v} = \frac{8\,m}{1{,}4\,\frac{m}{s}} = 5{,}7\,s$

Das Fahrzeug fährt in dieser Zeit

$s = v_2 \cdot t = 16{,}7\,\frac{m}{s} \cdot 5{,}7\,s = 95{,}19\,m$

Das Fahrzeug muss fast 100 Meter entfernt sein!

Der Anhalteweg eines Fahrzeugs

Eine Gefahr in acht Metern Entfernung zu erkennen ist das Eine – das Fahrzeug auch rechtzeitig zum Stehen zu bringen das Andere. Wie lang ist der Weg, den das Fahrzeug vom Erkennen der Gefahr bis zum völligen Stillstand zurücklegt, und wovon ist er abhängig?

Der Reaktionsweg s_R

Selbst wenn ein aufmerksamer Fahrer ein Hindernis bemerkt, dauert es noch eine gewisse Zeit, bis er schließlich reagiert und die Bremse betätigt. Diese Zeitdauer ist die **Reaktionszeit t_R.** Sie liegt normalerweise im Bereich von einer Sekunde, kann aber auch länger sein, wenn der Fahrer unaufmerksam oder ermüdet ist. Alkohol verlängert die Reaktionszeit erheblich!

In der Reaktionszeit bewegt sich das Fahrzeug mit seiner ursprünglichen Geschwindigkeit weiter. Die Länge des dabei zurückgelegten **Reaktionsweges s_R** lässt sich also mit $s_R = v \cdot t_R$ berechnen:
Bei einer Geschwindigkeit von $50 \frac{km}{h} = 13,9 \frac{m}{s}$ und einer Reaktionszeit von 1 s beträgt s_R etwa $13,4 \frac{m}{s} \cdot 1\,s \approx 14\,m$.
Für eine schnelle Überschlagsrechnung gibt es eine
Faustformel Reaktionsweg:
s_R = **Tachoanzeige · 3 : 10.**
Für $50 \frac{km}{h}$ wären das $\frac{50 \cdot 3}{10} = 15$ (m).

Der Bremsweg s_B

Durch das Betätigen des Bremspedals führt das Fahrzeug eine verzögerte Bewegung aus, die sich nicht mehr mit unseren Gleichungen für die gleichförmige Bewegung berechnen lässt, denn die Geschwindigkeit des Fahrzeuges nimmt ja ab. Wie schnell das Abbremsen geschieht und wie lang die Strecke bis zum Stillstand ist, hängt vom Fahrzeugtyp und von den Fahrbahnverhältnissen ab.
Es gibt aber eine **Faustformel für den Bremsweg,** die für die meisten Bremsvorgänge gilt:
s_B = **(Tachoanzeige : 10)²**
Für $50 \frac{km}{h}$ wären das
$(50 : 10)^2 = (5)^2 = 25$ (m).

Der Anhalteweg s_A

Die Summe von Reaktionsweg und Bremsweg ergibt den Anhalteweg vom Erkennen der Notwendigkeit zum Bremsen bis zum Stillstand des Fahrzeugs:
$s_A = s_R + s_B$.
Er ist bei $50 \frac{km}{h}$ 40 Meter lang.

Auch Radfahrer und Fußgänger können viel zur Sicherheit im Straßenverkehr beitragen.
Verantwortungsbewusstes Überqueren der Straße:
Wenn keine Ampeln in der Nähe sind, dann muss auf ausreichende Entfernung zu den ankommenden Fahrzeugen geachtet werden. Der Fußgänger sollte einkalkulieren, dass er bei normalem Gehtempo für 1 m Fahrbahnbreite etwa 1 s benötigt. Wenn er dann die erlaubte Höchstgeschwindigkeit durch 3 teilt und mit der Zeit für die Straßenüberquerung multipliziert, kennt er die Strecke, die das Auto entfernt sein sollte – vorausgesetzt der Fahrer hält sich an die Geschwindigkeitsbegrenzung.
Vorsicht bei unübersichtlichen Situationen:
Besondere Aufmerksamkeit erfordert das Betreten der Fahrbahn, wenn Büsche die Sicht einschränken oder man zwischen parkenden Fahrzeugen auf die Fahrbahn tritt, weil dadurch die Fahrer die Gefahr zu spät bemerken und nicht mehr rechtzeitig bremsen könnten.
Vorsicht bei schlechten Fahrbahnverhältnissen:
Bei nasser, rutschiger Straße oder sogar Glatteis ist der Bremsweg erheblich länger.

Anhalteweg $s_A = s_R + s_B$

Reaktionsweg s_R Bremsweg s_B

Warum „Tempo 30"?

30

Im Regelfall werden diese Schilder in Wohngebieten angebracht. Hier parken oft viele Autos am Straßenrand. Bäume und Sträucher behindern die Sicht. Menschen sind unterwegs, betreten zwischen den Autos die Fahrbahn, nutzen die Straße als Gehweg. Kinder spielen selbstvergessen und ohne auf den Verkehr zu achten; oft genug laufen sie einem Ball hinterher, der auf die Fahrbahn kullert. All das sollte der Fahrzeugführer im Auge behalten!

Sobald er eine solche Situation erkennt, muss er rechtzeitig reagieren. Bei einer Geschwindigkeit von $v = 30 \frac{km}{h} = 8,3 \frac{m}{s}$ legt das Auto in jeder Sekunde einen Weg von über acht Metern zurück – das ist etwa die Strecke von zwei hintereinander geparkten Autos, hinter denen unaufmerksame Kinder auf die Fahrbahn treten könnten! Bei höheren Geschwindigkeiten vergrößert sich entsprechend die Strecke, die der Fahrer im Auge behalten muss – was aber oft nicht ausreichend zu gewährleisten ist. Deshalb „Tempo 30".

Grundwissen   Bewegungen

Bewegungen

Bewegungen können geradlinig, krummlinig oder Schwingungen sein.
Sie werden durch den zurückgelegten Weg **s** und die dafür benötigte Zeit **t** beschrieben.

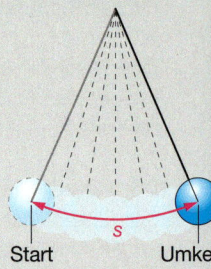

Start   Start   Start   Umke...
punk...

Geschwindigkeit

Der Quotient aus zurückgelegtem Weg Δs und dafür benötigter Zeit Δt ist die Geschwindigkeit v des Körpers:

$$v = \frac{\Delta s}{\Delta t}.$$

Einheiten sind $1\,\frac{m}{s}$ oder $1\,\frac{km}{h}$.

Für die Umrechnung gilt

$\frac{m}{s} \xrightarrow{\times 3,6} \frac{km}{h}$ oder $x\,\frac{m}{s} = (x \cdot 3,6)\,\frac{km}{h}$

$\frac{km}{h} \xrightarrow{:\,3,6} \frac{m}{s}$ oder $x\,\frac{km}{h} = (x : 3,6)\,\frac{m}{s}$

- Durchschnittsgeschwindigkeit ist die mittlere Geschwindigkeit für die Gesamtstrecke s während der Gesamtzeit t: $\bar{v} = \frac{s}{t}$.
- Momentangeschwindigkeit wird mit Tachometern direkt gemessen oder angenähert durch die Messung der Zeitspannen Δt für möglichst kurze Wegstrecken Δs: $v = \frac{\Delta s}{\Delta t}$.

Beschleunigung

Der Quotient aus Geschwindigkeitsänderung Δv und dafür benötigter Zeit Δt ist die Beschleunigung a des Körpers:

$$a = \frac{\Delta v}{\Delta t}.$$

Die Einheit ist $1\,\frac{m}{s^2}$.

Darstellung von Bewegungen

Bewegungen werden durch *Diagramme* oder durch *Bewegungsgleichungen* dargestellt. Sie können

- **gleichförmig** sein, dann werden in gleichen Zeitabschnitten Δt gleiche Wegstrecken Δs zurückgelegt. Die Geschwindigkeit ist konstant.

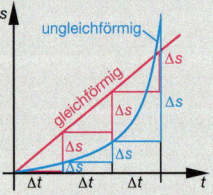

Zeit-Weg-Gesetz: $s = v \cdot t$
Zeit-Geschwindigkeit-Gesetz: v = konstant
Zeit-Beschleunigung-Gesetz: $a = 0$

- **ungleichförmig** sein, dann werden in gleichen Zeitabschnitten unterschiedliche Wegstrecken zurückgelegt. Ist in gleichen Zeitabschnitten Δt die Geschwindigkeitsänderung Δv immer gleich, ist die Bewegung *gleichmäßig beschleunigt.*

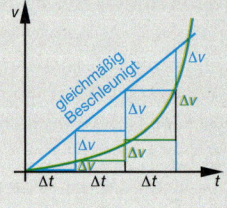

Zeit-Geschwindigkeit-Gesetz: $v = a \cdot t$
Zeit-Beschleunigung-Gesetz: a = konstant $\neq 0$

SYSTEM

Zeit-Weg-Diagramm

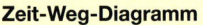
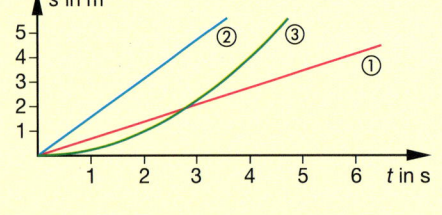

Bewegung ① gleichförmig

Bewegung ② gleichförmig schneller als ①

Bewegung ③ gleichmäßig beschleunigt

Zeit-Geschwindigkeit-Diagramm

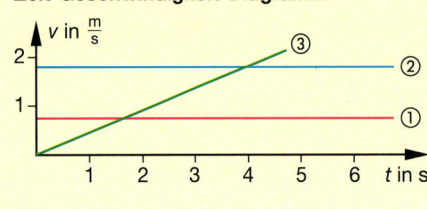

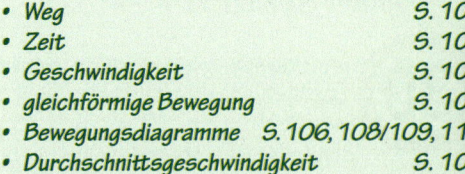

Grundbegriffe

A1 a) Fertige mit den Grundbegriffen auf der linken Seite Karteikarten an. Notiere den Begriff auf der Vorderseite und erläutere ihn auf der Rückseite, eventuell mit sonstigen Besonderheiten. Anstelle der Karteikarten kannst du auch eine elektronische Datenbank anlegen.
b) Erstelle eine Mindmap für das ganze Kapitel. Die Grundbegriffe links helfen dir dabei.

A2 Martin ist mit dem Fahrrad unterwegs.
a) Die ersten 5 Kilometer fährt er in 20 Minuten. Berechne seine (durchschnittliche) Geschwindigkeit.
b) Danach fährt Martin eine Viertelstunde mit einer Geschwindigkeit von 20 $\frac{km}{h}$. Berechne die Strecke, die er dabei zurücklegt.
c) Die letzten 5 Kilometer fährt er mit einer Geschwindigkeit von 25 $\frac{km}{h}$. Berechne die dafür benötigte Zeit.
d) Zeichne für die gesamte Fahrt ein *t-s*-Diagramm und gibt Martins Durchschnittsgeschwindigkeit an.

A3 Ein PKW beschleunigt mit 2,8 $\frac{m}{s^2}$.
a) Berechne die Geschwindigkeit, die er erreicht, wenn er aus dem Stand heraus 4 Sekunden beschleunigt.
b) Gib die Geschwindigkeit an, die der Tacho anzeigt, wenn der Wagen mit einer Anfangsgeschwindigkeit von 50 $\frac{km}{h}$ ebenfalls 4 Sekunden beschleunigt wird.
c) Frau Meier beschleunigt ihr Auto 4 Sekunden lang, fährt dann 4 Sekunden mit konstanter Geschwindigkeit weiter und beschleunigt anschließend wieder 4 Sekunden lang. Zeichne ein *t-v*-Diagramm, das diesen Bewegungsablauf veranschaulicht.

s	t
3 m	2 ms
5 m	3,3 ms
10 m	6,7 ms
15 m	10 ms
25 m	16,6 ms

A4 Die Schallgeschwindigkeit in festen Körpern ist anders als die in Luft. Bei einer Versuchsreihe zur Ausbreitung des Schalls in Stahl wurden für vorgegebene Strecken *s* die links angegebenen Laufzeiten *t* gemessen.
Ermittle mithilfe dieser Messreihe einen Wert für die Schallgeschwindigkeit in Stahl.

A5 Christian und Malte sind beide sehr gute 1000 m-Läufer. Christian schafft die 1000 m in 4 min 30 s; Malte braucht dafür 4 min 50 s. Beide wollen gegeneinander antreten. Großzügig gewährt Christian Malte 100 m Vorsprung.
a) Erläutere, ob Christian unter diesen Bedingungen den Lauf gewinnen kann.
b) Berechne den größtmöglichen Vorsprung, den Christan gewähren kann, ohne den Lauf zu verlieren.

A6 Erfinde zu den beiden Diagrammen jeweils eine Geschichte.

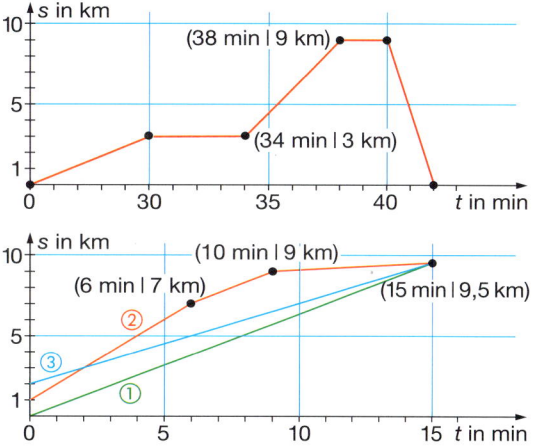

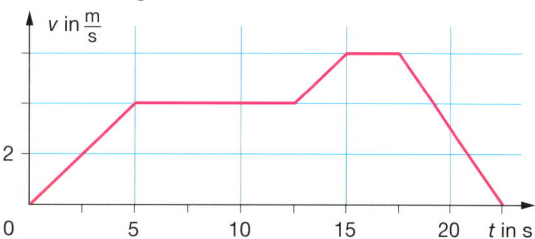

A7 Das folgende *t-v*-Diagramm zeigt die Bewegung eines Fahrzeugs.

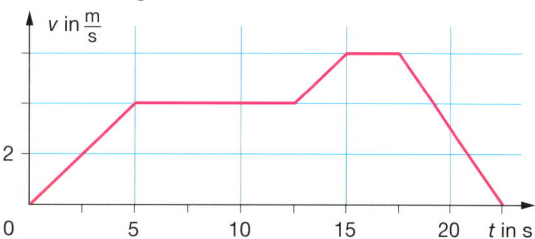

a) Beschreibe diese Bewegung in Worten.
b) Berechne die Beschleunigungen, die in den verschiedenen Phasen der Bewegung auftreten.
c) Bestimme die Länge der Streckenabschnitte, die in Phasen gleichförmiger Bewegung zurückgelegt werden.

A8 Ein Körper beschleunigt 10 Sekunden lang mit $a = 0,6 \frac{m}{s^2}$. Anschließend bewegt er sich 20 Sekunden lang gleichförmig, um danach innerhalb von 5 Sekunden die Geschwindigkeit auf 10 $\frac{m}{s}$ zu erhöhen. Nach weiteren 15 Sekunden mit gleichförmiger Bewegung bremst er innerhalb von 5 Sekunden bis zum Stillstand ab.
a) Berechne für die erste Phase der Bewegung die erreichte Endgeschwindigkeit.
b) Bestimme für die dritte und die letzte Phase der Bewegung jeweils die Beschleunigungen.
c) Fertige ein *t-a*-und ein *t-v*-Diagramm dieser Bewegung an!
d) Berechne die Strecken, die der Körper in den Phasen der gleichförmigen Bewegung zurücklegt.

Vertiefung **Bewegungen**

Geschwindigkeiten und Beschleunigungen in der Weltraumfahrt

Viele Jahre leistete das **Space-Shuttle** wertvolle Dienste als „Lastenesel" der amerikanischen Raumfahrt beim Aufbau der internationalen Raumstation ISS. Wie bei allen Raumfahrzeugen waren die Start-und Landephase die spannendsten (und gefährlichsten) Abschnitte des Fluges.

1 a) Recherchiert den Ablauf des Startes eines solchen Space-Shuttles. Erstellt ein Plakat, das die Flugbahn während dieser Phase, die erreichten Geschwindigkeiten und die auftretenden Beschleunigungen darstellt.
b) Für die Landung muss das Shuttle von ca. 28000 $\frac{km}{h}$ bis zum Stillstand abbremsen. Dazu werden unterschiedlichste Techniken genutzt. Stellt diese Techniken in geeigneter Form dar und entwickelt ein *t-v*-Diagramm der Landephase.

2 Vergleicht die Startphase eines Shuttles mit dem Start einer Rakete. Beschreibt und begründet die wesentlichen Unterschiede.

Vergleichen von Bewegungen

Was Ausdauer, Schnelligkeit und Beschleunigung angeht, so übersteigen die Leistungen vieler Tiere die der Menschen bei weitem.

1 Informiert euch im Internet darüber, welche Leistungen verschiedene Tierarten in Bezug auf **Höchstgeschwindigkeit** und **Ausdauer** erreichen können und vergleicht diese mit den **menschlichen Höchstleistungen.**

2 Entwickelt vergleichende *t-a-* und *t-v*-Diagramme, etwa für einen 100 m-Läufer im Vergleich zum Geparden.
Dazu könnt ihr auch ein eigenes Experiment durchführen, indem ihr den 100 m-Lauf eines Klassenkameraden auswertet.

3 Weitet den obigen Vergleich auf andere Säugetierarten und andere Bewegungsarten (z.B. Schwimmen) aus. Erstellt eine Wandzeitung, auf der ihr eure Ergebnisse darstellt.

Vom Diagramm zum Bewegungsablauf

1 Analysiert das rechts abgebildete *t-v*-Diagramm einer Bewegung. Benennt dazu die Zeitintervalle, in denen die Beschleunigung besonders groß ist und die Intervalle, in denen die Beschleunigung gering ist. Entwickelt aus dem *t-v*-Diagramm ein schlüssiges *t-a*-Diagramm.

2 a) Überlegt euch, in welchen Abschnitten der unten dargestellten Diagramme beschleunigte Bewegungen vorliegen.
b) Beschreibt die jeweilige Situation und ordnet jedem Diagramm eine Disziplin aus der Leichtathletik zu.

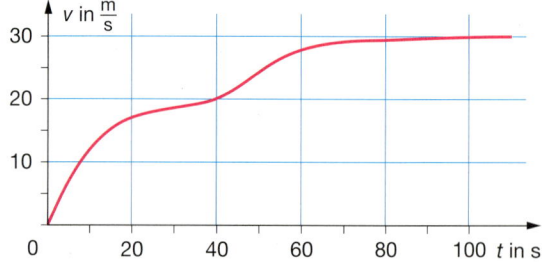

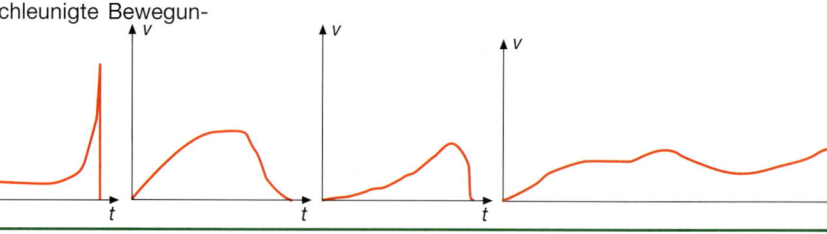

A1 Für die 187 Kilometer lange Autobahnstrecke zwischen Hannover und Oldenburg rechnet ein Geschäftsmann mit einer Fahrzeit von 1 Stunde und 40 Minuten.
a) Berechne die durchschnittliche Geschwindigkeit des Fahrzeugs.
b) Durch einen Stau auf der Autobahn verzögert sich die Fahrt. Innerhalb der ersten 60 Minuten legt der Geschäftsmann lediglich 62 Kilometer zurück.
Bestimme, um wie viel $\frac{km}{h}$ das Fahrzeug langsamer als vorausberechnet war.
c) Berechne, wie schnell der Geschäftsmann durchschnittlich auf dem Rest der Strecke fahren müsste, um seine eingeplante Zeit einzuhalten.

A2 Paul startet um 8 Uhr zu einer Wanderung von Mesmersiel zum 15 km entfernten Bensersiel. Er geht mit einer Durchschnittsgeschwindigkeit von 5 $\frac{km}{h}$. Nach 45 Minuten macht er für 15 Minuten eine Rast und geht dann mit der gleichen Geschwindigkeit weiter. Um 8:30 Uhr verlässt Paula Bensersiel mit einer Geschwindigkeit von 3 $\frac{km}{h}$ in Richtung Mesmersiel. Pauls Bruder Karl startet um 9 Uhr von Mesmersiel und hofft, Paul 5 km vor Bensersiel einzuholen.
a) Zeichne die Bewegungsgraphen für Paul, Paula und Karl in ein geeignetes t-s-Diagramm.
b) Ermittle aus dem Diagramm, wo und wann sich Paul und Paula treffen.
c) Bestimme aus dem Diagramm die Geschwindigkeit, mit der Karl sich bewegen muss.
d) Ermittle, wie sich die Zeiten, Treffpunkte und Geschwindigkeiten verändern, wenn Paul keine Pause macht.

A3 Die beschleunigte Bewegung eines Fahrzeugs wird durch das folgende t-a-Diagramm wiedergegeben:

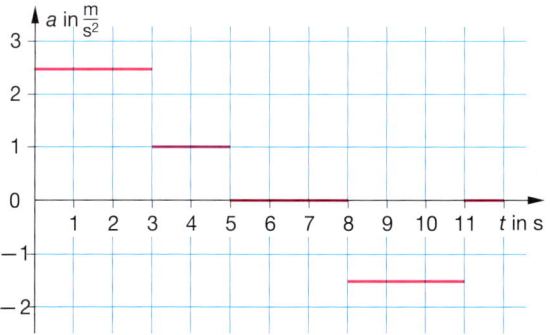

a) Entwickle aus dem t-a-Diagramm ein t-v-Diagramm der Bewegung.

b) Ermittle die notwendige Verzögerung (Bremsbeschleunigung), damit das Fahrzeug von seiner Endgeschwindigkeit innerhalb von 9,5 s bis zum Stillstand abbremsen kann.

A4 Das t-v-Diagramm 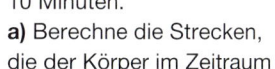 rechts zeigt die Bewegung eines Körpers während 10 Minuten.
a) Berechne die Strecken, die der Körper im Zeitraum
① von 0 bis 4 Minuten,
② von 4 bis 7 Minuten
③ von 7 bis 10 Minuten
zurücklegt.
b) Zeichne das zugehörige t-s-Diagramm.

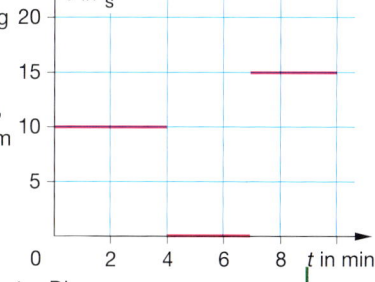

A5 Das folgende t-s-Diagramm ist der „grafische Fahrplan" zweier Züge, die zwischen A-Stadt und B-Stadt verkehren.

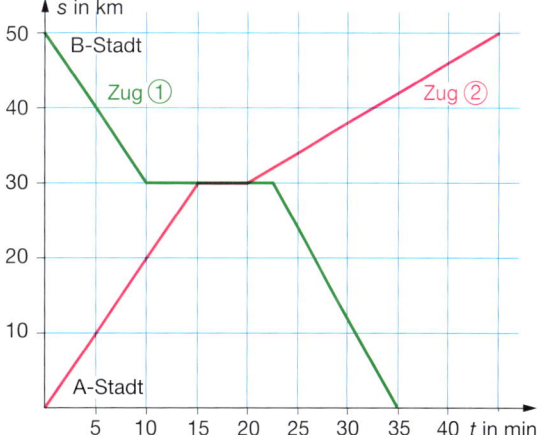

a) Beschreibe die Bewegung der beiden Züge mit Worten.
b) Berechne die Geschwindigkeiten des Zuges ① (grüner Graph) auf den einzelnen Teilstrecken der Verbindung. Berechne zusätzlich die Durchschnittsgeschwindigkeit des Zuges ① zwischen Abfahrtsort A-Stadt und Zielort B-Stadt.
c) Bestimme die Durchschnittsgeschwindigkeit von Zug ② (roter Graph) auf der letzten Teilstrecke.
Stelle fest, welcher der beiden Züge insgesamt die größere Durchschnittsgeschwindigkeit hatte. Erläutere, wie du dabei ohne Rechnung auskommst.
d) Zug ② fährt 5 Minuten verspätet aus A-Stadt ab. Berechne die Geschwindigkeit, mit der er nun fahren muss, um pünktlich den Zwischenhalt zu erreichen.

Kräfte

Mit vereinten Kräften, aber dennoch scheinbar mühelos lassen die vier Mädchen jeweils mit nur ein paar Fingern unter dem Tisch ihren Klassenkameraden zum Geburtstag hochleben.

In diesem Kapitel lernst du, was in der Physik unter „Kraft" zu verstehen ist, welche Wirkungen Kräfte haben, wie mehrere Kräfte sich gegenseitig beeinflussen, wie Kräfte gemessen werden können und welche besonderen Kräfte es gibt. Abschließend wird untersucht, wie die Wirkung mehrerer Kräfte auf einen Körper vorhergesagt werden kann.

▨ Meister im Gewichtheben

Ameisen sind ein wichtiger Bestandteil unseres Ökosystems. Die Arbeiterinnen schleppen unter anderem auch Baumaterial zum Nest. Dabei transportieren sie das Sechs- bis Siebenfache, manche Arten sogar das 40-Fache ihres eigenen Körpergewichtes.
Würde ein Kind (30 kg) etwas Vergleichbares leisten wollen, müsste es ein Pferd heben.

■ **Autounfall:** Ein Unfall mit dem Auto kann schlimme Folgen haben! Welche Kräfte wirken hier? Warum sind sie so zerstörerisch? Wie können sich Insassen vor den Folgen des Crashes schützen?

■ Schwere Last leicht getragen

Am 20. Juli 1969 betrat der erste Mensch den Mond. Dabei trug er einen Raumanzug, der mit dem lebensnotwendigen Rucksack eine Masse von mehr als 80 kg hatte. Und dennoch konnten die Astronauten damit große Sprünge machen. Offensichtlich wirken auf dem Mond geringere Kräfte als auf der Erde. Woher kommt das?

Vorbereitung

1 Lies die Texte dieser beiden Seiten durch und betrachte die zugehörigen Bilder. Schreibe zu den einzelnen Themen Fragen auf, die du dazu hast.

2 Blättere das folgende Kapitel durch, lies die Überschriften und betrachte die Bilder. Notiere neben den Fragen aus 1 die Seitenzahlen, die deiner Meinung nach Antworten zu deinen Fragen liefern könnten.

3 Überlege und schreibe auf, was du in Experimenten untersuchen möchtest. Vielleicht hast du ja schon Ideen, wie die Versuche aussehen könnten.

4 Studiere die im Vorwissen „Körper und Bewegungen" auf Seite 128 dargestellten Zusammenhänge. Schreibe dazu die wichtigsten Begriffe zusammen mit einer kurzen Erklärung auf.

Bewegungen

Bewegungen können geradlinig, krummlinig oder Schwingungen sein.
Sie werden durch den zurückgelegten Weg **s** und die dafür benötigte Zeit **t** beschrieben.

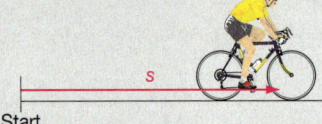
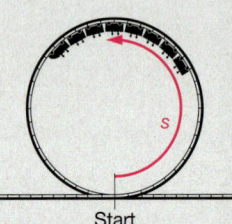
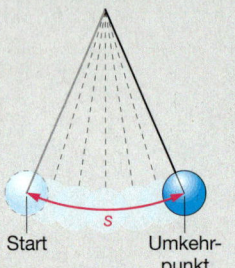

Start   Start   Start   Umkehr-punkt

Bewegungen können

- **gleichförmig** sein, dann werden in gleichen Zeitabschnitten Δt gleiche Wegstrecken Δs zurückgelegt. Die Geschwindigkeit ist konstant.
  Der Quotient aus zurückgelegtem Weg Δs und dafür benötigter Zeit Δt ist die Geschwindigkeit v des Körpers:
  $$v = \frac{\Delta s}{\Delta t}.$$
  Einheiten sind $1\,\frac{m}{s}$ oder $1\,\frac{km}{h}$.

- **ungleichförmig** sein, dann werden zu verschiedenen Zeitabschnitten unterschiedliche Wegstrecken zurückgelegt.
  Der Quotient aus Geschwindigkeitsänderung Δv und dafür benötigter Zeit Δt ist die Beschleunigung a des Körpers:
  $$a = \frac{\Delta v}{\Delta t}.$$
  Die Einheit ist $1\frac{m}{s^2}$.

Masse

Die Masse ist durch zwei Körpereigenschaften gekennzeichnet:

- **Trägheit:** Körper widersetzen sich Änderungen ihres Bewegungszustandes.
- **Schwere:** Körper sind schwer.

Massen werden in Tonnen (t), Kilogramm (kg), Gramm (g) oder Milligramm (mg) angeben und mit Waagen bestimmt.

Auf die zweite Waagschale einer Balkenwaage (Apothekerwaage) werden so viele Wägestücke aus einem Wägesatz gelegt, dass die Waage im Gleichgewicht ist.

Körper

Jeder Körper besteht aus einem oder mehreren Stoffen, hat ein bestimmtes Volumen und eine Masse. Körper können fest, flüssig oder gasförmig sein.

Jeder Körper hat eine bestimmte Form – auch flüssige oder gasförmige Körper, nämlich die ihres Gefäßes!

Weil jeder Körper einen Raum einnimmt, können nie zwei Körper an demselben Ort sein. Körper verdrängen sich gegenseitig.

Der Körper „Mensch" verdrängt den Körper „Wasser".

SYSTEM

WECHSELWIRKUNG

MATERIE

Grundbegriffe

- *Körpereigenschaften*
- *Zustandsformen*
- *Masse*
- *Bewegungen*
- *Geschwindigkeit*
- *Beschleunigung*

Schneller – Höher – Weiter

In vielen Sportarten spielen Bewegungsabläufe und der Einsatz von Kräften eine große Rolle.

P1 a) Informiert euch darüber, welche Techniken in der Leichtathletik beim Kugelstoßen, Hammerwerfen, usw. angewandt werden. Achtet hierbei besonders auf die Begriffe **Kraft** und **Geschwindigkeit**.

b) Stellt die Ergebnisse in geeigneter Form (z. B. auf Plakaten mithilfe von Bildfolgen) dar.

P2 Für die folgenden Versuchsreihen benötigt ihr Stoppuhren und eine Videokamera. Die Auswertung von Bewegungsabläufen kann am besten mit geeigneter Computer-Software durchgeführt werden. Hilfreich ist es, am Körper in der Nähe der Hüfte einen Markierungspunkt zu befestigen.
a) Nehmt nun verschiedene Messreihen bei unterschiedlichen Sportarten (z. B. beim Weitsprung) auf. Wählt auch mehrere Versuchspersonen aus.
b) Stellt die Messwerte in geeigneten Diagrammen dar. Geht in eurer Auswertung auf die Frage ein, wie sich Geschwindigkeiten geändert bzw. welche Kräfte gewirkt haben.

Kräfte im Brückenbau

Erste Überlieferungen von Brückenbauten stammen aus der altassyrischen Zeit (um 1800 v. Chr.). Die Brücken ermöglichten es den Karawanen, Flüsse und Schluchten zu überqueren. Seit dieser Zeit hat sich der **Brückenbau** sehr gewandelt. Immer schwerere Lasten müssen transportiert werden und stellen damit immer größere Ansprüche an die auf die Brücke wirkenden Kräfte.

P1 Es gibt unterschiedliche Typen von Brücken: Balken-, Bogen-, Hänge- und Schrägseilbrücken.
a) Sucht in eurer Nähe Brücken, die ihr einem der oben genannten Typen zuordnen könnt.
b) Beschreibt, welche Kräfte an den einzelnen Brückentypen wo auftreten.
c) Begründet, warum sich im Laufe der Jahrhunderte die Brückenformen so deutlich verändert haben.
d) Recherchiert im Internet nach Brücken der einzelnen Typen in Deutschland.

P2 a) Baut eine Brücke aus Bauklötzen.
b) Baut diese Brücke von LEONARDO DA VINCI (1452–1519) nach.

c) Überlegt, wie mit möglichst wenig Material eine stabile und tragfähige Brücke gebaut werden kann.
d) Schreibt in eurer Klasse einen Wettbewerb mit dem Titel „Bau einer möglichst stabilen Brücke aus Zeichenpapier" aus und wertet die Ergebnisse mit einer Jury aus.

„Kraft" in der Sprache

In der deutschen Sprache gibt es sehr viele (laut Internet etwa 485) zusammengesetzte Wörter, die das Wort „Kraft" am Anfang oder in der Mitte oder am Ende des Wortes haben. Viele dieser Wörter haben mit dem physikalischen Begriff „Kraft" nichts zu tun. Warum enthalten sie dann das Wort „Kraft"?

P1 a) Sammelt möglichst viele Wörter, die den Begriff „Kraft" enthalten und ordnet sie danach, ob sie einen möglichen physikalischen Hintergrund besitzen oder nicht.
b) Erläutert Eure Aufstellung angemessen.

P2 Sucht nach Adjektiven, die „Kraft" zum Ausdruck bringen, und ordnet sie physikalischen Größen zu.

Kräfte und ihre Wirkungen

Beim Tennis ist der Ball ständig in Bewegung: Er wird schneller oder langsamer oder in eine andere Richtung umgelenkt – aber nur, wenn ein Schläger oder Spieler ihn berührt und seine Muskelkraft einwirkt. Gleichzeitig fällt der Ball nach unten. Diese Beeinflussung des Balls durch die Spieler wird in der Physik mithilfe des Begriffs „Kraft" beschrieben. Woran ist zu erkennen, dass Kräfte ausgeübt werden? Welche Kräfte gibt es?

Bewegungsänderungen

● Um beim Fußballspielen einen ruhenden Ball in Bewegung zu versetzen, müssen die Spieler gegen ihn treten. Sie stoßen dabei den Ball mit der Kraft ihrer Muskeln weg. Der Ball wird dadurch schneller. Soll der Ball zurückgeschossen werden, so muss er zuerst abgebremst und anschließend wieder beschleunigt werden.
Kräfte können die Bewegung eines Körpers beschleunigen oder verzögern.

● Ein scharf geschossener Ball bewegt sich geradeaus. Um seine Richtung zu ändern, muss er seitlich getroffen werden – dann rollt oder fliegt er in eine andere Richtung.
Zur Änderung der Bewegungsrichtung sind Kräfte notwendig.

● Mit einer Kraft kann die Bewegungsrichtung des Balls geändert werden. Will ein Mensch aber seinen eigenen Bewegungszustand ändern, z. B. vom Boden aufstehen, so kann er sich nicht an den eigenen Haaren hochziehen, sondern muss sich vom Boden abdrücken.

Kräfte können nur von einem Körper auf einen anderen ausgeübt werden.
Oder
Kein Körper kann eine Kraft auf sich selbst ausüben.

Formänderungen

● Nicht jede Kraft, die auf einen auf dem Boden liegenden Ball einwirkt, führt zu einer Bewegungsänderung. Setzt sich ein Kind auf den Ball, wirkt eine Kraft von oben – der Ball setzt sich nicht in Bewegung. Aber Folgen hat die Krafteinwirkung schon: Der Ball wird zusammengedrückt.
Kräfte können Körper verformen.

Dabei hängt es von den Eigenschaften der Körper ab, ob diese Verformung zurückgeht oder bestehen bleibt, wenn die Kraft nicht mehr wirkt. Wenn der Fußball seine anfängliche Form wieder annimmt, sobald die Kraft nicht mehr auf ihn wirkt, liegt eine **elastische** Verformung vor. Eine Knetkugel dagegen behält eine veränderte Form bei, wenn die Kraft nicht mehr auf sie wirkt. Diese Verformung wird als **plastisch** bezeichnet.

Kräfte können
• Körper beschleunigen und verzögern,
• die Bewegungsrichtung von Körpern ändern,
• Körper zeitweilig (elastisch) oder dauerhaft (plastisch) verformen,
Kräfte wirken nur zwischen verschiedenen Körpern.

Aufgaben

1 Beschreibe Situationen, in denen beim Weitsprung, Sprint, Skifahren eine Bewegungsänderung hervorgerufen wird.
2 Erläutere Beispiele für Verformungen aus Industrie und Haushalt.
3 Beschreibe die Formänderung
  a) beim Spannen eines Bogens,
  b) beim Biegen eines Eisendrahts,
  c) beim Ziehen an einem Strumpf,
  d) beim Ziehen an einem dünnen Wollfaden.
4 Nenne Beispiele, bei denen zwischen Körpern Kräfte wirken, ohne dass sich die Körper berühren.

Energieänderungen

Im Inneren einer Hüpfstange befinden sich mehrere Federn. Berührt der Junge mit seiner Hüpfstange den Boden, werden die Federn zusammengedrückt bzw. gestaucht. Sie werden also verformt. Es muss daher eine Kraft gewirkt haben. Die Federn sind jetzt gespannt und besitzen daher mehr Spannenergie als zuvor. Durch die Kraft, die die Stauchung verursacht hat, ist den Federn Energie zugeführt worden. Ihr Energiegehalt hat sich verändert. Wenn sich die gestauchten Federn entspannen, üben sie eine Kraft auf den oberen Teil der Hüpfstange aus – der Junge wird mit ihr nach oben katapultiert. Die Federn geben der Stange und dem Jungen also zunächst Bewegungs- und schließlich Höhenenergie.

Beim Eishockey wird der Puck durch den Spieler je nach Situation abgebremst bzw. beschleunigt. Dabei ändert sich jeweils die Geschwindigkeit des Pucks und damit seine Bewegungsenergie. Dabei ist die Beschleunigung und damit die Änderung der Bewegungsenergie des Pucks um so größer, je länger der „Schiebeweg" des Schlägers oder je größer die vom Schläger ausgeübte Kraft ist. Auch hier hat eine Kraft die Bewegungsenergie eines Körpers verändert.

Auch Gewichtheber und Gewichtheberinnen üben Kräfte aus. Sie wuchten die Hantel hoch und vergrößern so deren Höhenenergie. Je höher sie die Hantel heben, desto größer ist die Energieänderung. Auch hier gilt der eben beschriebene Zusammenhang zwischen Wegstrecke, längs derer der die Kraft wirkt, und der Energieänderung.

> Kräfte können die Ursache für Energieänderungen von Körpern sein, an denen sie wirken. Dabei gilt: Je länger die Strecke ist, auf der die Kraft wirkt, desto größer ist die Energieänderung.

Beispiele für Kräfte

Beim Volleyballspiel wird der Ball durch die Kraft der Spieler beschleunigt, verzögert, verformt und seine Richtung geändert.

Beim Radfahren bremst die Luft die Bewegung. Nur durch ständiges Treten bleibt die Geschwindigkeit erhalten.

Der Stabhochspringer verformt beim Absprung den Stab. Nach der Krafteinwirkung geht der Stab in seinen alten Zustand zurück.

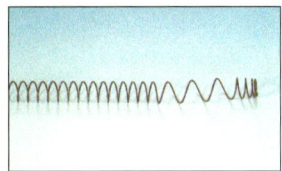

Ist die einwirkende Kraft zu groß, wird die Verformung plastisch. Die Feder geht nicht in den Ursprungszustand zurück, sondern wird zerstört.

Elastische Verformungen sind bei vielen Körpern zu beobachten. Überschreitet allerdings die einwirkende Kraft bestimmte Grenzen, dann verformt sich der Körper plastisch (was beim Verformen von Stahlblechen genutzt wird) oder er wird zerstört (die Fensterscheibe …).

Aufgaben

1 a) Beschreibe je drei Beispiele für plastische und elastische Formänderungen in deiner Umgebung.
b) Erläutere die Energieänderungen, die durch die Kräfte bewirkt wurden.

2 Die Energie einer gespannten Feder macht sich erst dann bemerkbar, wenn sich die Feder entspannt.
a) Erläutere, wo diese Energie vorher war.
b) Vergleiche die Energie, die in einer gespannten Feder steckt, mit der Energie eines hochgehobenen Körpers.

3 a) Beim Handball wird dem Ball bei jedem Wurf Energie zugeführt. Nenne die beiden Größen, von denen die übertragene Energie abhängt. Formuliere dazu zwei Je-Desto-Sätze.
b) Erläutere, ob sich bei einer Richtungsänderung die Energie das Balls ändert.

... und wenn keine Kräfte wirken?

Im Linienbus ist fester Halt beim Anfahren, beim Abbremsen oder in einer Kurve wichtig, um nicht umzufallen. Aber was zwingt Körper zu diesem Verhalten? Wieso sind keine Wirkungen zu spüren, wenn der Bus mit gleichbleibender Geschwindigkeit geradeaus fährt?

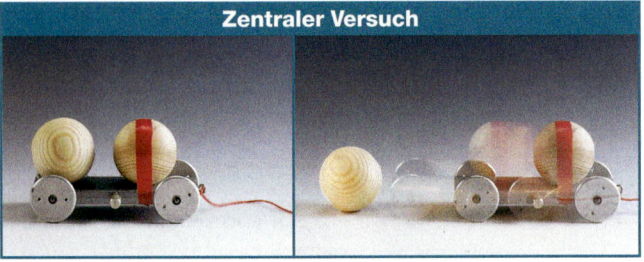

Zentraler Versuch

- Im Foto fällt die Kugel hinten vom Wagen, wenn er angeschoben wird. Um einen Körper in Bewegung zu versetzen, ist eine Kraft erforderlich. Diese Kraft wirkt aber nicht auf die Kugel, weil sie nur lose auf dem Wagen liegt. Sie bleibt an ihrem Platz in Ruhe, während der Wagen unter ihr wegfährt. Die zweite Kugel verhält sich anders: Da sie am Wagen befestigt ist, wird die beschleunigende Kraft auf sie übertragen.
- Auch zum Anhalten ist eine Kraft nötig. Diesmal rollt die lose Kugel nach vorn entsprechend der Bewegung, die sie hatte: Sie bewegt sich weiter geradeaus, während der Wagen und die an ihm befestigte Kugel stehen bleiben.
- Bei Kurvenfahrten hat die Kraft, welche die Richtungsänderung des Wagens bewirkt, keinen Einfluss auf die lose Kugel. Da sie sich weiter geradeaus bewegt, rollt sie seitlich vom Wagen herunter.

Die Eigenschaft jedes Körpers, in Ruhe oder in geradliniger Bewegung zu bleiben, wird als seine **Trägheit** bezeichnet. Darum setzt sich ein Körper gar nicht erst in Bewegung oder bewegt sich mit konstanter Geschwindigkeit weiter, wenn keine Kräfte auf ihn wirken. Das gilt natürlich nur, wenn keine Reibungskräfte vorhanden sind.

Trägheitsgesetz:
Ein Körper bleibt in Ruhe oder geradliniger Bewegung mit konstanter Geschwindigkeit, solange er nicht durch Kräfte gezwungen wird, seinen Bewegungszustand zu ändern. Reibungskräfte verzögern jeden bewegten Körper.

Ein Körper – zwei Kräfte

Sehr oft wirken mehrere Kräfte auf einen Körper ein. Dann können verschiedene Fälle unterschieden werden: Ziehen oder drücken mehrere Leute in die gleiche Richtung, z.B. um einen stecken gebliebenen PKW wieder flott zu bekommen, dann addieren sich die einzelnen Kräfte zu einer Gesamtkraft.

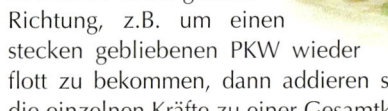

Ziehen zwei Mannschaften entgegengesetzt an einem Seil, dann wird wohl die gewinnen, die die größere Kraft aufbringen kann. Der kleine „Kraftüberschuss", den das stärkere Team gegenüber dem anderen hat, beschleunigt das Seil und damit die Markierung in seiner Mitte. Hier wirken zwei Kräfte entgegengesetzt. Was übrig bleibt, also die Differenz der beiden, hat die gleiche Richtung wie die stärkere Kraft.

Und wenn beide Mannschaften gleich stark sind, also zwei gleich große Kräfte entgegengesetzt auf denselben Körper wirken? Dann kommt es zum „Unentschieden": Der Körper verhält sich so, als ob keine Kraft angreift – er bleibt in Ruhe. Dieser Zustand wird als **Kräftegleichgewicht** bezeichnet.

Aufgaben

1 **a)** Suche weitere Beispiele, bei denen zwei Kräfte in dieselbe Richtung bzw. in entgegengesetzte Richtung auf denselben Körper wirken.
b) Skizziere die Situation und zeichne jeweils die Kräfte ein.

2 Erkläre, was mit folgenden Aussagen gemeint ist: „Das Gleichgewicht halten" bzw. „Aus dem Gleichgewicht kommen".

3 Die Mädchen im Foto auf S. 126 halten den Jungen samt Tisch im Gleichgewicht. Skizziere das Bild und zeichne die Richtung aller auftretenden Kräfte ein.

Verkehrssicherheit   Streifzug

Gut festgemacht

„Gurtmuffel" sind doppelt dumm dran: Zum einen riskieren sie eine Geldstrafe, zum anderen ihr Leben. Denn schon bei einer Geschwindigkeit von 50 $\frac{km}{h}$ entspricht ihr Aufprall auf das Lenkrad bei einem Frontalzusammenstoß einem Fall aus 10 m Höhe. Bei 100 $\frac{km}{h}$ wären das sogar rund 40 Meter! Die Kräfte, die bei einem Aufprall mit 100 $\frac{km}{h}$ auftreten, sind so groß, als wollte man gleichzeitig 20 Menschen in die Höhe stemmen!

Ohne **Sicherheitsgurt** würde unser Körper wegen seiner Trägheit mit dieser Geschwindigkeit auf das Lenkrad treffen und es verformen; das Lenkrad aber würde zurückwirken und seinerseits den Brustkorb des Fahrers verformen. Quetschungen und Brüche wären die Folge von Zusammenstößen, wenn nicht durch den etwas dehnbaren Gurt der Mensch ebenfalls abgebremst werden würde, weil er durch Gurt und Sitz fest mit dem Auto verbunden ist.

Voraussetzung ist allerdings ein richtig angelegter, straff sitzender Gurt, der über drei Punkte des Körpers führt: links und rechts am Becken, einmal an der Schulter. Ein zu lockerer Gurt kann auch schwere Verletzungen verursachen, wenn der Körper mit seiner hohen Geschwindigkeit plötzlich gegen den Gurt knallt.

Für Kinder gibt es spezielle Sitze, damit der für sie viel zu weite und zu hoch liegende Erwachsenengurt ihren Körper richtig festhalten kann.

Gut abgefedert

Eine weitere wirksame Sicherheitsmaßnahme ist der **Airbag:** Ein großer Ballon, der sich zusammengefaltet im Lenkrad, beim Beifahrersitz hinter dem Armaturenbrett oder in den seitlichen Türen befindet und bei einem Aufprall in einer Zehntelsekunde mit Luft gefüllt wird.

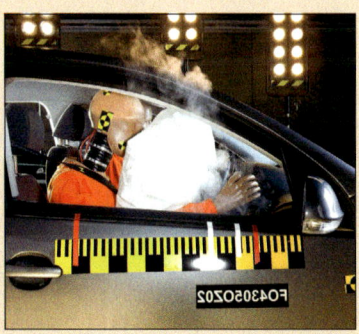

Durch mechanische oder elektrische Signale wird eine kleine Sprengladung zur Zündung gebracht und der Airbag mit 35 bis 70 Litern Luft gefüllt. Die Insassen des PKW können so nicht mehr gegen Lenkrad oder Armaturenbrett geschleudert werden und sich verletzen, da sie durch das Luftkissen sanft abgebremst werden.

Gut behütet

2012 starben in Deutschland bei Fahrradunfällen 406 Menschen. Viele von ihnen könnten noch am Leben sein, wenn sie einen Helm getragen hätten. Was bewirkt ein solcher Helm und wie ist er aufgebaut?

Eine harte Außenschale dient der größeren Haltbarkeit des Helms und schützt den Kopf und die weiche Innenschale des Helms vor spitzen Gegenständen. Die zwischen den beiden Schalen liegende Dämmschicht soll harte Aufpralle abfedern. Sie besteht aus Hartschaum.

Die Dämmschicht darf nicht zu weich sein, weil sonst der Kopf bis zur Hartschale durchschlägt. Aber auch eine zu harte Schicht kann den Kopf nicht schützen. Nur ein Material, das sanft abbremst, ist wirklich hilfreich.

Ein Riemen sorgt dafür, dass der Helm immer in der richtigen Position bleibt und nicht vom Kopf rutscht. Fahrradhelme sollen sorgfältig aufgesetzt und festgeschnallt werden. Sie müssen in der Größe passen, sonst schützen sie nicht.

Kraftmessung

Clara und Johannes ziehen mit aller Kraft am Fitnessband. Johannes kann das Band deutlich weiter dehnen als Clara.

Kann das Dehnen des Fitnessbandes ein Maß für die Stärke einer Person sein? Offensichtlich ist Johannes stärker als Clara, doch lässt sich hiermit auch ermitteln, wie groß die Kraft ist, mit der beide am Fitnessband gezogen haben?

Um diese Frage beantworten zu können, sind ein Messverfahren und eine Einheit für die physikalische Größe „Kraft" nötig.

Kraft

Das Formelzeichen ist F.

Die Einheit ist 1 N (Newton).

Weitere Einheiten:

Millinewton: 1 mN = $\frac{1}{1000}$ N

Kilonewton: 1 kN = 1000 N

Meganewton: 1 MN = 1000 kN

Wie groß ist eine Kraft?

Kräfte werden in der Einheit **Newton (1 N)** angegeben – nach dem Physiker ISAAC NEWTON (1643–1727), der um 1700 grundlegende Theorien und mathematische Methoden für die Mechanik und die Optik entwickelt hat.

Eine Kraft von 1 N ist nicht sehr groß. Sie ist beispielsweise nötig, um eine 100 g-Tafel Schokolade anzuheben.

Zur Messung einer Kraft wird ihre verformende Wirkung auf andere Körper genutzt. Bei einem Fitnessband dehnt eine größere Kraft das Band stärker als eine kleinere Kraft. Dies ist auch bei Stahlfedern der Fall.

Zentraler Versuch

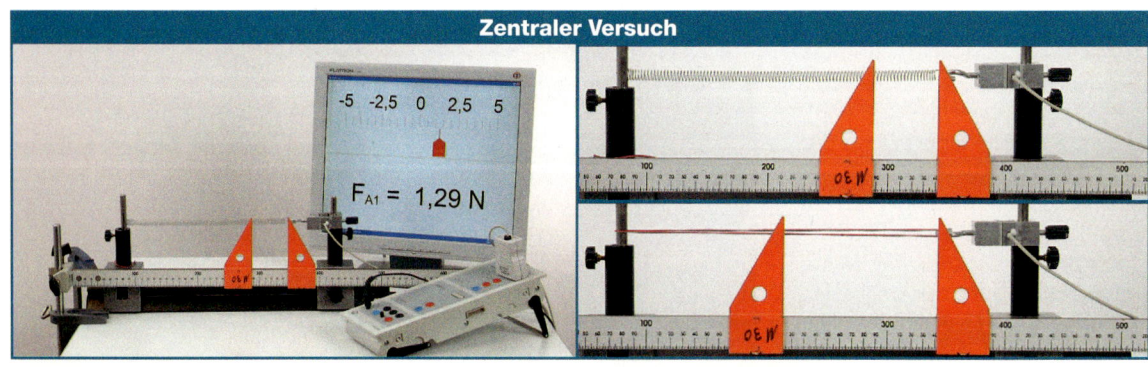

$F_{A1} = 1,29$ N

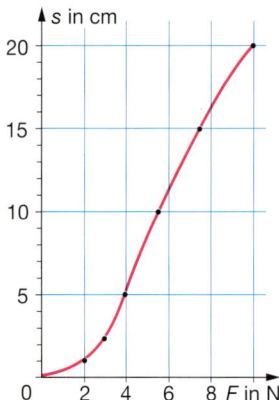

Gummiband		
F	s	$\frac{s}{F}$
2,0 N	1,0 cm	0,5 $\frac{cm}{N}$
3,0 N	2,5 cm	0,83 $\frac{cm}{N}$
3,9 N	5,0 cm	1,28 $\frac{cm}{N}$
5,5 N	10 cm	1,82 $\frac{cm}{N}$
7,5 N	15 cm	2,0 $\frac{cm}{N}$
10 N	20 cm	2,0 $\frac{cm}{N}$

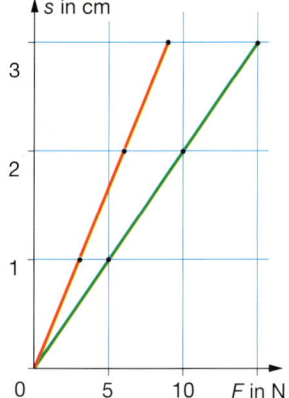

Stahlfedern		
F	s	$\frac{s}{F}$
3,0 N	1,0 cm	0,33 $\frac{cm}{N}$
6,0 N	2,0 cm	0,33 $\frac{cm}{N}$
9,0 N	3,0 cm	0,33 $\frac{cm}{N}$
5,0 N	1,0 cm	0,2 $\frac{cm}{N}$
10,0 N	2,0 cm	0,2 $\frac{cm}{N}$
15,0 N	3,0 cm	0,2 $\frac{cm}{N}$

Die Quotienten *s/F* sind beim Gummiband nicht gleich, das *F-s*-Diagramm ergibt keine Ursprungsgerade: Um das Gummiband von 5 cm auf 10 cm zu dehnen, ist nicht die doppelte Kraft notwendig wie zum Dehnen von 0 auf 5 cm.

Die Schraubenfedern dagegen zeigen über einen weiten Bereich eine lineare Ausdehnung: Doppelte Kraft führt bei ihnen zu einer doppelten Dehnung. Ihre *F-s*-Graphen sind *Ursprungsgeraden.* Aus den Ursprungsgeraden bzw. der Quotientengleichheit von *s/F* kann die direkte Proportionalität der Größen *F* und *s* gefolgert werden: **F~ s.**

Aus diesen Ergebnissen folgt, dass Gummibänder nicht zur Messung von Kräften geeignet sind. Gummi ist zwar ein elastischer Stoff, aber die entstehende Skala ist nicht linear und damit auch nicht leicht zu handhaben. Die Linearität ist aber eine wichtige Voraussetzung für Messgeräte, weil sich bei analogen linearen Skalen Zwischenwerte einfach und genau ablesen lassen. Die Stahlfedern nehmen – anders als die Gummibänder – nach der Dehnung wieder ihre ursprüngliche Länge an. Erst bei langem Gebrauch oder Überdehnung verlieren sie diese Eigenschaft. Deshalb können sie in einfachen Kraftmessern verwendet werden.

Der Federkraftmesser

Wichtig bei der Arbeit mit einem Federkraftmesser sind folgende Punkte:
- Einen geeigneten Kraftmesser auswählen.
- Vor der Messung den Nullpunkt exakt einstellen. Dazu muss sich der Kraftmesser in der gleichen Position befinden wie bei der Messung.
- Den aufgedruckten Messbereich nicht überschreiten.

Das Hooke'sche Gesetz

Um aus der direkten Proportionalität der Größen *F* und *s* eine Formel zu erhalten, wird als Proportionalitätsfaktor die **Federkonstante D** eingeführt. Dadurch entsteht die Formel

F = D · s.

Dieser Zusammenhang wurde bereits 1655 vom englischen Naturforscher ROBERT HOOKE (1635–1703) gefunden und nach ihm als *Hooke'sches Gesetz* benannt.

Für $D = \frac{F}{s}$ ergibt sich die Einheit $1 \frac{N}{m}$. Die Federkonstante *D* gibt also an, welche Kraft nötig ist, um eine Feder um einen Meter zu dehnen. Analoges gilt auch für das Stauchen einer Feder. Im Versuch war also eine Kraft von 3 N nötig, um die erste Feder um einen Zentimeter zu dehnen. Für die zweite Feder errechnet sich eine Federkonstante von $5,0 \frac{N}{cm}$. Es waren also 5,0 N nötig, um diese Feder um einen Zentimeter zu dehnen. Die Federkonstante sagt also etwas aus über die *Härte einer Feder*: Je größer *D* ist, desto härter ist die Feder.

> **Hooke'sches Gesetz:** Für die Kraft *F*, die eine elastisch verformbare Feder (mit der Federkonstante *D*) um die Strecke *s* dehnt oder staucht, gilt $F = D \cdot s$.

Rechenbeispiel

Eine 4,0 cm lange Kugelschreiberfeder ($D = 360 \frac{N}{m}$) wird um 1,4 cm gedehnt. Berechne die Kraft, die auf die Feder wirkt.

Geg.: $s = 1,4$ cm; $D = 360 \frac{N}{m}$

Ges.: F

Lösung: $F = D \cdot s = 360 \frac{N}{m} \cdot 0,014 \text{ m} = 5,0 \text{ N}$

Zum Dehnen der Feder ist eine Kraft von 5,0 N nötig.

Aufgaben

1 Lies die Federkraftmesser im Bild unten ab.

2 **a)** Rechne in N um: 4 kN; 0,73 MN; 3076 kN; 765 mN.
b) Rechne in kN um: 0,64 N; 400 MN; 645 N; 0,53 MN.

3 Berechne, wie viele Menschen (Schubkraft jeweils ca. 500 N) nötig sind, um dieselbe Schubkraft zu erreichen wie
a) ein PKW-Motor (5 kN),
b) eine Lok (0,2 MN).

4 Ein Schwingsessel hängt im leeren Zustand 40 cm über dem Boden. Mit Kind wird die Feder mit einer Kraft von 450 N gedehnt, der Abstand zwischen Boden und Sessel verringert sich auf 25 cm.
a) Berechne die Federkonstante der Sesselfeder.
b) Prüfe, ob sich der Vater mit in den Sessel setzen kann, ohne dass der Boden berührt wird, wenn durch ihn die Feder zusätzlich mit 900 N belastet wird.

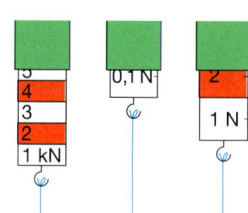

Versuche und Aufträge — Dehnung von Federn und Drähten

V1 Einfache Modellflugzeuge werden oft von verdrillten Gummibändern angetrieben. Wie verhalten sich solche Gummis unter Belastung? Gilt bei verdrillten Gummibändern das Hooke'sche Gesetz?

Befestige ein Gummiband so wie im Bild links an einem Nagel oder einer Türklinke und verdrille es. Am unteren Ende des Gummibandes hängt das Unterteil einer Milchverpackung. Die Bücher sollen dabei verhindern, dass sich die Verdrillung auflöst. Als Last können z. B. verschiedene Steine oder Gegenstände aus dem Haushalt verwendet werden. Der Phantasie sind dabei keine Grenzen gesetzt. Auch Wasser eignet sich (100 mℓ Wasser haben eine Masse von 100 g und entsprechen einer Krafteinwirkung von 1 N). Lege dann folgende Tabelle an:

Masse m	Kraft F	Dehnung s
?	?	?
?	?	?

Miss die Dehnung des Gummibandes für verschiedene Kräfte. Trage die Messwerte in die Tabelle und in ein F-s-Diagramm ein. Beantworte dann die Anfangsfragen.
Hinweis: Die menschlichen Muskeln verhalten sich ganz ähnlich wie verdrillte Gummibänder.

V2 Untersuche das Dehnungsverhalten eines dünnen Kupferdrahtes. Besorge dir dafür einen etwa 2 m langen Kupferdraht (Modellbau, Baumarkt, Physiksammlung, …) und baue damit den rechts dargestellten Versuch auf. Belaste den Draht durch schrittweises Auflegen von Wägestücken und untersuche die Verlängerung des Drahtes. Mit dem Messzeiger lassen sich auch kleinste Verlängerungen des Drahtes bestimmen.
Welche Aussage lässt sich über die Verlängerung des Drahtes treffen?

V3 „Schaltungen von Federn"
Bei technischen Anwendungen kommen Federn meistens nicht alleine vor.
a) Besorge dir mehrere Federn (die Federn können, aber müssen nicht gleich sein,) und bestimme ihre Federkonstante.

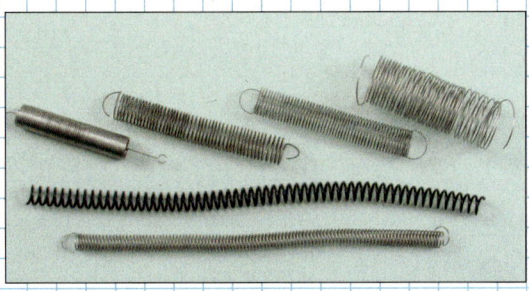

b) Kombiniere die verschiedenen Federn zu einer „Reihen-" bzw. „Parallelschaltung" und ermittle die Federkonstante der neu entstandenen Anordnung.
c) Formuliere einen Merksatz für das Verhalten von Federn bei der Reihen- bzw. Parallelschaltung.
d) Versuche, mit deinen bisherigen Erkenntnissen die Gesamtverlängerung der Federkombinationen zu bestimmen.

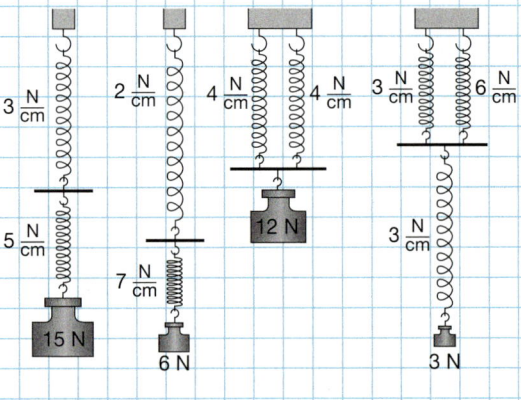

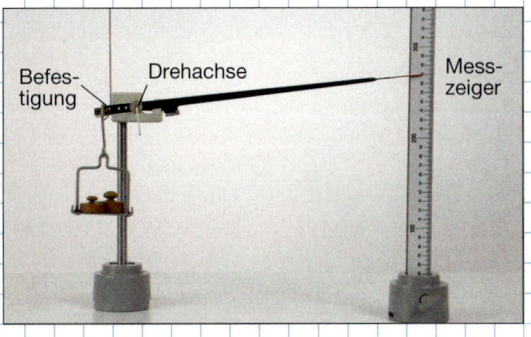

Kennzeichen von Kräften

Wovon hängt es ab, welche Folgen ein und dieselbe einwirkende Kraft auf einen Körper hat? Die Abbildung unten zeigt Beispiele:

- **Von der Größe:** Durch eine kleine Kraft wird der leere Saftkarton weniger zusammengedrückt als durch eine große.

- **Vom Angriffspunkt,** also der Stelle, an der die Kraft einwirkt: Bei derselben Kraft wird der Saftkarton einmal geschoben, wenn die Kraft unten angreift; greift sie dagegen oben an, dann kippt er um.

- **Von der Richtung:** Wirkt die Kraft von oben, wird der Karton verformt; wirkt sie dagegen seitlich ein, dann wird er beschleunigt.

Die Wirkung einer Kraft ist abhängig
- von ihrer Größe,
- von ihrer Richtung,
- von ihrem Angriffspunkt.

Kraftdarstellung durch Pfeile

Wenn die Masse eines Kartoffelsacks angegeben werden soll, dann werden der Zahlenwert und die Einheit dieser Größe angeben, z.B. 10 kg. Damit ist die physikalische Größe Masse (Formelzeichen m) vollständig erfasst. Für die Beschreibung einer Kraft reicht die Angabe $F = 3$ N aber noch nicht aus, da sie nichts über Richtung und Angriffspunkt aussagt. Deshalb werden Kräfte als Pfeile dargestellt, um die Richtung der jeweiligen Kraft deutlich zu machen. Das Pfeilende (Angriffspunkt) liegt meist an der Stelle, an der die Kraft jeweils am Körper angreift.
Die Länge des Pfeils gibt die Größe der Kraft an. Sie lässt sich mit einem entsprechenden Maßstab (z.B. 1 cm ≙ 2 N) sogar zahlenmäßig erfassen. In unserem Beispiel gehört zu einer Pfeillänge von 6,3 cm eine Kraft von 12,6 N.

$F = 12{,}6$ N

Maßstab
1 cm ≙ 2 N

Angriffspunkt

Kräfte werden durch Pfeile dargestellt.

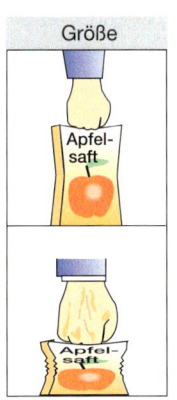

Größe | Angriffspunkt | Richtung

Aufgaben

1 Beschreibe, was mit dem Schwamm passiert, wenn nacheinander die Kräfte F_1, F_2, F_3 und F_4 auf ihn wirken.

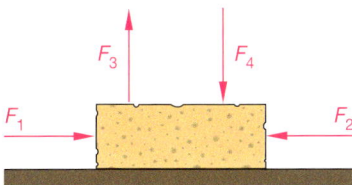

2 Zeichne folgende Kräfte in dein Heft: 0,8 mN; 1,5 N; 108 kN; 83 MN. Benutze jeweils einen geeigneten Maßstab dazu.

3 **a)** Gib an, in welche Richtung die Muskelkraft wirkt, wenn du einen Einkaufskorb anhebst bzw. dein Fahrrad schiebst, mit dem Fahrrad bergauf fährst oder einen waagerecht geworfenen Ball auffängst.
b) Fertige jeweils eine Skizze an und zeichne die Kraftpfeile ein.

4 **a)** Ein Kunstspringer steht zunächst in der Mitte des Brettes, dann am Ende. Skizziere die Verformungen und vergleiche.
b) Zeichne, wie sich das Ergebnis bei einer leichteren Springerin ändert. Erkläre die Veränderung.

5 Erläutere weitere Beispiele, bei denen die Wirkung einer Kraft von ihrer Größe, ihrer Richtung oder ihrem Angriffspunkt abhängt.

Besondere Kräfte

Bungeespringen – ein tolles Erlebnis: drei bis fünf Sekunden im freien Fall in die Tiefe, gesichert und abgebremst durch ein starkes Gummiseil!

Bekanntlich fallen alle Körper nach unten, wenn sie nicht festgehalten werden.
Was aber setzt diese Körper in Bewegung? Welche Kraft ist dafür verantwortlich? Wer übt sie auf die fallenden Körper aus?

Die Gewichtskraft

Der menschliche Körper, die Eisenkörper im Bild rechts und die Bungeespringerin – sie alle sind schwer, weil sie von der Erde angezogen werden. Die stets wirkende Kraft, die die Erde auf alle Körper ausübt, heißt **Erdanziehungskraft** oder *Schwerkraft*. Sobald Körper angehoben oder hochgehoben werden sollen, muss diese Erdanziehungskraft überwunden werden. Die Kraft, mit der ein Körper dabei an der Hand zieht bzw. auf sie drückt, ist die **Gewichtskraft**.

Die Eisenkörper im Bild rechts drücken mit ihrer Gewichtskraft auf das Brett. Dies ist an der Wirkung, dem Durchbiegen des Brettes zu erkennen. Die verschiedenen Eisenkörper wurden im Experiment jeweils auf das gleiche Brett gestellt. Das Brett biegt sich durch die Einwirkung der Gewichtskraft umso stärker durch, je größer der Eisenkörper ist. Jeder weiß aus Erfahrung, dass der größere Eisenkörper auch der schwerere ist, also die größere Gewichtskraft hat.

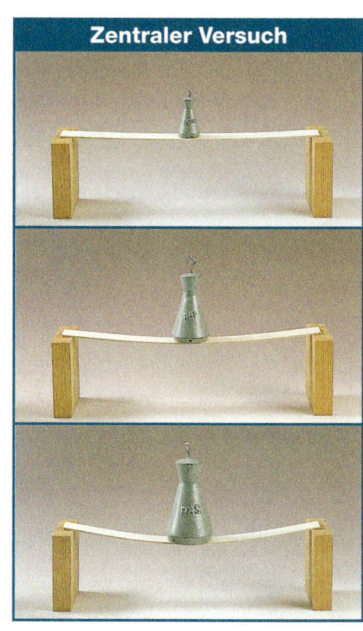

Zentraler Versuch

Die Zeichnung unten zeigt, dass die Angriffspunkte von Erdanziehungs- und Gewichtskraft verschieden sind: Die Erdanziehungskraft greift am Apfel an, die Gewichtskraft am Aufhänge- oder Auflagepunkt.

Jeder Körper drückt mit seiner Gewichtskraft auf seine Unterlage bzw. zieht mit ihr an seiner Aufhängung.

F_G: Hängt der Apfel am Ast oder liegt er auf dem Boden, so übt der Apfel eine Kraft auf den Ast bzw. Boden aus. Der Angriffspunkt der Gewichtskraft liegt im Berührungspunkt von Apfel und Ast bzw. Boden.

F_E: Die Erde übt zu jedem Zeitpunkt, auch beim Fallen, eine anziehende Kraft auf den Apfel aus. Der Angriffspunkt der Erdanziehungskraft wird in die Mitte des Apfels gezeichnet.

F_E und F_G sind stets gleich groß und zum Erdmittelpunkt hin gerichtet.

Schwerelos??

Ein Sprung vom Sprungturm im Schwimmbad ist immer ein herrliches Erlebnis für den, der es wirklich wagt abzuspringen. Was ist der Grund für das Empfinden des Losgelöstseins, der Befreiung von der Erdenschwere?

Der Federkraftmesser zeigt die Gewichtskraft des Wägestücks an, weil dieses mit seiner Gewichtskraft an ihm zieht. Wird der Kraftmesser losgelassen, so fällt er gemeinsam mit dem Wägestück zu Boden. Beim Fallen zeigt er nichts mehr an, denn jetzt gibt es keine Gewichtskraft mehr, die seine Feder dehnen könnte. Die Erdanziehungskraft dagegen ist nach wie vor da und beschleunigt beide Körper gleichermaßen nach unten.

Das ist es, was das Turmspringen so unbeschwert macht: Der Springer spürt keine Wirkungen seiner Gewichtskraft mehr, er fühlt sich „schwerelos"!

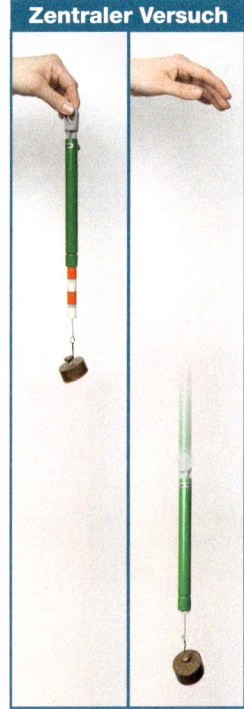

Zentraler Versuch

So ergeht es auch Weltraumfahrern. Auf sie und ihr Raumschiff wirkt gleichermaßen die Erdanziehungskraft und zieht sie zur Erde hin. Sie stürzen nur deshalb nicht auf die Erde, weil sie eine große Geschwindigkeit parallel zur Erdoberfläche haben, wodurch sie auf einer Kreisbahn fliegen. NEWTON hat das mit dem waagrechten Abschuss einer Kanonenkugel verdeutlicht: Wenn sie mit der richtigen Geschwindigkeit abgeschossen wird, dann fällt sie zwar dauernd nach unten, trifft aber – weil sie sich vorwärts bewegt hat – die Erde nicht, sondern fliegt oder „fällt" ganz um die Erde herum (roter Pfeil bzw. Kreis).

Aber „schwerelos" sind alle diese Körper nicht, denn die Erdanziehungskraft wirkt gleichwohl auf sie.

Eine Kraft, die nur nach unten wirkt

Unser Körper ist an die Wirkung der Erdanziehungskraft gewöhnt. Die Richtung dieser Kraft empfinden wir als „unten", auf die Erdoberfläche zu. Da die Gewichtskraft eine Folge der Erdanziehungskraft ist, stimmen die Richtungen beider Kräfte überein. Die Gewichtskraft ist also auch „nach unten" gerichtet.

Wird die Richtung der Gewichtskraft von außerhalb der Erde betrachtet, so ist zu sehen: Die Gewichtskraft hat an den unterschiedlichen Punkten der Erde jeweils eine andere Richtung. Aber die Richtungen der verschiedenen Gewichtskräfte weisen eine Gemeinsamkeit auf: Sie zeigen alle – unabhängig vom Ort – auf den Erdmittelpunkt, also überall auf der Erde „nach unten".

Für alle Orte auf der Erdoberfläche gilt: Die Gewichtskraft ist stets zum Erdmittelpunkt hin gerichtet.

Aufgaben

1 Nenne jeweils fünf Beispiele, in denen ein Körper durch seine Gewichtskraft an einer Aufhängung zieht bzw. auf seine Unterlage drückt.

2 Australien liegt auf der Erdkugel „unter uns". Erkläre, warum die Australier nicht von der Erde abfallen.

3 Erläutere, welchen Winkel ein Faden, an dem ein Körper hängt, mit einer Wasseroberfläche bildet. Zähle Beispiele auf, in denen dies genutzt wird.

4 a) Begründe, warum Erdanziehungskraft und Gewichtskraft nicht das Gleiche sind.
b) Nenne Erscheinungen, die mit den physikalischen Größen ① „Erdanziehungskraft" bzw. ② „Gewichtskraft" beschrieben werden.

5 Finde einen physikalisch richtigen Ausdruck für „Schwerelosigkeit" und begründe.

Masse und Gewichtskraft

Bei den Exkursionen auf dem Mond hatten die Astronauten einen großen Rucksack auf dem Rücken. In ihm befanden sich alle Geräte, die für sie zum Leben notwendig waren. Die Rucksäcke waren schwer. Ihre Masse betrug etwa 80 kg. Und trotzdem waren die Astronauten in der Lage, auf dem Mond mit dem Gepäck noch große Sprünge zu machen. Warum geht das auf dem Mond, nicht aber auf der Erde?

Wenn der Rucksack auf dem Mond auf eine Balkenwaage gestellt würde, ergäbe der Massenvergleich wieder 80 kg. Die Masse des Rucksacks ist die gleiche wie auf der Erde. Anders verhält es sich mit der Gewichtskraft: Im zentralen Versuch werden die Gewichtskräfte und die Massen unterschiedlicher Körper bestimmt. Es zeigt sich, dass Gewichtskraft F_G und Masse m proportional sind: $F_G \sim m$.

Der Quotient F_G/m ist für jeden Ort konstant. Er wird mit g bezeichnet und wegen seiner Ortsabhängigkeit **Ortsfaktor** genannt. Sein Wert nimmt von $9{,}78 \frac{N}{kg}$ am Äquator zu den Polen auf $9{,}83 \frac{N}{kg}$ zu. In Deutschland wird der einheitliche Wert $9{,}81 \frac{N}{kg}$ verwendet; für Überschlagsrechnungen reichen $10 \frac{N}{kg}$. Mithilfe des Ortsfaktors g wird aus der Proportionalität $F_G \sim m$ die Gleichung $F_G = m \cdot g$.

Mithilfe dieser Gleichung kann die Masse berechnet werden, wenn mit einem

Zentraler Versuch

Federkraftmesser die Gewichtskraft bestimmt wurde und der Ortsfaktor bekannt ist. Die meisten Waagen nutzen diese Methode der Massenbestimmung.

Auch die Anziehungskraft der Erde F_E auf einen Körper ist zu dessen Masse proportional, weil die Erdanziehung ja die Ursache für die Gewichtskraft des Körpers ist. Die betragsmäßige Übereinstimmung von Gewichtskraft und Erdanziehungskraft gilt aber nur, wenn nicht weitere Kräfte (z. B. durch den Auftrieb in Wasser) an einem Körper angreifen. In allen Fällen, in denen diese Kräfte sehr klein sind im Vergleich zu F_E, dürfen sie vernachlässigt und Erdanziehungskraft und Gewichtskraft gleichgesetzt werden: $F_G \approx F_E = m \cdot g$.

Auf dem Mond beträgt der Ortsfaktor nur etwa $\frac{1}{6}$ des Erdwertes. Daher konnten sich die Astronauten auf ihm so leicht bewegen, weil sie vom Mond viel weniger stark angezogen wurden als von der Erde.

> Die Masse eines Körpers ist vom Ort unabhängig, die Gewichtskraft dagegen ist ortsabhängig.
>
> Die Gewichtskraft wird berechnet als Produkt aus der Masse m und dem Ortsfaktor g: $F_G = m \cdot g$.

Rechenbeispiel

1. Berechne die Kraft, mit der du einen Spaten in die Erde drückst, wenn du dich darauf stellst.

Geg.: $m = 45$ kg; $g = 9{,}81 \frac{N}{kg}$
Ges.: F_G

Lösung: $F_G = m \cdot g$
$F_G = 45$ kg $\cdot\, 9{,}81 \frac{N}{kg}$
$F_G = 441{,}45$ N

Deine Gewichtskraft beträgt rund 440 N. Mit ihr drückst du den Spaten in den Boden.

2. Bestimme die Masse einer Schultasche.

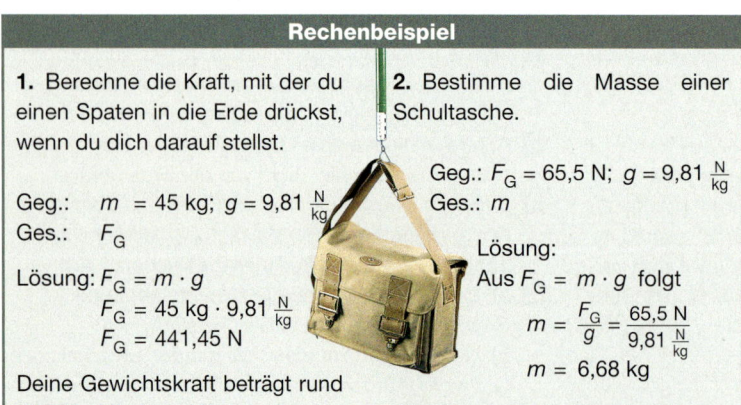

Geg.: $F_G = 65{,}5$ N; $g = 9{,}81 \frac{N}{kg}$
Ges.: m

Lösung:
Aus $F_G = m \cdot g$ folgt
$m = \dfrac{F_G}{g} = \dfrac{65{,}5 \text{ N}}{9{,}81 \frac{N}{kg}}$
$m = 6{,}68$ kg

Die Schultasche hat eine Masse von rund 6,7 kg.

Aufgaben

1 Berechne für folgende Massen die zugehörigen Gewichtskräfte:
1 Stück Butter (250 g);
1 Tafel Schokolade (100 g);
LKW (7,5 t); Gewichtheber (120 kg); Schülerin (42 kg).

2 Berechne die Massen der Körper, die folgende Gewichtskräfte haben: PKW (12 kN); 1 Tüte Mehl (9,8 N); Blauwal (1,3 MN).

3 Begründe, warum zum Start gleicher Raumsonden vom Mond aus viel weniger Treibstoff notwendig wäre als zum Start von der Erde.

4 Erkläre, warum zwei Körper gleicher Masse auch auf dem Mond die gleiche Gewichtskraft haben.

5 Für den bemannten Flug zum Mars ist eine Raumstation im Orbit um die Erde als Montage- und Startbasis geplant. Erörtere die Vorteile, die diese Basis im Vergleich zum Start von der Erde aus bietet.

6 Berechne den Fehler (in Prozent), wenn du dich mit einer für Deutschland geeichten Personenwaage am Äquator bzw. am Pol wiegst. Werte dein Ergebnis.

Einfache Waagen

Sackwaage, Küchenwaage oder die Kofferwaage unten zum Test auf Übergepäck sind Beispiele für **Federwaagen**. Sie arbeiten nach dem gleichen Prinzip wie ein Federkraftmesser, nur dass ihre Skalen schon in g oder kg geeicht sind. Die modernen elektronischen Waagen haben keine Federn mehr, sondern Messstreifen, die verbogen werden. Die Verbiegung wird in elektrische Signale umgewandelt und für die Anzeige weiter verarbeitet.

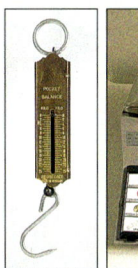

Der Stab der **Laufgewichtswaage** unten hat zwei ungleich lange Arme, von denen der längere (der mit dem Laufgewicht) mit einer Gramm- oder Kilogramm-Skala versehen ist.

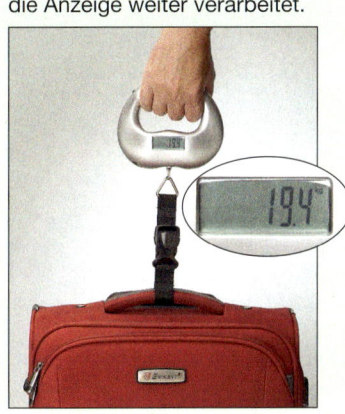

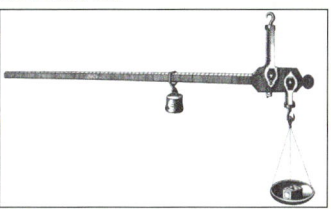

Solche einfachen, in der Hand zu haltenden Waagen gibt es seit Jahrhunderten. Heute finden sie sich noch auf Märkten.

Wie genau nehmen wir es mit Zahlen? Streifzug

Beim Nachrechnen von Rechenbeispiel 2 zeigt sich, dass der Taschenrechner das Ergebnis 6,6768603 kg ausgibt.

Anders als in der Mathematik muss aber in der Physik stets beachtet werden, dass die Größen Messwerte und somit fehlerbehaftet sind. Ein Ergebnis genauer anzugeben als die Werte, aus denen es gewonnen wurde, ist nicht sinnvoll.

66,0 : 9,81 = **6.7278287**

65,0 : 9,81 = **6.6258919**

Am Beispiel dieser Aufgabe wird dies deutlich:
- Der Federkraftmesser hat als kleinste Skaleneinteilung 1 N. Der abgelesene Wert 65,5 N ist nicht der wirkliche Wert; die tatsächliche Gewichtskraft liegt im Intervall zwischen 65,0 N und 66,0 N.
- Die gegebenen Größen F_G bzw. g hatten drei Stellen. Das Ergebnis der Division 65,5 : 9,81 ist dann sinnvollerweise nur dreistellig: 6,68 kg.

Als allgemeine Regel gilt:
Das Ergebnis darf nur mit so vielen Stellen angegeben werden, wie bei den gegebenen Größen höchstens vorhanden sind.

Wechselwirkungskräfte

Bei einer Bootspartie lässt sich das Boot beim Losfahren vom Steg wegdrücken. Treffen sich zwei Boote, können sie sich gegenseitig wegschieben.

Bei diesen Beispielen sind immer zwei Partner beim Wirken der Kraft beteiligt. Um das Boot in Bewegung zu setzen, ist der Steg oder das zweite Boot erforderlich. Das Boot kann keine Kraft auf sich selbst ausüben. Da bei einer Kraftwirkung immer zwei Körper beteiligt sind, stellt sich die Frage, wer denn eine Kraft ausübt. Ein einfacher Versuch soll dies erläutern.

Zwei etwa gleich schwere Mädchen stehen auf Rollerskates und sind mit einem Seil verbunden. Jede von beiden soll die andere zu sich heranziehen. Es gelingt ohne Probleme – beide treffen sich in der Mitte. Das eine Mädchen hat eine Kraft auf das andere ausgeübt und umgekehrt.

Die wirkenden Kräfte sind gleich groß, aber entgegengesetzt gerichtet und greifen an verschiedenen Körpern an. So ist es immer: Jede Kraft hat eine weitere Kraft als Partner – eine Kraft alleine gibt es nicht.

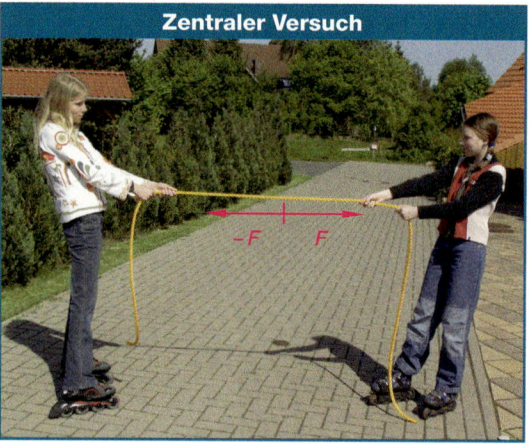

Zentraler Versuch

$-F$ F

auf. Da die Wand fest mit der Erde verbunden ist, kann die Person sie nicht wegschieben. Aus diesem Grund bewegt sich nur die Person nach hinten.

Auch beim Radfahren wirken immer zwei Kräfte. Um beim Anfahren das Fahrrad zu beschleunigen, wird über die Pedale und die Kette eine Kraft auf das Hinterrad ausgeübt. Gleichzeitig übt aber die Straße auf das Hinterrad eine gleich große Wechselwirkungskraft aus, die das Fahrrad in Bewegung setzt.

Beim Bremsen ist es genauso. Auch hier übt das Rad eine Kraft auf die Straße aus. Aber erst die Gegenkraft der Straße auf das Rad verlangsamt es. Auch hier entsteht wieder eine Wechselwirkung zwischen dem Fahrrad und der Straße.

Damit lässt sich dann einfach begründen, warum bei Glatteis weder ein Beschleunigen noch ein Abbremsen möglich ist. Die Straße kann nicht die erforderliche Gegenkraft aufbringen. Darum dreht das Rad beim Anfahren durch und rutscht beim Abbremsen einfach weiter.

Wenn jemand vor einer Wand steht und mit seinen Armen gegen diese drückt, d. h. seine Kraft gegen die Wand wirkt, übt umgekehrt die Wand eine entgegengesetzt gerichtete Kraft auf die Person aus. Es tritt eine Wechselwirkung zwischen der Wand und der Person

Auch bei einem Magnet und einer Metallkugel gibt es zu der Kraft des Magneten eine Gegenkraft der Metallkugel. Wird die Kugel festgehalten, bewegt sich der Magnet auf die Kugel zu. Die Gegenkraft zur Magnetkraft auf die Kugel setzt den Magnet in Bewegung.

> Kräfte treten immer zwischen mindestens zwei Körpern auf, die gegenseitig aufeinander einwirken.
> Übt ein Körper eine Kraft auf einen anderen Körper aus, so übt dieser gleichzeitig eine gleich große, aber entgegengesetzt gerichtete Wechselwirkungskraft auf den ersten Körper aus.

Der Kraftbegriff in der Umgangssprache

Bei der Verwendung des Begriffs „Kraft" ist Vorsicht geboten, denn in der Umgangssprache wird „Kraft" oft falsch benutzt.

Der Satz „Ich stoße mich vom Ufer ab", den ein Bootsfahrer sagen könnte, ist unsinnig. Es würde bedeuten, dass jemand auf sich selbst eine Kraft ausüben kann, aber genau das geht ja nicht. Es muss richtig heißen: „Ich übe auf das Ufer eine Kraft aus. Durch die Gegenkraft des Ufers auf mich werde ich in Bewegung gesetzt."

Elektrizitätswerke werden umgangssprachlich auch oft als „Kraftwerke" bezeichnet. Sie haben aber nichts mit dem physikalischen Kraftbegriff zu tun. Sie üben auf den elektrischen Strom keinerlei Kräfte aus, sondern übertragen elektrische Energie. Ähnliches gilt für Begriffe wie „Atomkraft", „Sonnenkraft", usw.

Wechselwirkungskräfte und Gleichgewichtskräfte — Durchblick

Wechselwirkungskräfte ⟷ **Gleichgewichtskräfte**

Ein Wägestück hängt an einem Faden an einer Stativstange.

- Aufgrund der Gewichtskraft des Wägestücks wirkt durch den Faden die nach unten gerichtete Kraft F_G auf den Stativstab.
- Umgekehrt übt das Stativ über den Faden eine Kraft F_S auf das Wägestück aus, die so groß ist wie F_G, aber dieser entgegengerichtet ist.

Hier treten Wechselwirkungskräfte auf: Der Körper Stativ und der Körper Wägestück stehen über die ausgeübten Kräfte in Wechselwirkung miteinander

Wechselwirkungskräfte werden von zwei Körpern auf den jeweils anderen ausgeübt. Sie sind in ihren Beträgen gleich groß und in ihren Richtungen genau entgegengesetzt.

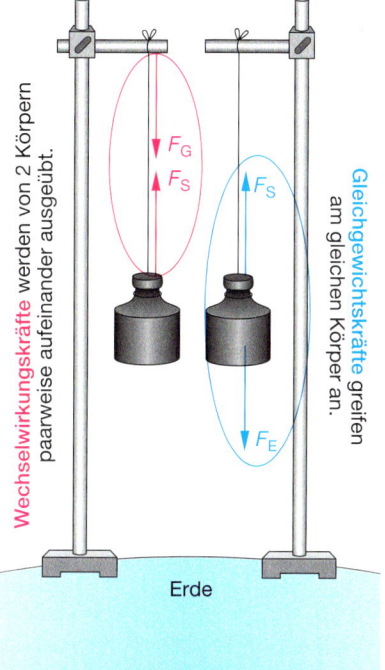

Wechselwirkungskräfte werden von 2 Körpern paarweise aufeinander ausgeübt.

Gleichgewichtskräfte greifen am gleichen Körper an.

Erde

An dem Wägestück greifen zwei Kräfte an:
- Die Erdanziehungskraft F_E;
- die Kraft F_S, die das Stativ über den Faden auf das Wägestück ausübt.

Die beiden Kräfte sind gleich groß, entgegengesetzt gerichtet und greifen beide am Wägestück an. Die wirkende Gesamtkraft ist null. Darum befindet sich das Wägestück im Kräftegleichgewicht und bleibt in Ruhe.
Dies gilt auch für mehr als zwei Kräfte, wenn sie alle zusammen die Gesamtkraft null ergeben.

Wenn zwei gleich große Kräfte an einem Körper in entgegengesetzten Richtungen angreifen, befindet sich dieser Körper im Kräftegleichgewicht.

Aufgaben

1 Erkläre die Funktion von Startblöcken beim Sprint in der Leichtathletik. Vergleiche dies mit dem Versuch, auf Glatteis schnell loszulaufen.

2 Du siehst auf dem Bild eine Turnerin, während sie auf dem Balken balanciert.
a) Fertige eine Skizze der Turnerin an und zeichne alle Wechselwirkungskräfte ein. Denke dabei daran, dass Kräfte auf die Turnerin, den Balken und die Erde wirken.
b) Gibt es auch Kraftpaare, die keine Wechselwirkungskräfte sind? Benenne sie.

3 Überlege dir Beispiele für Kraftpaare.
Entscheide jeweils, ob es sich bei deinen gefundenen Beispielen um Wechselwirkungskräfte oder um Gleichgewichtskräfte handelt.

4 a) Du willst von einem Ruderboot, das nicht festgebunden ist, ans Ufer springen. Erkläre, was passiert.
b) Überlege dir die Unterschiede, wenn das Boot festgemacht ist.
c) Nun das umgekehrte Problem: Du steigst vom Steg ins Boot. Erkläre, was geschehen kann.

5 Beim Armdrücken und Fingerhakeln sind die Kräfte der jeweiligen Hände im Gleichgewicht. Zeichne für beide Fälle die zugehörigen Kraftpfeile.

6 Auf dem Foto auf S. 126 heben die vier Mädchen den Jungen ($m = 40$ kg) und den Tisch ($m = 10$ kg) gemeinsam hoch. Es herrscht Kräftegleichgewicht.
a) Berechne den Kraftaufwand jedes Mädchens.
b) Erläutere, was geschehen würde, wenn jeweils zwei der vier Mädchen eine größere Kraft senkrecht nach oben ausüben würden.
c) Nimm Stellung zu der Aussage: „Je höher die Mädchen den Jungen heben wollen, desto größer ist ihr Kraftaufwand."

Reibungskräfte

Curling, das elegante Spiel mit den schweren Steinen auf glattem Eis ist das Spiel mit der unvermeidlichen Reibung. Sie zu beeinflussen ist der Zweck des Wischens mit den Besen vor dem gleitenden Stein. Seine genaue Platzierung ist die Kunst, die Reibung so genau wie möglich einzuschätzen und danach die Kraft zu bemessen, mit der der Stein angeschoben wird.

Durch die Kraft, die den Stein anstößt, wird ihm Bewegungsenergie zugeführt. Sie geht auf dem Weg zum Zielkreis offenbar verloren. – Nach dem Prinzip der Energieerhaltung müsste sich der Stein doch auf der waagerechten Eisfläche endlos mit gleicher Geschwindigkeit geradeaus weiterbewegen. Das macht er aber nicht. Er kommt, wie jeder bewegte Körper auf Erden, schließlich zur Ruhe.

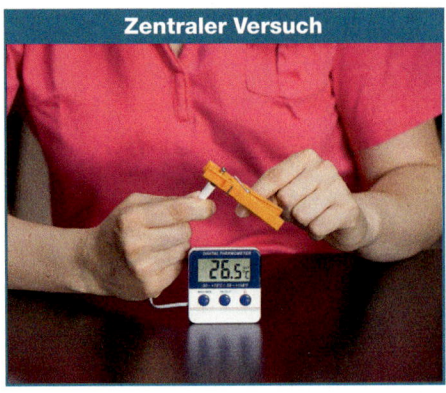

Zentraler Versuch

Am Curlingstein zeigen sich sehr schön die zwei Gesichter der Reibung: Mal stört sie sehr, ein andermal wird sie gebraucht! Am Anfang soll der Stein gut gleiten, da stört die Reibung nur. Am Ende soll Reibung ihn aber zum Stehen bringen, da ist sie dann sehr erwünscht.

Und das Wischen? Es glättet die immer noch irgendwie raue Oberfläche des Eises und erzeugt – wieder durch Reibung zwischen dem Besen und dem Eis – eine höhere Temperatur auf dem Eis, die es kurzzeitig schmelzen lässt. Das entstehende Wasser wirkt als Schmiermittel.

Wenn es eine Kraft war, die dem Stein Bewegungsenergie verliehen hatte, dann muss es auch eine Kraft geben, die ihm diese Energie wieder nimmt. Es ist die **Reibungskraft**. Sie baut sich bei jeder Bewegung zwischen dem bewegten Körper und der ruhenden Umgebung auf. Die Richtung der Reibungskraft ist der Bewegungsrichtung entgegengesetzt. Deshalb kommt der Curlingstein zur Ruhe, das Fahrrad ohne Weitertreten zum Stehen .... – Doch wo ist die Bewegungsenergie des Steines geblieben?

Reibung ist kein „Energievernichter", sie wandelt die Energie nur! Aus der Bewegungsenergie wird innere Energie, wie durch Temperaturmessungen mit empfindlichen Thermometern nachgewiesen werden kann (siehe ZV). Diese innere Energie lässt sich nicht weiter nutzen, denn der allergrößte Teil strömt „nutzlos" in die Umgebung. Durch Reibung wird also Energie entwertet. Beim Bremsen von Fahrzeugen wird deutlich, wie viel Energie dabei gewandelt und entwertet wird.

> Bei Reibungsvorgängen wird aus Bewegungsenergie innere Energie der aneinander reibenden Körper. Diese Energie strömt dann in die Umgebung. In vielen Fällen ist die Energie dann entwertet.

Aufgaben

1 Beschreibe die Wandlung der Energieformen beim
  a) Bremsen eines Fahrzeugs auf gerader Straße;
  b) Glattschleifen eines Brettes mit Sandpapier.

2 Gib Beispiele an, bei denen Reibung und Luftwiderstand einen Körper zum Stillstand bringen. Erläutere jeweils Möglichkeiten, die Reibung bzw. den Luftwiderstand zu verringern.

3 **a)** Finde mindestens je ein Beispiel erwünschter und unerwünschter Reibung.
  b) Gib technische Maßnahmen an, wie Reibung möglichst klein gehalten bzw. wie sie verstärkt werden kann.

4 **a)** Zeichne auf, wie zwei Oberflächen unter dem Mikroskop aussehen, wenn sie aneinander reiben.
  b) Wo sich Achsen drehen, wird häufig ein Schmiermittel wie Öl oder Fett eingesetzt. Erläutere im Mikrobild den Sinn dieser Maßnahme.

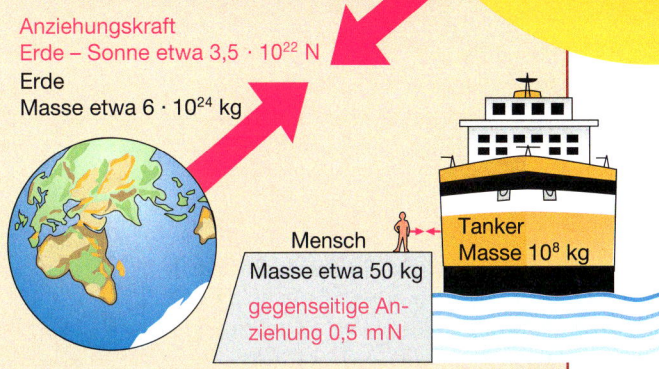

Sonne
Masse etwa 2 · 10³⁰ kg

Alle Körper ziehen einander an   Streifzug

Die Erdanziehungskraft wirkt nicht nur auf Personen, die auf dem Boden stehen. Sie wirkt genauso, wenn sie sich in einem Flugzeug in der Luft befinden. Mit zunehmender Höhe nimmt die Kraftwirkung durch die Erde zwar ab, sie wirkt aber unendlich weit – auch im Weltall. Sie heißt verallgemeinert **Gravitationskraft**.

Da jeder Planet eine Masse hat, wirken zwischen allen Himmelskörpern Gravitationskräfte. Die Sonne mit ihrer unvorstellbar großen Masse von 2 · 10³⁰ kg =
2 000 000 000 000 000 000 000 000 000 000 kg übt die stärkste Kraft in unserem Planetensystem auf alle Körper aus. Eine Kraft von 3,5·10²² N ist dafür verantwortlich, dass unsere Erde auf ihrer Bahn um die Sonne gehalten wird.

Sich gegenseitig anzuziehen ist aber keine besondere Eigenschaft der Sonne bzw. der Planeten. Die Ursache für die Anziehungskraft ist einzig und allein die Masse. Daher ziehen sich alle Körper gegenseitig an, denn jeder Körper besitzt eine Masse.

Im Vergleich zur Masse von Himmelskörpern sind die Massen von Gegenständen auf der Erde aber verschwindend klein. Deshalb sind die hier auftretenden Anziehungskräfte extrem gering.
Zwischen einer Person und einem Schiff mit einer Masse von 100 000 t beträgt die Anziehungskraft weniger als ein tausendstel Newton. Selbst die Anziehungskraft zwischen zwei solchen Riesenschiffen, die unmittelbar nebeneinander liegen, übersteigt noch nicht die Muskelkraft eines Menschen.
So wie jede Person von der Erde angezogen wird, zieht sie selbst auch andere Personen an beziehungsweise wird von diesen angezogen. Allerdings sind die Anziehungskräfte so gering, dass sie nicht wahrgenommen werden.

Anziehungskraft
Erde – Sonne etwa 3,5 · 10²² N
Erde
Masse etwa 6 · 10²⁴ kg

Mensch
Masse etwa 50 kg
gegenseitige Anziehung 0,5 mN

Tanker
Masse 10⁸ kg

Wie groß ist die Gravitationskraft?

Als Ursache für diese Anziehungskraft zwischen zwei Körpern erkannte NEWTON die Masse der beiden Körper. Auf ihn geht auch die Bezeichnung **Gravitationskraft** zurück. In den Jahren zwischen 1670 und 1680 leitete NEWTON aus den Gesetzen der Planetenbewegungen um die Sonne das allgemeine Gravitationsgesetz theoretisch her. Demzufolge ist die Gravitationskraft proportional zur Masse m_1 und m_2 der beteiligten Körper und nimmt mit wachsendem Abstand r zwischen ihnen immer mehr ab.

Die mathematische Formulierung des Gravitationsgesetzes lautet:

$$F_{grav} = \gamma \cdot \frac{m_1 \cdot m_2}{r^2}.$$

Die Gravitationskonstante γ, die NEWTON in der Gleichung als Proportionalitätsfaktor brauchte, war ihm vom Wert her aber nicht bekannt. Diese Konstante γ zu bestimmen ist sehr schwierig, da selbst die zwischen zwei schweren Körpern wirkenden Gravitationskräfte äußerst klein sind.

Es ist das Verdienst von HENRY CAVENDISH (1731–1810), diese Naturkonstante 1798 experimentell ermittelt zu haben. Mit seiner Gravitationsdrehwaage bestimmte er die Anziehungskraft zwischen zwei großen und zwei kleinen Bleikugeln aus der Verdrillung eines Metallfadens. Da die Massen und der Abstand bekannt waren, konnte er den Wert der Gravitationskonstante erstmals bestimmen:

$$\gamma = 6,67 \cdot 10^{-11} \frac{N \cdot m^2}{kg^2}.$$

Zusammensetzen und Zerlegen von Kräften

Mithilfe von Schleppern wird der Ozeanriese auf seinen Anlegeplatz im Hafenbecken gezogen, weil die Schlepper den Untergrund weniger aufwirbeln und manövrierfähiger sind. Ihre Kräfte wirken aus unterschiedlichen Richtungen auf das große Schiff ein.

Wie verhält sich ein Körper, auf den mehrere Kräfte einwirken? Welche Rolle spielt es dabei, wie groß die Kräfte sind und welche Richtungen sie haben? Lassen sich Kräfte auch aufteilen?

Zwei Kräfte – eine Wirkung

Im Bild rechts teilt sich die Gewichtskraft des Wägestücks auf zwei Federkraftmesser auf. Jeder Kraftmesser zeigt den Anteil seiner Kraft an, die zum Festhalten des Körpers erforderlich ist. Die Summe aller drei Kräfte ist null. Es herrscht Kräftegleichgewicht.

Natürlich würde auch nur eine einzige Kraft zum Halten des Wägestücks ausreichen, die die Wirkung seiner Gewichtskraft aufhebt, sodass es in Ruhe bleibt. Die zwei Kräfte lassen sich also gedanklich durch eine einzige Kraft mit derselben Wirkung ersetzen, der **Ersatzkraft** F_{Ers}.

Eine Abänderung des Versuchs zeigt, dass andere Kräfte die gleiche Wirkung haben können. In den beiden unteren Bildern halten die Kraftmesser den Knotenpunkt ebenfalls im Gleichgewicht. Sie bringen daher die gleiche Ersatzkraft auf.

Der dritte Kraftmesser, an dem das Wägestück hängt, zeigt die Gegenkraft zur Ersatzkraft. An ihm lassen sich Größe und Richtung der Ersatzkraft ablesen.

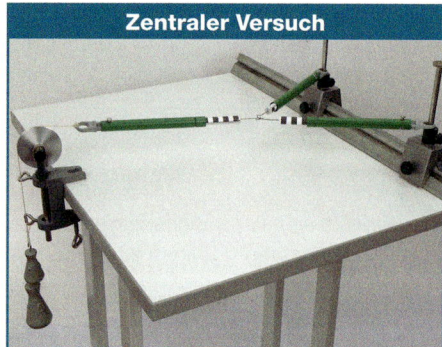

Zentraler Versuch

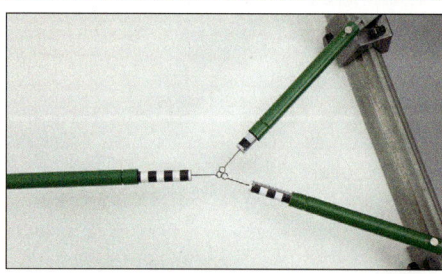

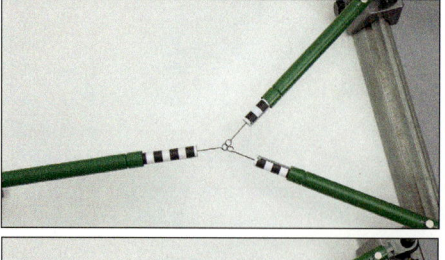

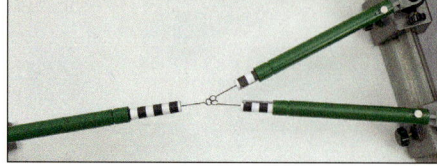

Lassen sich Größe und Richtung der Ersatzkraft auch ohne Versuch, also nur mathematisch bestimmen?

Sicher ist:
- Die *Richtung* der Ersatzkraft liegt zwischen den Richtungen der Einzelkräfte.
- Die *Größe* der Ersatzkraft ist größer als null, aber höchstens so groß wie die Summe der beiden Einzelkräfte.

Die genaue Ermittlung von Größe und Richtung der Ersatzkraft erfolgt durch **Kräfteaddition** in einem *Kräfteparallelogramm*, wie es das Werkzeug rechts zeigt.

Auf diese Weise lassen sich auch mehrere Kräfte schrittweise zu einer Ersatzkraft zusammensetzen. Die Reihenfolge, in der die Kräfte addiert werden, spielt keine Rolle.

> Die Wirkung mehrerer Kräfte auf einen Körper kann durch eine einzige Kraft (Ersatzkraft) beschrieben werden.

Kräfteaddition　　　　　　　　　　　　　　　　　　　　Werkzeug

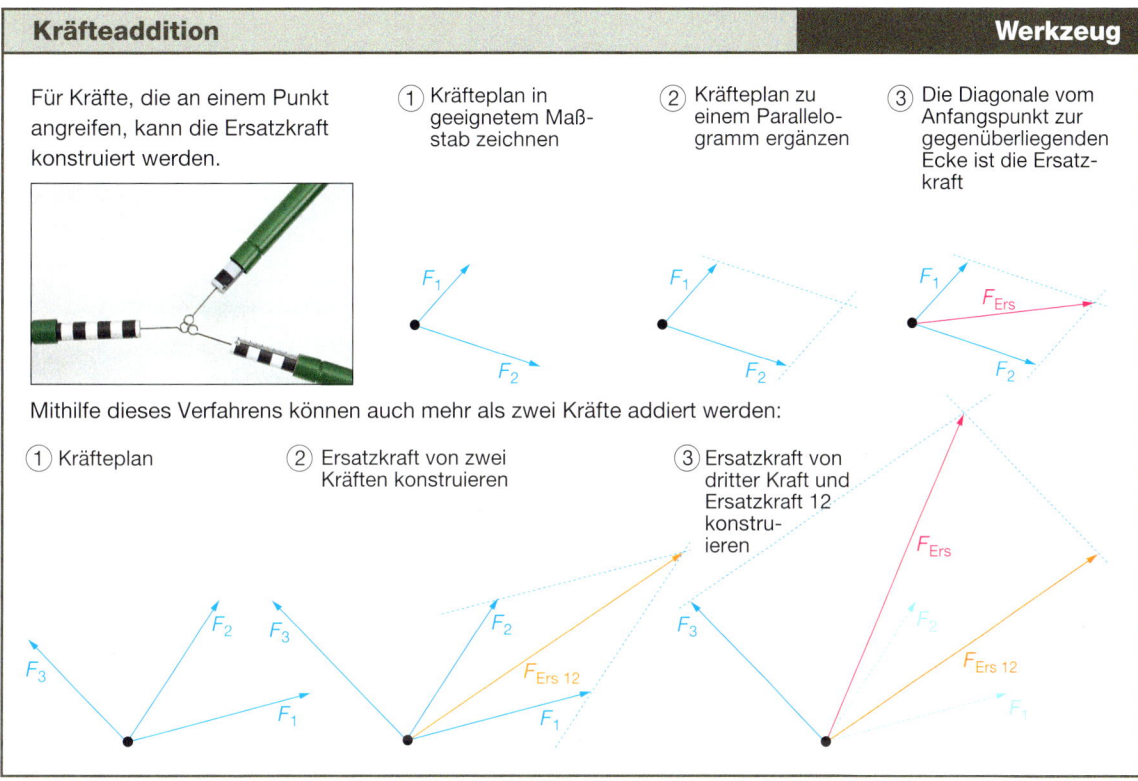

Für Kräfte, die an einem Punkt angreifen, kann die Ersatzkraft konstruiert werden.

① Kräfteplan in geeignetem Maßstab zeichnen

② Kräfteplan zu einem Parallelogramm ergänzen

③ Die Diagonale vom Anfangspunkt zur gegenüberliegenden Ecke ist die Ersatzkraft

Mithilfe dieses Verfahrens können auch mehr als zwei Kräfte addiert werden:

① Kräfteplan

② Ersatzkraft von zwei Kräften konstruieren

③ Ersatzkraft von dritter Kraft und Ersatzkraft 12 konstruieren

Aufgaben

1 Suche weitere Beispiele, in denen zwei Kräfte auf denselben Körper wirken. Ordne sie den verschiedenen Fällen zu. Zeichne das Kräfteparallelogramm und ermittle die Ersatzkraft.

2 Die Kräfte F_1 = 30 N und F_2 = 50 N bilden einen Winkel von 0°, 30°, 45°, 90°, 120° und 180°.
a) Ermittle jeweils die Ersatzkraft und bestimme, wann sie am kleinsten, wann am größten ist.
b) F_3 ist 40 N. Konstruiere die Ersatzkraft, wenn zwischen den drei Kräften jeweils ein Winkel von 45° ist.

3 Erläutere den Ausdruck „Das Gleichgewicht halten".

4 Setze das Abschleppen eines Ozeanriesen mit je zwei Schleppern in Kräfteparallelogramme um.
a) Unterscheide die Fälle ① beliebige, ② gleiche und ③ entgegengesetzte Richtung.
b) Gib an, welche Wirkung der jeweilige Fall auf die Bewegung des Ozeanriesen hat.

5 Beim Hundeschlittenfahren zieht bei der Fächeranspannung (Fan Hitch) jeder Hund an einer eigenen Leine. Bestimme die Gesamtkraft des Gespanns für den Fall, dass jeder Hund mit einer Kraft von 500 N zieht.

Versuche und Aufträge

V1 Befestigt an einem schweren Getränkekasten o. Ä. an einer Stelle zwei Seile. Haltet die Seile so, dass sie Winkel von 0°, 30°, 90° und 180° bilden.
a) Versucht jeweils, die Kiste zu ziehen, und vergleicht die dazu nötigen Kräfte.
b) Stellt den Versuch mittels Kraftpfeilen dar und ermittelt die Ersatzkräfte.

V2 Ein Leiterwagen wird an der Deichsel zurückgeschoben. Bestimme welchen Winkel die Deichsel zum Untergrund bilden muss, damit das Schieben besonders einfach bzw. ziemlich schwer ist. Erkläre.

V3 Besorge dir drei gleiche Schraubenfedern. Verbinde sie an einem Ende und befestige bei einer Feder das andere Ende an einem Nagel in der Wand. Diese Feder zeigt die Ersatzkraft an.
a) Spanne die beiden anderen Federn mit beliebigem Winkel. Miss den Winkel und die Verlängerungen der Federn. Trage die Werte in eine Tabelle ein.
b) Zeichne die Situation mit Kraftpfeilen.

Eine Kraft – mehrere Komponenten

Zwei oder mehr Kräfte lassen sich zu einer Ersatzkraft zusammensetzen. Lässt sich auch eine Kraft in Teilkräfte zerlegen – zum Beispiel wenn die Kraft ermittelt werden soll, mit der ein Gepäckwagen an einer Schräge festgehalten werden muss, damit er nicht wegrollt.

Wenn ein Körper nach unten fällt, dann wird er aufgrund der Anziehungskraft der Erde immer schneller. Auf einer geneigten Ebene erhöht er ebenfalls beim Herabrollen seine Geschwindigkeit, allerdings nicht so stark wie beim Fallen. Offensichtlich wirkt auch hier eine beschleunigende Kraft in Bewegungsrichtung. Die Anziehungskraft der Erde F_E wirkt aber senkrecht nach unten!

Nur ein bestimmter Anteil, nämlich die Komponente der Anziehungskraft parallel zur Oberfläche der geneigten Ebene, bewirkt die Geschwindigkeitserhöhung. Es ist die **Hangabtriebskraft F_H.** Wird die Anziehungskraft als Ersatzkraft aufgefasst, dann muss wegen der Kräfte-

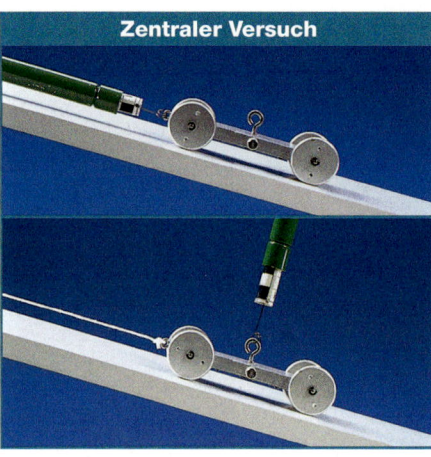

Zentraler Versuch

Wenn die Größen der Teilkräfte, der *Komponenten* der Kraft, bestimmt werden sollen, müssen die Richtungen bekannt sein, in welche diese Komponenten wirken. Die Geraden, welche die Kraftrichtungen angeben, heißen **Wirkungslinien.** Sie sind durch die jeweilige Situation vorgegeben. Im Foto verläuft die Wirkungslinie parallel zur geneigten Ebene, weil der Wagen nur in dieser Richtung rollen kann.

addition neben der Hangabtriebskraft noch eine zweite Kraft vorhanden sein. Diese zweite Komponente ergibt sich aus der Verbindung der Spitzen von F_E und F_H. Diese Komponente heißt **Normalkraft F_N** und ist senkrecht zur Unterlage gerichtet. Nur so kann sie keine weitere Beschleunigung oder Verzögerung des Wagens bewirken, sondern ihn nur auf die Unterlage drücken und Reibung verursachen.

> Eine Kraft lässt sich in Komponenten entlang von Wirkungslinien zerlegen. Die Zusammensetzung der Komponenten ergibt die ursprüngliche Kraft.

Aufgaben

1. Gegeben sind geneigte Ebenen mit den Neigungswinkeln 20°, 40° und 60°.
   a) Ermittle die Hangabtriebskraft und die Normalkraft für einen Körper, der mit $F_E = 50$ N angezogen wird. Vergleiche die Kräfte.
   b) Formuliere eine allgemeine Aussage.
2. Skizziere die Kräfte F_H und F_N, wenn eine geneigte Ebene senkrecht bzw. parallel zur Erdoberfläche verläuft. Erläutere.
3. In der Mitte einer Wäscheleine hängt ein Wäschestück. Konstruiere die Verteilung der Gewichtskraft des Wäschestücks auf die beiden Teile der Leine, wenn diese
   a) straff gespannt ist (Winkel 170°),
   b) stark durchhängt (50°).
   c) Übertrage deine Erkenntnisse auf das Verlegen von schweren Freilandleitungen für die Stromversorgung.
4. Erkläre das Ziehen eines Bollerwagens bei unterschiedlichen Deichselstellungen mithilfe von Skizzen, welche die Kraftzerlegung zeigen.

5. Zeichne die Wirkungslinien der Kraftkomponenten
   a) bei einer Stehleiter,
   b) bei einer Leiter, die an einen Baum gelehnt ist.

Werkzeug	**Kräftezerlegung**

① Wirkungslinien einzeichnen

② Parallelogramm zeichnen mit ursprünglicher Kraft als Diagonale

F_H

F_E

F_N F_E

Beispiele für Wirkungslinien

Wirkungslinien verlaufen immer entlang von Seilen, Stützmauern, Streben, Armen, Deichseln usw. oder senkrecht dazu, sind also durch die jeweilige Anordnung vorgegeben.

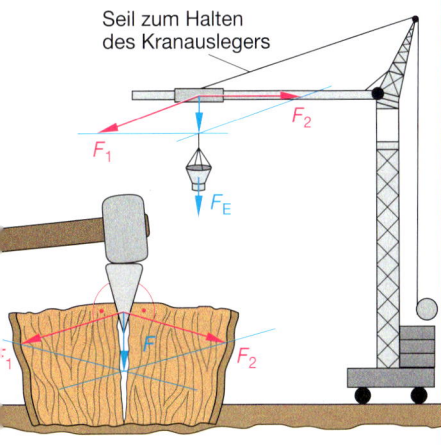

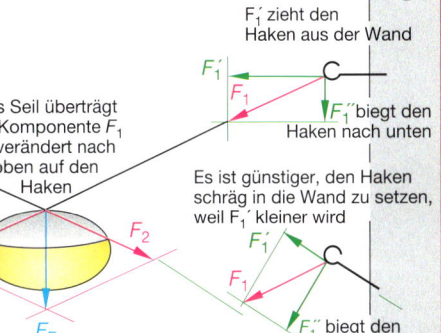

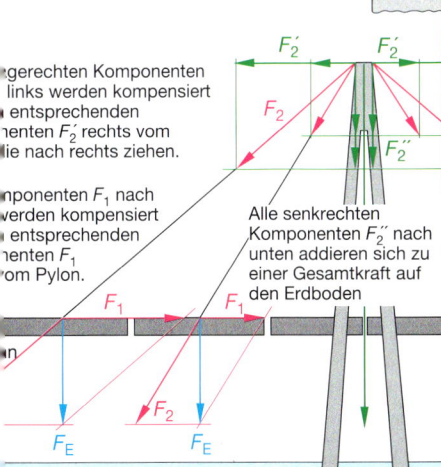

Der Wind weht meist nur aus einer Richtung – und trotzdem kann mit einem Segelboot (fast) jeder gewünschte Kurs gesteuert werden. Wichtig ist dabei die Stellung des Segels und die Richtung der Kiellinie des Schiffes.

In der vereinfachten Darstellung wird die Kraft des Windes auf das Segel in zwei Komponenten zerlegt:

- Die eine (F_1) verläuft parallel zum Segel, sie hat für die Bewegung des Bootes keine Bedeutung.
- Entscheidend ist die Wirkung von F_2 senkrecht zum Segel, denn sie bestimmt die Bewegungsrichtung des Segels.

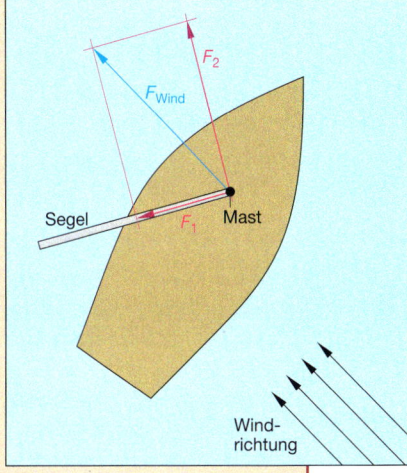

Wird der Winkel zwischen Wind und Segel verändert, dann ändert sich damit auch F_2. In diese Richtung würde sich das Segel und durch die Kraftübertragung mittels Mast und Seilen auch das Boot bewegen.

Einen entscheidenden Einfluss auf die Fahrtrichtung des Bootes hat jedoch die Stellung des Kieles, also die Kiellinie des Schiffes, denn nur in diese Richtung kann es leicht vorangleiten. F_2 wird durch den Kiel nochmals in zwei rechtwinklige Komponenten zerlegt:

- F_3 wirkt senkrecht zur Kiellinie. In diese Richtung kann sich das Schiff nicht bewegen, weil der lange und tiefe Kiel auf den großen Widerstand des Wassers trifft.
- F_4 wirkt parallel zur Kiellinie – und das ist die Kraft, die letztendlich das Segelboot vorantreibt.

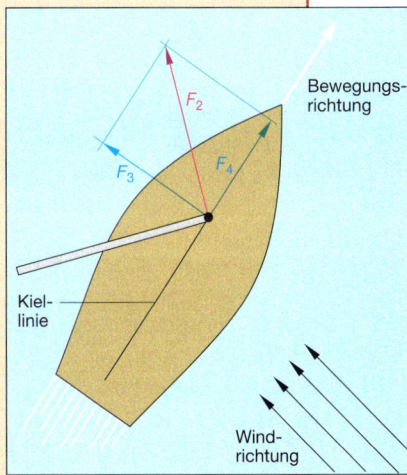

Bei einer bestimmten Stellung von Segel und Kiel kann das Boot sogar „gegen den Wind" segeln, d. h. mit dem kleinstmöglichen Winkel von 22° zwischen Wind und Fahrtrichtung. Um dabei ein anvisiertes Ziel zu erreichen, muss der Skipper einen Zick-Zack-Kurs einschlagen – er „kreuzt" mit seinem Boot **gegen den** Wind.

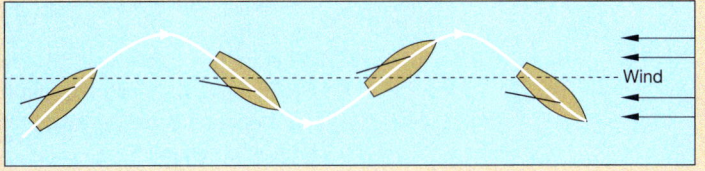

Werkzeug — Dynamische Geometriesoftware

Geometrische Konstruktionen werden immer öfter mit dem Computer durchgeführt. Verwendung findet dabei unter anderem Dynamische Geometriesoftware (DGS). Diese Programme ermöglichen die Erstellung von beweglichen Zeichnungen, in denen nachträglich Punkte bzw. Objekte verändert werden können.

Kräfteaddition

Kräftezerlegung

Mithilfe von Schleppern wird der Ozeanriese auf seinen Anlegeplatz gezogen. Ihre Kräfte wirken aus unterschiedlichen Richtungen auf das Schiff ein.

Der Artist drückt das Seil an einem Punkt nach unten. Die Wirkung seiner Gewichtskraft kann durch zwei Zugkräfte auf die Seilstücke ersetzt werden.

① Wähle einen geeigneten Maßstab und zeichne die gegebenen Kräfte ein.

Konstruiere jeweils eine Parallele zu jedem Kraftpfeil durch die Spitze des anderen Pfeils. Ermittle den Schnittpunkt der beiden Parallelen.

② Zeichne die Ersatzkraft ein und bestimme ihre Länge.

9,9 cm

Rechne sie mithilfe des Maßstabes in eine Kraft um.

③ Variiere den Winkel und beobachte die Veränderung der Ersatzkraft.

12,9 cm
9,9 cm

① Übertrage die Situation in die DGS-Software. Markiere wichtige Punkte (Angriffspunkte von Kräften, …). Achte darauf, dass der Angriffspunkt der Last verschiebbar ist.
Tipp: Lege den Angriffspunkt der Last auf eine Ellipse mit den Haltepunkten als Brennpunkte der Ellipse. Damit erreichst du, dass sich die Gesamtlänge der „Brücke" nicht verändert.

② Zeichne die Wirkungslinien der wirkenden Kräfte. Denke daran, dass die Gewichtskraft stets senkrecht nach unten wirkt. Zeichne die Gewichtskraft entlang ihrer Wirkungslinie ein.

③ Zeichne Parallelen zu den Wirkungslinien und dann die Kraftkomponenten ein. Miss jeweils ihre Länge. Lege einen geeigneten Maßstab fest und verändere den Gewichtskraftpfeil entsprechend.

④ Verändere die Position des „Seilläufers" und die Belastung und beobachte die Veränderung der Komponenten.

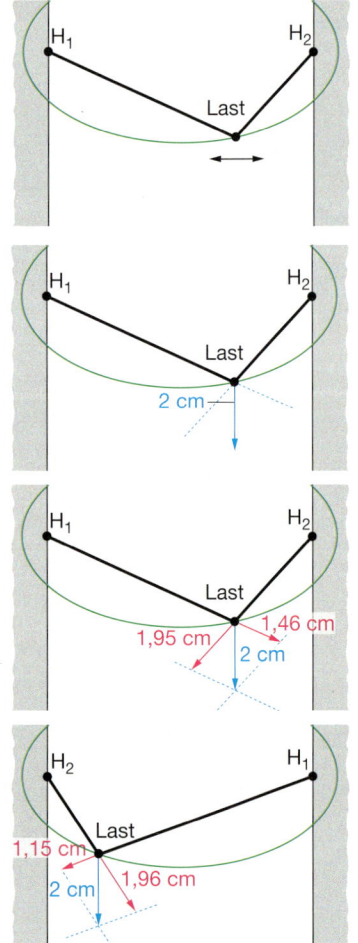

Vom Fragen zum Wissen Durchblick

oder **Wie Naturwissenschaftler arbeiten**

Physiker forschen so ähnlich, wie du dir im Unterricht neues Wissen erarbeitest. Dabei greifen Fragen und Vermuten, Versuchen und Erkennen sowie Kritisieren und wieder Fragen in ganz bestimmter Weise ineinander.
In der Protokollführung ist dieser
Weg bereits angelegt.

Die Aufgabe
– *Formulieren und aufschreiben, was untersucht werden soll.*

Die Planung und Vorbereitung
– Zuerst eine <u>Vermutung</u> über das mögliche Versuchsergebnis aufschreiben (auch als Frage möglich).
– Die zu untersuchenden Größen festlegen.
– Die nötigen Geräte bereitstellen.
– Anfertigen einer <u>Zeichnung</u> des Versuches unter Verwendung der Vorgaben (Foto im Buch, Zeichnung auf einem Arbeitsblatt, Wandtafel …).

Die Durchführung
– Kurz, eventuell auch stichwortartig, aufschreiben, was <u>getan</u> wurde.

Die Beobachtung/Die Auswertung
– Übersichtlich aufschreiben, was du <u>gesehen oder gemessen</u> hast.
– Dabei beschränken auf die für die Aufgabenstellung wichtigen Dinge.
– Eine Tabelle, eine Skizze oder ein Diagramm sind hilfreich.

Das Ergebnis
– Das Versuchsergebnis <u>vergleichen</u> mit der Vermutung, die vor Beginn des Versuches angestellt wurde.
– Formulieren des Ergebnisses.
– Evtl. eine Erklärung dazu schreiben.

Die Fehlerbetrachtung
– Sich vergewissern, was bei der Durchführung des Versuches <u>hätte besser gemacht werden können</u>.
– Überlegen, was zu Fehlern geführt haben könnte, <u>die nicht zu vermeiden waren</u>.

Am Anfang steht etwas

Interessantes, Fragwürdiges

aus Natur oder Technik, das mich neugierig macht.

Daraus entsteht eine **Vermutung,** die ich als **Frage** formuliere.

Ich überlege mir, wie ich aus der Natur selbst oder aus der Technik die Antwort bekommen kann.

Durch ein Experiment stelle ich die Natur so nach, dass ich besser hinschauen kann, um eine Antwort auf meine Frage zu bekommen.
Der **Versuch**
wird dadurch zu einer **Frage an die Natur/Technik.**

Die sehr genaue **Beobachtung, Auswertung und Darstellung**
führen zu einem Ergebnis, mit dem ich die **Vermutung überprüfen**
kann.

War die Vermutung *richtig,* formuliere ich einen **Satz** oder ein **Gesetz**
als Antwort auf die anfangs gestellte Frage.

Vorher denke ich in einer **Fehlerbetrachtung**
darüber nach, welche Fehler sich eingeschlichen haben könnten.

Bestätigt sich die Vermutung nicht, so setzt ein **erneutes Fragen nach prüfendem Nachdenken**
ein.
Dies geschieht auch dann, wenn mich die Ergebnisse eines Versuches neugierig gemacht haben auf weiteres Wissen.

Dann geht alles von vorne los!

Lassen sich Kräfte mit Gummibändern messen? Verhalten sich Gummi und Stahl gleich?

Zentraler Versuch

Die Quotienten *s/F* sind bei der Feder gleich, beim Gummiband nicht; das *F-s*-Diagramm ist keine Ursprungsgerade

Für elastische Stahlfedern gilt das Hooke'sche Gesetz: $F = D \cdot s$

Die Feder darf nicht überdehnt werden. Das Hooke'sche Gesetz gilt deshalb nur, solange die Feder nicht überdehnt wird.

Wie lässt sich ein Kraftmesser bauen? Wie wird seine Skala festgelegt?

Streifzug — **Die Väter der Mechanik**

ARISTOTELES

(384–322 v. Chr.; griechischer Philosoph und Universalgelehrter) Geboren im makedonischen Stagira, ging ARISTOTELES 367 v. Chr. nach Athen, um an der berühmten, um 387 v. Chr. gegründeten Akademie des griechischen Philosophen PLATON zu

studieren. Später gründete er eine eigene Schule in Athen, das Lykeion.

ARISTOTELES widmete sich den Gepflogenheiten seiner Zeit folgend vor allem der Philosophie. Diese sollte seiner Auffassung nach an die Alltagssprache anknüpfen und Begriffe entwickeln, mit denen sich die Dinge und ihre Bewegungen angemessen beschreiben lassen. Bei seinen Naturbeobachtungen kam ARISTOTELES zu dem Schluss, dass überall eine „wunderbare Zweckmäßigkeit" zu erkennen ist.

OHNE KRAFT KEINE BEWEGUNG

ARISTOTELES analysierte mechanische Bewegungen durch Beobachtung von Alltagsvorgängen. So verallgemeinerte er aus der Beobachtung, dass ein Vogel herabstürzte, wenn er die Flügel unbeweglich an den Körper legte, und ein Bauernwagen stehen blieb, wenn die Pferde nicht mehr zogen: Eine Bewegung hört auf, wenn die Kraft nicht mehr wirkt.

Demnach war für ARISTOTELES eine gleichförmige Bewegung nur dann möglich, wenn eine Kraft dauernd einwirkte. Mit dieser in sich geschlossenen Theorie konnten trotz dieses grundlegenden Fehlers viele mechanische Bewegungen erklärt werden.

GALILEO GALILEI

(1564–1642; italienischer Mathematiker, Physiker und Astronom) GALILEI war Professor für Mathematik in Pisa und Padua und ab 1610 Hofmathematiker in Florenz. Durch das Eintreten für die Lehre des KOPERNIKUS kam er in Konflikt mit der Kirche und wurde 1633

durch die Inquisition zu unbefristeter Haft verurteilt, die er in seinem Haus bis zu seinem Tod verbüßte.

Durch die Einführung des Experiments mit Messwerten wurde GALILEI der Begründer der modernen Naturwissenschaft. Sein Interesse galt vor allem den Fallbewegungen von Körpern. Das größte Problem war dabei, die sehr kurzen Fallzeiten zu messen.
Er löste das Problem, indem er von der Überlegung ausging, dass ein Körper, der auf einer sehr steilen Ebene abrollt, sich fast genauso verhält wie ein fallender Körper. Da bei einer Verringerung der Neigung der Ebene stets nur der gesamte Vorgang langsamer, aber in gleicher Weise ablief, untersuchte er die Bewegung von Kugeln, die auf einer geneigten Ebene abrollten. Für die Zeitmessung benutzte er einen Wasserbehälter, der unten ein kleines Loch hatte. Das während des Herunterrollens der Kugel ausgelaufene Wasser wurde gewogen und diente als Maß für die verstrichene Zeit.

GALILEIs Erkenntnis, dass alle Körper gleich schnell fallen und nur die Luftreibung bei Körpern kleiner Masse, aber großer Angriffsfläche die Geschwindigkeit stark verzögert, wurde so nach vielen Experimenten auf der geneigten Ebene durch die Gesetze für den freien Fall ergänzt.
Nun war es möglich, Bewegungen exakt zu beschreiben und zu berechnen.

SIR ISAAC NEWTON
(1643–1727;
englischer Mathematiker,
Physiker und Astronom)
NEWTON gehört zu den be-
deutendsten Naturwissen-
schaftlern der Menschheit.
Grundlegende Ideen zu
verschiedenen Gebieten
der Physik (Dynamik, Op-
tik, Himmelsmechanik) und
Mathematik (Differential-

rechnung) kennzeichnen sein Wirken. Das von ihm ge-
schriebene Buch „Mathematische Prinzipien der Naturwissenschaft" begründete unser heutiges naturwissen-
schaftliches Weltbild. Es galt mehr als 200 Jahre als
das Standardwerk der Physik. In ihm sind die drei wichtigsten Gesetz der Mechanik verankert:

- Trägheitsgesetz: „Jeder Körper beharrt in seinem Zustand der Ruhe oder der gleichförmigen Bewegung,
  wenn er nicht durch einwirkende Kräfte gezwungen
  wird, seinen Zustand zu ändern."
- Grundgesetz der Mechanik: „Die Änderung der Bewegung ist der Einwirkung der bewegenden Kraft
  proportional und geschieht nach der Richtung der-
  jenigen geraden Linie, nach welcher jene Kraft wirkt."
- Wechselwirkungsgesetz: „Die Wirkung ist stets der
  Gegenwirkung gleich, oder die Wirkungen zweier
  Körper aufeinander sind stets gleich und von entgegengesetzter Richtung."

NEWTON entdeckte als erster, dass bei jeder Wechselwirkung zwischen zwei Körpern gleich große Kräfte auftreten, es also eine grundsätzliche Symmetrie zwischen
der verursachenden Bewegung („actio") und der Reaktion darauf („reactio") gibt.
Beispiel: Ein schwerer Medizinball rollt auf einer schiefen Ebene abwärts und soll angehalten werden. Um
seinen Bewegungszustand zu ändern, muss eine Kraft
auf ihn ausgeübt werden (1. Gesetz). Die auf den Ball
einwirkende Kraft verändert seinen Bewegungszustand
(2. Gesetz). Bis der Ball zum Stillstand gebracht wird,
drückt er mit einer gleich großen Kraft gegen die Person
wie diese gegen den Ball (3. Gesetz).

Mit seinem Grundgesetz der Mechanik, dem Trägheits-
gesetz und dem Wechselwirkungsgesetz leitete NEW-
TON eine neue Epoche in der Physik ein – jetzt konnten
Bewegungen nicht mehr nur beschrieben, sondern die
Ursachen für Bewegungen konnten genannt werden.

ALBERT EINSTEIN
(1879–1955;
deutsch-amerikanischer
Physiker)
Nach dem Studium an
der TH Zürich und einer
Anstellung im Patent-
amt Bern war EINSTEIN
fast 20 Jahre lang Pro-
fessor an der Universität
in Berlin. 1921 erhielt er
den Nobelpreis für Phy-

sik. 1933 emigrierte er wegen des Nazi-Terrors und
wurde 1940 amerikanischer Staatsbürger.
Mit der speziellen und der allgemeinen Relativitätstheorie lieferte er einen Wissenschaftsbeitrag, der
eine völlig neue Sichtweise auf die Physik darstellte.
Später beschäftigte er sich mit einer neuen Gravita-
tions- und einer einheitlichen Feldtheorie.

EINSTEIN ging in der Relativitätstheorie davon aus,
dass die Lichtgeschwindigkeit als größte mögliche
Geschwindigkeit feststeht, die zudem im Vakuum
überall gleich ist.
Eine Folgerung daraus ist, dass die klassische Addition von Geschwindigkeiten für sehr schnelle Körper
nicht mehr gilt: Wenn auf einem Wagen, der Lichtgeschwindigkeit hat, eine Lampe in Fahrtrichtung
strahlt, so hat das abgestrahlte Licht nicht die doppelte, sondern ebenfalls nur Lichtgeschwindigkeit.
Strahlt sie entgegen der Fahrtrichtung, so bleibt das
Licht nicht
stehen, sondern
hat für jeden Be-
obachter – ob
mitfahrend oder
außerhalb ruhend
– ebenfalls Licht-
geschwindigkeit.

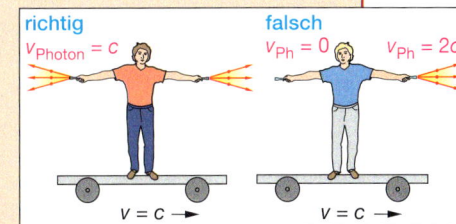

Weiterhin gilt, dass Körper mit einer messbaren (Ruhe-)
Masse niemals Lichtgeschwindigkeit erreichen
können, da die Masse von Körpern mit ihrer
Geschwindigkeit anwächst und in der Nähe der Lichtgeschwindigkeit unendlich groß werden würde.

Die klassische Mechanik ist in den Gesetzen der
Relativitätstheorie enthalten. Die Gesetze der Mechanik können für den Grenzfall kleiner Geschwindigkeiten aus den allgemeinen Gesetzen der Relativitätstheorie abgeleitet werden.

Grundwissen — Kräfte

Kräfte beschreiben die Wechselwirkung von zwei oder mehreren Körpern aufeinander. Eine Kraft wird immer von einem Körper (oder mehreren) auf einen anderen ausgeübt. Sie ist charakterisiert durch Angriffspunkt, Größe und Richtung.

Verzögern

Wirkungen von Kräften sind
- Änderungen des Bewegungszustands eines Körpers, also seiner Geschwindigkeit und/oder seiner Richtung;
- Änderungen der Form eines Körpers;
- Änderungen der Energie, die der Körper vorher hatte.

Verformung

Richtungsänderung

Beschleunigen

Besondere Kräfte

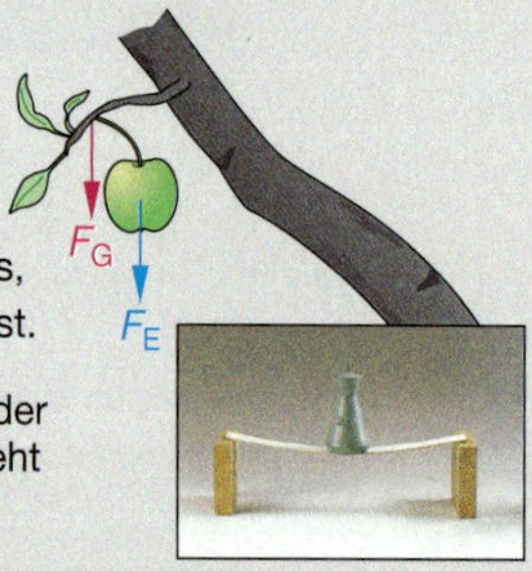

Die Erde übt auf jeden Körper die **Erdanziehungskraft $F_E = m \cdot g$** aus, wobei g der *Ortsfaktor* $g = 9{,}81 \frac{N}{kg}$ ist.

Wegen der Erdanziehung drückt jeder Körper auf seine Unterlage oder zieht an seiner Aufhängung mit seiner **Gewichtskraft $F_G \approx F_E$**.

F_G

F_E

Erdanziehungskraft und Gewichtskraft sind beide zum Erdmittelpunkt hin gerichtet.

Wechselwirkungskräfte: Auf jeden Körper, der eine Kraft auf einen anderen Körper ausübt, wirkt der andere Körper mit einer gleich großen Kraft in entgegengesetzter Richtung zurück.

Wechselwirkungskräfte

F_G zieht Stativ nach unten

F_s zieht Wagestück nach oben

F_E zieht den Körper zum Erdmittelpunkt

Erde

Reibungskräfte sind bei Bewegungen unvermeidlich. Sie bremsen den sich bewegenden Körper ab.

Bei Reibungsvorgängen wird aus Bewegungsenergie innere Energie der aneinander reibenden Körper. Diese Energie strömt in die Umgebung und ist dann entwertet.

Messung mit Federkraftmessern
Die Einheit ist das Newton (1 N).

Für Metallfedern gilt das **Hooke'sche Gesetz:** $F = D \cdot$
wobei D die Federkonstante (Einheit $1 \frac{N}{m}$) ist.

Darstellung durch Pfeile mit
Angriffspunkt

Pfeilrichtung = Richtung der Kraft

Pfeillänge = Größe der Kraft

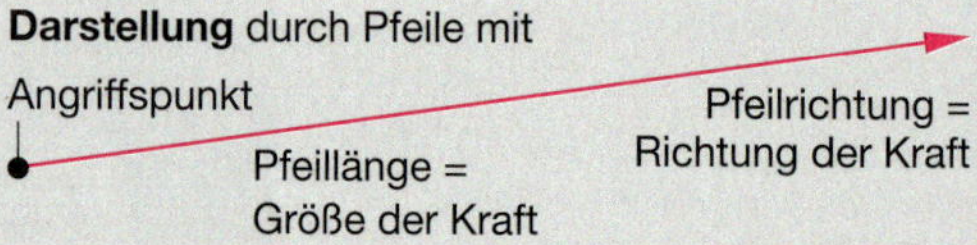

Zusammensetzen und Zerlegen von Kräften

Die Wirkung mehrer Kräfte auf einen Körper kann durch eine **Ersatzkraft F_{Ers}** beschrieben werden.

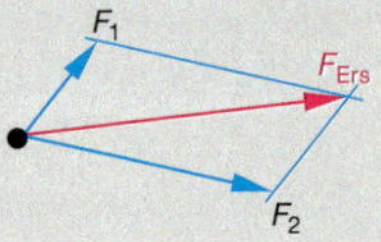

F_1

F_{Ers}

F_2

Eine Kraft kann in ihrem Angriffspunkt in Komponenten F_1 und F_2 zerlegt werden.
Die Richtung der Komponenten wird durch die Geometrie der Anordnung vorgegeben *(Wirkungslinien)*.

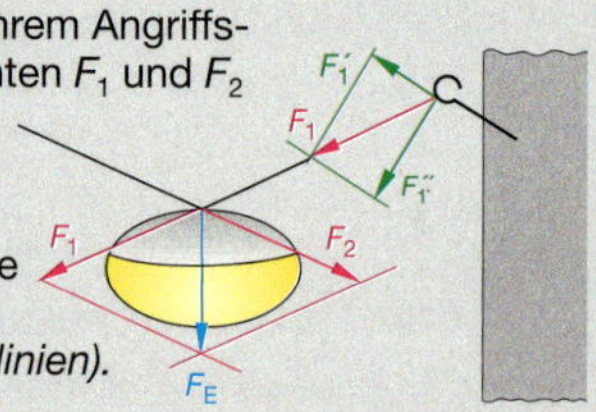

F_1'

F_1

F_1''

F_1

F_2

F_E

Ein Körper befindet sich im **Kräftegleichgewicht,** wenn die Ersatzkraft aller auf ihn einwirkenden Kräfte null ist.

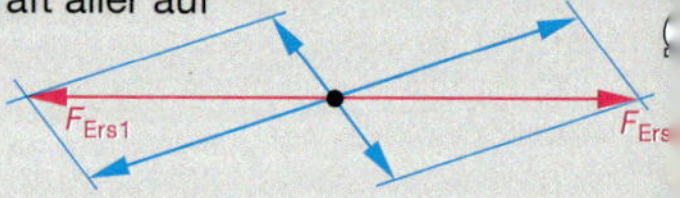

F_{Ers1}

F_{Ers}

Trägheit

Ein Körper behält seinen Bewegungszustand (Ruhe oder geradlinige Bewegung mit konstanter Geschwindigkeit) bei, solange keine Kräfte auf ihn wirken.

Grundbegriffe

A1 a) Fertige mit den Grundbegriffen links Karteikarten an. Notiere den Begriff auf der Vorderseite und erläutere ihn auf der Rückseite, eventuell mit sonstigen Besonderheiten. Anstelle der Karteikarten kannst du auch eine elektronische Datenbank anlegen.
b) Erstelle eine Mindmap für das ganze Kapitel. Die Grundbegriffe links helfen dir dabei.

A2 Ein Ball wird mit Muskelkraft vielfältig bewegt.
a) Beschreibe alle möglichen Wirkungen.
b) Der Ball wird zum Tor gedribbelt und abgeschossen. Beschreibe die einwirkenden Kräfte und ihre Richtungen.

A3 a) Erstelle eine Übersicht für die Wirkungen einer Kraft. Nenne Beispiele dafür, dass die Wirkung einer Kraft nicht nur von ihrer Größe, sondern auch von ihrer Richtung abhängt.
b) Welche Winkel müssen Kraftrichtung und Bewegungsrichtung jeweils zueinander haben, damit ein Ball beschleunigt oder verzögert oder aus seiner Bewegungsrichtung abgelenkt werden kann?
c) Beschreibe die dargestellten Formänderungen. Begründe.

$F = 0$

$F = 10\,N$

$F = 20\,N$

$F = 30\,N$

F	s_1	s_2
0	0	0
,0 N	5,0 mm	2,5 mm
,0 N	9,8 mm	4,5 mm
,0 N	15,2 mm	6,8 mm
,0 N	25,0 mm	12,0 mm
,0 N	49,5 mm	27,0 mm
,0 N	75,0 mm	45,0 mm
,0 N	151,0 mm	230,0 mm
,0 N	248,5 mm	360,0 mm
,0 N	500,0 mm	500,0 mm

A4 a) Übertrage die Werte der beiden Messreihen aus der Tabelle links in ein geeignetes Koordinatensystem und entscheide begründet, welche der beiden Messreihen die einer Metallfeder sein können.
b) Gib eine mögliche Federkonstante an.

A5 Eine Feder kann mit 50 N belastet werden. Sie wird zunächst mit 5 N und dann mit 10 N belastet. Dabei ergibt sich eine Länge von 160 mm bzw. 200 mm. Bestimme
a) die Ausgangslänge der Feder (also die Länge ohne Belastung),
b) die Länge der Feder bei einer Belastung von 8 N.

A6 Eine Feder wurde durch eine Kraft von 0,5 N um 6 cm gedehnt. Berechne die Dehnung der Feder bei einer Belastung mit 0,15 N.

A7 a) Beschreibe den Bau eines Federkraftmessers.
b) Erläutere, was bei der Messung mit einem Federkraftmesser alles zu beachten ist.
c) Vergleiche die beiden Graphen.
d) Lies jeweils zwei Wertepaare ab und berechne die Federkonstante. Vergleiche.

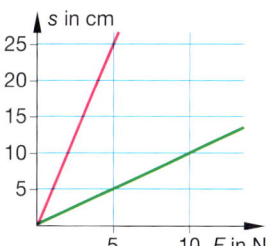

A8 Gegeben sind die Kräfte $F_1 = F_2 = 10\,N$.
a) Ermittle die Ersatzkraft F_{Ers} für Winkel $0° < \alpha < 180°$ in Zehn-Grad-Schritten.
b) Beschreibe den Zusammenhang zwischen α und F_{Ers}. Erstelle dazu ein α-F_{Ers}-Diagramm.
c) Bestimme den Winkel, bei dem $F_{Ers} = F_1 = F_2$ ist.

A9 Zwei Spannseile ziehen an der Feder ($D = 500\,\frac{N}{m}$). Bestimme die Dehnung der Feder durch Konstruktion.

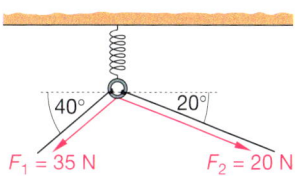

A10 Ein Maler der Masse $m = 80\,kg$ steht auf einer gleichschenkligen Leiter. Die beiden Schenkel der Leiter schließen dabei einen Winkel von $\alpha = 40°$ ein.
a) Bestimme, wie sich die Gewichtskraft auf die beiden Schenkel der Leiter verteilt.
b) Erläutere die Veränderung der Teilkräfte bei einer Verkleinerung des Winkels.
c) Erläutere, warum der Winkel α trotzdem nicht zu spitz gewählt werden sollte.

A11 Durch Paddeln kann ein Boot im Wasser leicht fortbewegt werden.
a) Erkläre mithilfe einer Skizze das Vorankommen.
b) Begründe, warum der gleiche Effekt eintritt, wenn Steine aus dem Boot geworfen werden und in welche Richtung sie geworfen werden müssen.

A12 Schreibe eine kurze Geschichte über eine Welt, in der das Wechselwirkungsgesetzt nicht gilt.

Hebel, Flaschenzüge und Maschinen

Mit einem Hebebaum können z.B. Einsatzkräfte der Feuerwehr bei Rettungseinsätzen schnell und effektiv Lasten anheben.

1 Recherchiert die Einsatzmöglichkeiten eines **Hebebaums.**

2 Baut einen Modell-Hebebaum auf und untersucht an ihm die Kräfteverhältnisse.

3 Beschreibt den mechanischen Vorteil, den die Einsatzkräfte der Feuerwehr durch den Einsatz eines solchen Hebebaums besitzen.

4 Erstellt eine Arbeitsanweisung für den sicheren Einsatz eines Hebebaums.

5 Findet weitere Einsatzmöglichkeiten von **Hebeln** und Erstellt ein Plakat dazu.

Die Erfindung des **Flaschenzuges** wird Ingenieuren des 9. Jahrhunderts v. Chr. zugeschrieben.

1 Findet unterschiedliche Anordnungen von Flaschenzügen. Baut einen Flaschenzug auf und untersucht das Verhältnis zwischen Zugkraft und Hubkraft.

2 Informiert euch über die **Goldene Regel der Mechanik**. Gilt sie auch bei einem Flaschenzug?

3 Untersucht einen **Differentialflaschenzug** und bestimmt das Verhältnis von Zugkraft und Hubkraft.

4 Findet weitere ungewöhnliche oder spezielle Flaschenzüge und erklärt ihre Wirkung.

Seit Urzeiten ist der Mensch damit beschäftigt, **Maschinen** zu entwickeln, die Kräfte sparen, Dinge bewegen und Arbeiten schneller vorantreiben.

1 Katalogisiert unterschiedliche historische Maschinen. Benennt dabei ihren Erfinder, ihre Anwendungsbereiche und das erste Einsatzjahr. Gebt an, ob diese Maschinen auch heute noch eingesetzt werden oder wie sie weiterentwickelt wurden.

2 Erklärt die Funktionsweise dieser historischen Maschinen mithilfe einer geeigneten Skizze. Zeichnet dazu jeweils auch die wirkenden Kräfte ein.

Reibung

Informiert euch über die verschiedenen **Reifentypen von Fahrrädern** und ihre Eigenschaften bzw. Einsatzmöglichkeiten.

1 Untersucht das Verhalten der verschiedenen Reifen. Be-

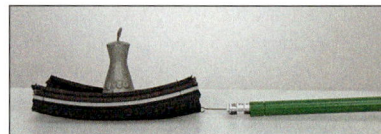

stimmt dazu jeweils die **Haftkraft** bzw. die **Gleitreibungskraft** in Abhängigkeit von der Gewichtskraft (Anpresskraft) des Reifens.

2 Untersucht in einem Experiment den Einfluss des Straßenbelages auf die Gleitreibungskraft.

3 Erstellt Handzettel, auf denen ihr Tipps für das Verhalten von Radfahrern bei Regenwetter gebt. Verteilt sie an Schulkameraden und Eltern.

Bionik

In der Bionik beschäftigen sich Wissenschaftler damit, Phänomene aus der Natur technisch anzuwenden. In Düsentriebwerken wird das **Rückstoßprinzip** angewandt, das auch Quallen für die Fortbewegung nutzen.

1 a) Sucht im Internet nach einem geeigneten Video zur Fortbewegung von **Quallen** und analysiert es.
b) Erläutert das Prinzip der Quallenbewegung.

2 Achtung: Feuergefahr !
a) Recherchiert im Internet die Bauanleitungen für eine **Streichholzrakete**, baut sie nach und startet sie.
b) Beschreibt die Vorgänge bei Start und Flug einer solchen Rakete. Erläutert ihre Wirkungsweise.

3 Baut ein Fahrzeug, dass durch das Rückstoßprinzip angetrieben wird. Dokumentiert eure Überlegungen und euer Vorgehen in einer geeigneten Form.

4 Findet weitere Beispiele für die Anwendung der Bionik und erstellt dazu eine Präsentation.

A1 An eine Spiralfeder wird ein Körper der Masse m = 100 g angehängt; sie dehnt sich dadurch um 15 cm. Eine zweite, gleichlange Feder dehnt sich bei Anhängen des gleichen Körpers um 10 cm. Beide Federn werden nun parallel nebeneinander aufgehängt und der Körper mit einer Stange (Gewichtskraft vernachlässigbar) daran befestigt. Berechne, um welche Strecke der Körper die Federkombination nach unten zieht.

A2 Bei der Dehnung einer Feder mit der Ausgangslänge l = 50 mm wurden folgende Werte gemessen.

F	l	s
0 N	50 mm	?
1 N	58 mm	?
2 N	70 mm	?
3 N	74 mm	?
4 N	82 mm	?
5 N	90 mm	?
6 N	102 mm	?
7 N	125 mm	?

a) Vervollständige die Tabelle.
b) Zeichne ein F-s-Diagramm und beschreibe den Kurvenverlauf.
c) Ein Wert wurde falsch gemessen. Ermittle ihn und begründe deine Entscheidung.
d) Bestimme die Belastung, die eine Verlängerung um 30 mm hervorruft. Bestimme die Federlänge bei einer Belastung von 4,5 N.
e) Deute das „Abknicken" des Graphen.

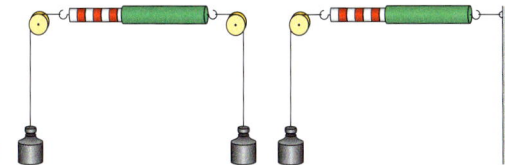

A3 Erläutere, was die beiden Federkraftmesser links anzeigen, wenn ein Körper der Masse m angehängt wird.

A4 Die an die Federkraftmesser in den beiden Bildern unten angehängten Massen haben jeweils eine Gewichtskraft von 10 N.
Beschreibe den Aufbau der Anordnungen und gib die Verhältnisse der angreifenden Kräfte an.

A5 **a)** Berechne deine Gewichtskraft zuhause, am Pol, am Äquator und auf dem Mond.
b) Erläutere die Veränderung der Anzeige einer Briefwaage während der verschiedenen Phasen einer Fahrstuhlfahrt.
c) Du führst den Versuch in b) mit einer Balkenwaage durch. Was erwartest du? Begründe.
d) Astronauten, die im Raumschiff die Erde umkreisen, sehen keine Wirkungen ihrer Gewichtskraft. Wirkt auf sie keine Erdanziehungskraft mehr?

A6 Werden mehr als drei Kräfte mithilfe eines Kräfteparallelogramms addiert, so wird dieses Verfahren schnell sehr aufwendig und unübersichtlich. In einem solchen Fall kann eine sogenannte *Vektoraddition* durchgeführt werden. Dazu wird der Anfang des zweiten Pfeils so parallel verschoben, dass er an der Spitze des ersten Pfeils ansetzt usw.
Addiere fünf selbstgewählte Kräfte mithilfe des Kräfteparallelogramms bzw. der Vektoraddition.

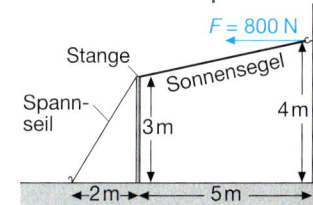

A7 Sonnensegel werden meist durch Abspannseile und Aufstellstangen gesichert. Im Bild rechts sind die entsprechenden Maße angegeben. Am Wandhaken wirkt dabei eine horizontale Kraft von 800 N.
Bestimme jeweils die Kräfte, mit denen die Stange auf den Boden drückt bzw. das Spannseil an der Stange zieht.

A8 Reibungskräfte hemmen eine Bewegung. Sie ermöglichen aber auch das Laufen bzw. die Bewegung eines Autos. Erläutere den scheinbaren Widerspruch.

A9 Zwei gleichartige Ringmagnete stoßen sich gegenseitig ab.
a) Plane ein Experiment, mit dem die Anziehungskräfte der Magnete gezeigt werden können.
b) Formuliere dazu auch eine mögliche Beobachtung.
c) Erläutere mögliche Veränderungen des Versuchsausgangs bei der Verwendung verschieden starker Ringmagnete.

A10 Ein Eiskunstlaufpaar steht sich gegenüber und stößt sich voneinander ab. Danach bewegt sich der Partner mit 3 $\frac{m}{s}$ nach hinten. Entwickele eine begründete Vermutung über die Geschwindigkeit der Partnerin.

A11 **a)** Erläutere, wer beim Bremsen eines PKW eigentlich auf wen Kräfte ausübt.
b) Während der gleichförmigen Bewegung eines PKW treten verschiedene Kräfte auf. Erläutere anhand einer Skizze die auftretenden Kräfte. Unterscheide dabei zwischen Wechselwirkungs- und Gleichgewichtskräften.
c) Angenommen, auf einen PKW könnten keinerlei Kräfte ausgeübt werden – kommentiere.

Stichworte

Bildquellen

|action press, Hamburg: 31.1, 103.5, 144.3. |ADAC e.V./adac.de, München: ©ADAC 133.1; ©ADAC/ Müller-Seewald, Frieder 12.1. |akg-images GmbH, Berlin: 25.1, 34.1, 34.2, 34.3, 54.3, 141.4, 153.1, 153.2; Battaglini, Nicolo' Orsi 152.2; Erich Lessing 152.1. |Alamy Stock Photo (RMB), Abingdon/Oxfordshire: imageBROKER/Beck, Josef 55.1; Lopez, Guillem 138.3. |Appel, Thomas, Northeim: 46.3, 61.1. |Astrofoto, Sörth: 140.1. |Comet Photoshopping, Weisslingen: Enz, Dieter 150.2. |Conatex-Didactic Lehrmittel GmbH, zu beziehen über www.conatex.com, Saarbrücken: 66.1. |Conrad Electronic, Hirschau: 19.8. |Daimler AG, Stuttgart: 127.3. |Daniel Heß, Hannover: 156.4. |Das Luftbild-Archiv, Biere: 61.3. |DEHN SE + Co KG, Neumarkt i.d.OPf.: 43.1. |Deutsches Museum, München: 54.1, 54.2, 67.1, 95.1, 95.3, 145.1, 152.3; Archiv, BN02232 95.2. |diGraph Medien-Service, Merzhausen: 139.4. |Dr. Erwin Kretschmann, Dr. Peter Zacharias, Hamburg: 113.1. |Druwe & Polastri, Cremlingen/Weddel: 8.5, 21.2. |Eiselt, Frank, Dresden: 86.1, 86.3, 118.1, 118.3. |F1online, Frankfurt/M.: Fstop 133.2; mm-images/ Mollenhauer 43.7. |Fabian, Michael, Hannover: 7.4, 11.1, 11.2, 11.3, 12.2, 14.1, 14.2, 14.3, 14.4, 17.1, 19.3, 19.4, 19.5, 19.7, 30.2, 37.2, 41.1, 43.6, 44.1, 45.2, 46.1, 47.1, 48.1, 57.1, 57.2, 58.4, 61.4, 62.1, 66.4, 74.1, 85.2, 88.1, 88.2, 89.1, 100.1, 103.1, 119.1, 131.3, 133.3, 133.3, 133.4, 133.5, 134.3, 134.4, 134.5, 136.1, 136.2, 136.3, 141.2, 141.3, 141.5, 142.1, 146.2, 146.3, 146.4, 146.5, 147.1, 151.3, 151.4, 156.2. |FIRE Foto, München: 117.1. |Fotoagentur SVEN SIMON, Mülheim an der Ruhr: 106.1, 106.3; FrankHoermann 129.1. |fotolia.com, New York: Marco Klaue 7.3; Rob Jamieson 156.3; TASPP 87.3. |Franzis Verlag GmbH, Haar b. München: Hanus, Bo: Akkus und Batterien richtig pflegen und laden. S. 36 73.2. |Fraunhofer-Institut für Solare Energiesysteme ISE, Freiburg: 40.1. |Getty Images, München: ddp/Emmert, Don 131.5; Gregor Schuster 129.2; Historical 114.2; Ressmeyer, Roger 114.1; Stocktrek Images 124.1. |H. Schaffner, Hannover: 102.2. |i.m.a - information. medien.agrar e.V., Berlin: 7.2. |Imago, Berlin: Annegret Hilse 131.7; Hoch Zwei Stock 146.1, 150.1; McPHOTO 105.1; Sven Lambert 87.1. |Institut für Geophysik, Braunschweig: Matthias Bücker 78.1. |iStockphoto.com, Calgary: kozmoat98 44.2, 44.3; ParkerDeen 131.1. |Klostermann, Manfred, Vechta: 107.1, 107.2. |Küchenberg, Frank, Solingen: 110.1, 110.2, 114.3. |Kurt Fuchs - Presse Foto Design, Erlangen: 59.1. |LAMBRECHT meteo GmbH, Göttingen: 105.2. |Langer, Michael, Vellmar: 56.1, 64.2, 64.3, 64.4, 64.5, 64.6, 64.7. |Marx, Dipl.-Ing. Hagen, Andernach: 37.4. |Mathias, Erhard, Reutlingen: 78.3. |mauritius images GmbH, Mittenwald: 131.2; Arthur 127.1; Eckart Pott 7.1; ib/Daniel Schoenen 35.1; imagebroker.net 139.1; imagebroker/Dr. Wilfried Bahnmüller 18.6; Phototake 39.1, 72.2. |Mettin, Markus, Offenbach: 22.1, 42.1, 60.1, 60.2, 64.1, 68.1, 68.2, 70.1, 70.2, 71.1, 81.1, 81.2, 82.1, 82.2, 88.3, 88.4, 88.5, 88.6, 90.1, 100.4, 139.2, 139.3, 144.2. |Minkus Images Fotodesignagentur, Isernhagen: 143.1. |NASA, Washington: 127.4. |OKAPIA KG - Michael Grzimek & Co., Frankfurt/M.: Gabriel Jecan/ SAVE 127.2; Mike Hill/OSF 124.2; Nigel Cattlin/Holt Studios 19.6; Stevan Stefanovic 78.4. |Otte-Spille, Sigrun, Hemmingen: 18.5. |Picture-Alliance GmbH, Frankfurt a.M.: ASA 21.1; dpa 102.1, 106.2, 144.1; dpa/epa/Keystone/Keflas 130.1; dpa/ Hösler, Axel 61.2; dpa/ZB Titel; Nicolas Gouhier/dpa 131.4. |Rieger, Wolfgang, Taucha: 23.1, 45.1, 93.1. |Roos, Achim, Holzgerlingen: 59.2. |RWE AG, Konzernpresse/www.rweimages.com, Essen: 6.1. |RWE Power AG, Essen: 43.2, 43.3. |Sarnow, Karl Dr., Hannover: 36.1. |Schilling, E., Herrenberg: 10.1. |Schlierf, Birgit und Olaf, Lachendorf: 51.1. |Serret, Rainer, Kassel: 103.2, 103.3, 103.4, 104.1, 126.1, 134.1, 134.2, 151.1, 151.2. |Siemens AG, München: 26.1, 87.2. |Siemens Healthineers, Erlangen: 43.4. |Smart Garden Products Ltd., Abingdon/Oxfordshire: 35.3. |stock.adobe.com, Dublin: alephnull 44.4, 44.5; sallydexter 37.1. |Stumpf, Reinhard, Neuss: 17.2, 18.2, 26.2. |Superbild - Your Photo Today, Ottobrunn: Bach 30.1. |Tegen, Hans, Hambühren: Titel, 8.1, 8.2, 8.3, 8.4, 12.3, 15.1, 15.2, 17.3, 18.1, 18.3, 18.4, 19.2, 28.1, 43.5, 46.2, 48.2, 48.3, 48.4, 48.5, 49.1, 49.2, 49.3, 49.4, 49.5, 50.1, 50.2, 53.1, 53.2, 56.2, 56.3, 56.4, 56.5, 58.1, 58.2, 58.3, 62.2, 62.3, 65.1, 65.2, 65.3, 66.2, 66.3, 66.5, 67.2, 70.3, 71.2, 73.1, 74.2, 76.1, 77.1, 78.2, 78.5, 79.1, 79.2, 80.1, 80.2, 85.1, 91.1, 93.2, 100.2, 100.3, 101.1, 108.1, 121.1, 131.6, 132.1, 132.2, 132.3, 138.1, 138.2, 138.4, 140.2, 140.3, 140.4, 140.5, 140.6, 141.1, 148.1, 148.2, 148.3, 157.1. |Texas Instruments Education Technology GmbH, Freising: Image used with permission by Texas Instruments, Inc. 118.2. |Tierbildarchiv Angermayer, Holzkirchen: 72.1. |TopicMedia Service, Mehring-Öd: 156.1. |Trambauer, Bernd, Hemmingen: 141.6, 141.7, 141.8. |ullstein bild, Berlin: Nowosti 117.2. |ÜSTRA Hannoversche Verkehrsbetriebe Aktiengesellschaft, Hannover: 35.2, 35.4. |vario images, Bonn: T. Grimm 37.3. |© LEYBOLD / LD DIDACTIC GmbH/www.ld-didactic.de, Hürth: 19.1, 86.2.

Die Firmen ELWE GmbH, Klingenthal; LD DIDACTIC GmbH, Hürth und PHYWE AG, Göttingen stellten freundlicherweise Geräte für Versuchsaufbauten bzw. Illustrationsfotos zur Verfügung.